JORGE CHAM
DANIEL WHITESON

WO IST
DIE MITTE DES
WELTALLS?

JORGE CHAM
DANIEL WHITESON

WO IST DIE MITTE DES WELTALLS?

FAQ RUND UM DAS UNIVERSUM

AUS DEM AMERIKANISCHEN ENGLISCH
VON BENJAMIN SCHILLING

KOSMOS

Für Oliver
J.C.

Für Silas und Hazel, deren ungebremste Flut aus Fragen das Schreiben dieses Buchs ebenso inspiriert wie unterbrochen hat.
D.W.

IMPRESSUM

Aus dem amerikanischen Englisch übersetzt von Benjamin Schilling.

Titel der Originalausgabe: *Frequently Asked Questions about the Universe,* erschienen bei Riverhead Books, an imprint of Penguin Random House LLC, unter der ISBN 978-0-593-18931-3.

Copyright © der Originalausgabe 2021 Jorge Cham und Daniel Whiteson

Umschlaggestaltung von Büro Jorge Schmidt, München, unter Verwendung von Illustrationen von Jorge Cham.

Mit 301 Illustrationen von Jorge Cham

Unser gesamtes Programm finden Sie unter **kosmos.de**. Über Neuigkeiten informieren Sie regelmäßig unsere Newsletter, einfach anmelden unter **kosmos.de/newsletter**

Gedruckt auf chlorfrei gebleichtem Papier

Für die deutschsprachige Ausgabe:
© 2023, Franckh-Kosmos Verlags-GmbH & Co. KG,
Pfizerstraße 5–7, 70184 Stuttgart
Alle Rechte vorbehalten
ISBN 978-3-440-17655-9
Projektleitung: Sven Melchert
Redaktion: Susanne Richter
Satz: Text & Bild | Michael Grätzbach
Produktion: Ralf Paucke
Druck und Bindung: Friedrich Pustet GmbH & Co. KG, Regensburg
Printed in Germany/Imprimé en Allemagne

INHALT

EINE HÄUFIG ERFRAGTE EINLEITUNG

Jeder Mensch hat Fragen.

Das ist untrennbar mit dem Menschsein verbunden. Kann sein, dass wir uns als Spezies nicht bei Vielem einig sind, weder bei der Politik noch bei unserer Lieblingsmannschaft oder dem besten Laden für einen Döner um 12 Uhr mittags. Aber es gibt etwas, das uns eint: das Verlangen nach Wissen. Wir alle stellen uns Fragen, und tief im Inneren sind es immer die gleichen.

Wieso kann ich nicht in die Vergangenheit reisen? Gibt es mich da draußen nochmal? Wo kommt das Universum her? Wie lange werden die Menschen noch da sein? Und wer isst um diese Zeit überhaupt Döner?

Zum Glück haben wir Antworten.

In den letzten paar Hundert Jahren hat die Wissenschaft erstaunliche Fortschritte gemacht, sodass wir zu einigen sehr grundlegenden Fragen über das Universum eine ganze Menge zu sagen haben. Natürlich gibt es noch immer riesige ungelöste Rätsel (siehe dazu unser vorheriges Buch *No idea – Keine Ahnung! Vorletzte Antworten auf die letzten Fragen des Universums*), doch insgesamt betrachtet scheinen die Dinge in der Abteilung „Das Universum verstehen" für uns Menschen gut zu laufen. So gut sogar, dass es in unseren Augen höchste Zeit war, dass jemand eine Sammlung leichtverständlicher und comic-beladener Antworten auf einige der am häufigsten gestellten Fragen der Menschheit zusammenträgt.

Wir werden in diesem Buch einigen der tiefgründigsten und existenziellsten Fragen auf den Grund gehen, die man sich über sich selbst, den Planeten und das Wesen der Wirklichkeit stellen kann. Haben Sie sich je gewundert, warum uns bislang noch keine Außerirdischen besucht haben (vorausgesetzt, dass sie nicht doch schon da waren)? Oder ob Sie wahrlich einzigartig oder doch nur eine vorprogrammierte Simulation in irgendeinem außerirdischen Computerspiel sind? Liegen Sie nachts wach und fragen sich, ob es ein Leben nach dem Tod geben kann? In Ihren Händen halten Sie Antworten auf all diese Fragen.

In jedem Kapitel behandeln wir eine häufig gestellte Frage und hoffen, unterwegs die ein oder andere verblüffende Wahrheit über unser erstaunliches Universum aufzudecken. Betrachten Sie dieses Buch einfach als Vorbereitung auf Ihre nächste Cocktailparty oder als faszinierende Kurzlektüre beim Gang zur Toilette (zum Glück haben wir die einzelnen Kapitel ziemlich kurz gehalten).

Sie fragen sich jetzt vielleicht, was uns dazu qualifiziert, diese Fragen zu beantworten. Wir können Ihnen versichern, dass wir über die bestmögliche Qualifikation verfügen, um bei allen möglichen Themen als Experten durchzugehen: Wir haben einen Podcast.

Unser zweimal wöchentlich erscheinender Podcast mit dem bescheidenen Titel „Daniel and Jorge Explain the Universe" (dt.: Daniel und Jorge erklären das Universum) behandelt Themen, die von

Mikrowellen über intergalaktische Phänomene bis hin zu hypothetischen Elementarteilchen reichen.

Aber vor allem war es die Beantwortung der Fragen unserer Hörer, die uns zum Schreiben dieses Buches inspiriert hat. Für uns ist das einer der spannendsten Aspekte beim Podcast-Machen. Nichts bereitet uns mehr Freude, als unseren Posteingang zu öffnen und auf die wohlüberlegte Frage eines neugierigen Lesers zu stoßen.

Und wir bekommen definitiv eine Menge Fragen! Die Fragenden gehören den unterschiedlichsten Berufs- und Altersgruppen (9 bis 99) an und leben in den unterschiedlichsten Teilen der Welt. Sie wären überrascht, was für erstaunliche Fragen zum beobachtbaren Universum ein Neunjähriger aus dem englischen Devonshire haben kann.

Das Stellen von Fragen und das Verlangen nach Wissen liegen uns anscheinend im Blut. Viele würden behaupten, dass es zu den Freuden des Lebens dazugehört, über das Wesen des Kosmos und unseren Platz darin nachzudenken. Und natürlich kann es auch frustrierend sein, die Antworten nicht sofort zu kennen oder am Ende mit noch mehr Fragen dazustehen (wie in einigen Kapiteln dieses Buchs) – aber schon allein das Stellen der Frage hat eine gewisse Macht.

Wer Fragen stellt, geht nämlich davon aus, dass es möglich ist, die Antworten darauf zu finden. Wir halten das für einen Akt der Hoffnung. Denn was könnte hoffnungsvoller sein als daran zu glauben, dass das Universum und all seine wundersamen Rätsel eines Tages entwirrt und verstanden werden könnten?

Also schließen Sie sich uns an, während wir die kollektive Neugierde unserer Mitmenschen anzapfen und uns in die Fragen versenken, die sie regelmäßig aus der Fassung bringen. Manche Antworten werden Sie überraschen und vielleicht sogar Ihre Sicht auf das Universum infrage stellen. Manch andere werden Ihnen quälend unvollständig erscheinen, weil sie an die Grenze des menschlichen Wissens stoßen.

Erinnern Sie sich in jedem Fall einfach daran, dass das Stellen der Frage am meisten Freude bereitet.

Viel Spaß!

P.S.: Und vergessen Sie nicht zu spülen.

WIESO KANN ICH NICHT IN DIE VERGANGENHEIT REISEN?

Wer hat eigentlich gesagt, dass es nicht möglich sei, in die Vergangenheit zu reisen?

Der Wunsch, in der Zeit zurückreisen zu können, ist sehr verbreitet. Wer von uns würde nicht gern zurückgehen und sich mit berühmten Persönlichkeiten aus der Geschichte unterhalten oder wichtige Ereignisse mit eigenen Augen miterleben? Man könnte beispielsweise herausfinden, wer John F. Kennedy wirklich umgebracht oder was die Dinosaurier erledigt hat.

Auch aus handfesteren Gründen wäre es großartig, für kleinere Dinge in die Vergangenheit reisen zu können, zum Beispiel um einen Fehler zu korrigieren, den man gemacht hat. Wenn Sie sich Kaffee über die Hose gekippt haben, könnten Sie in die Vergangenheit reisen und … ihn nicht drüber kippen. Wenn Sie etwas zu Ihrem Chef gesagt haben, das Sie mittlerweile bereuen, könnten Sie einfach zurückgehen und es nicht sagen. Wenn Sie eine Pizza mit Ananas darauf bestellt und anschließend festgestellt haben, dass das wirklich eklig ist, dann könnten Sie zurückkreisen und eine vernünftige Pizza bestellen. Als hätten Sie eine Lösch-Taste (das Pendant zur Kombination Strg + Z beziehungsweise Command + Z für Mac-Schnösel) fürs Universum.

Und trotzdem haben Wissenschaftler bislang keine derartige Apparatur gebaut. Die Vergangenheit ist und bleibt unveränderlich. Die Zeit erweist sich noch immer als unser großer Widersacher und es scheint, als seien wir dazu verdammt, unsere vergangenen Fehler ein Leben lang zu bereuen. Dieses Universum kennt keinen zweiten Anlauf.

Aber warum? Wieso hat es den Anschein, dass wir die Zukunft verändern können, aber nicht die Vergangenheit? Gibt es irgendein fundamentales physikalisches Gesetz, das Zeitreisen unmöglich macht, oder ist es einfach nur ein technisches Problem? Und wo liegt da überhaupt der Unterschied?

Nun – es wird Sie vielleicht angenehm überraschen zu hören, dass Physiker das Zeitreisen bislang nicht wirklich ausgeschlossen haben. Technisch gesehen ist es sogar möglich, in der Zeit zurückzugehen. Zwar nicht so, wie Sie es aus Filmen kennen, aber es dürfte dennoch nicht unmöglich sein, eine Rückspultaste zu bauen. Tatsächlich werden wir sogar am Ende dieses Kapitels eine brandneue, von Physikern anerkannte Idee für das Zeitreisen vorstellen.[1]

Also rücken Sie Ihre Zeitreiseschutzbrille zurecht und machen Sie Ihren DeLorean startklar, denn wir sind im Begriff, eine Antwort auf die eine zeitlose Frage zu liefern: Wieso kann ich nicht in die Vergangenheit reisen … zumindest noch nicht?

---

1 Zumindest wurde sie von einem Physiker anerkannt.

Berühmte Zeitmaschinen

| H. G. Wells | Der DeLorean | Zeitumkehrer | Das Hashtag |

MACHBAR, MÖGLICH ODER NICHT UNMÖGLICH

Zunächst sollten wir klarstellen, was wir meinen, wenn wir fragen, ob etwas „möglich" ist. Das hängt davon ab, wen man fragt.

Falls man einen *Ingenieur* fragt, ob so etwas wie Zeitreisen möglich ist, wird er das bejahen, wenn er denkt, dass er in weniger als zehn Jahren und für unter einer Billion Euro eine Zeitmaschine bauen kann.Fragt man aber einen *Physiker*, ob etwas möglich ist, wird dieser die Frage anders betrachten. Für einen Physiker ist etwas möglich, wenn ihm kein physikalisches Gesetz einfällt, das dagegenspricht.

Zum Beispiel:

AUFGABE	INGENIEUR	PHYSIKER
Einen Truthahn mithilfe von Atomwaffen kochen	Schwierig, aber denkbar	Na klar
Einen Kuchen backen, der so groß ist wie ein Berg	Nein	Absolut möglich
In 100 Kilometern Entfernung von der Sonnenoberfläche herumfliegen	Bitte nicht	Wieso auch nicht?
Das Innere der Erde aushöhlen, um einen riesigen 0-g-Vergnügungspark zu errichten	Ich kündige.	Gebongt

Weil das hier ein Buch über Physik und das Universum ist, nehmen wir die Sichtweise des Physikers ein. Damit geht es für uns in diesem Kapitel darum herauszufinden, ob das Zeitreisen irgendwelche Gesetze des Universums verletzt, und nicht, ob es 14,7 Fantastilliarden Euro kosten und soundso viele Jahrhunderte dauern würde, um es zu realisieren. Wir vertrauen darauf, dass die Ingenieure eines Tages einen Weg finden werden, es umzusetzen, sobald die Physiker es erstmal für möglich erklärt haben. Danach besteht ihr nächster Schritt darin, das Ganze an die Softwareleute weiterzugeben, die dafür eine App schreiben können („Siri, kipp' den Kaffee zurück!").

Um herauszufinden, ob es von Physikern grünes Licht fürs Zeitreisen geben kann, müssen wir zuallererst das gleiche Verständnis von Zeit haben wie sie. Die Zeit ist ein sehr schlüpfriges Thema, das die Menschen schon seit langer ... ähm, naja Zeit eben ... verwirrt und verblüfft. In der Physik begreift man die Zeit im Wesentlichen als die Sache, die es möglich macht, dass sich das Universum verändert. Sie ist das *Fließen*, die Bewegung, die Art, wie das *Damals* zum *Jetzt* wird. Sie ist es, die eine Reihe von Momentaufnahmen in einen geschmeidigen Film verwandelt.

Schließlich hat es wirklich den Anschein, als fließe das Universum gleichmäßig voran. Es springt nicht einfach nur wild von einem Augenblick zu einem komplett anderen. Sie sitzen nicht noch gerade mit diesem Buch hier auf Ihrer Couch und plötzlich am Strand. Das liegt daran, dass die Vergangenheit dem, was in der Gegenwart passieren kann, Grenzen auferlegt. Wenn Sie eben noch einen Kaffee geschlürft haben, sehen die Möglichkeiten für die Gegenwart unter anderem so aus, dass Ihnen der Kaffee schmeckt oder Sie ihn sich auf die Hose schütten. Dass Sie sich plötzlich in einen blauen Drachen verwandeln, der fermentierten Selleriesaft trinkt, gehört nicht dazu.

Die Vergangenheit gibt vor, welche Formen unsere Zukunft annehmen kann. Das Ganze nennt sich „Ursache und Wirkung" und steht im Mittelpunkt der Bemühungen der Physik, sich einen Reim auf dieses verrückte, durchgeknallte und kaffeebesudelte Universum zu machen – und auf die Art, wie es sich verändert.

Solche Veränderungen ereignen sich allmählich und brauchen Zeit. Nichts in diesem Universum ist unmittelbar – Ereignisse sind miteinander verknüpft. Wenn Sie eine Pizza zubereiten wollen, gehört dazu ein bestimmter Prozess. Sie können nicht einfach mit den Fingern schnipsen und ein bisschen Mehl, ein paar Tomaten und Käse augenblicklich in eine Pizza verwandeln. Das Universum verlangt, dass Sie nach Schema F vorgehen: Sie müssen die Zutaten mischen, den Teig kneten, die Tomaten kochen, Wein trinken, die Pizza backen und so weiter.[2] Es gilt, ein paar Schritte zu befolgen, um von einer Konfiguration (den rohen Zutaten) zu einer anderen (der heißen Pizza) zu gelangen. Die Zeit ist das, was all jene Schritte miteinander verbindet, und ohne sie ergibt das Universum einfach überhaupt keinen Sinn.

Mit diesem Verständnis der Zeit im Hinterkopf, wollen wir jetzt ein paar Möglichkeiten fürs Zeitreisen durchspielen.

---

2 Okay, Weintrinken wird vom Universum nicht zwingend verlangt.

ES GIBT KEIN ZURÜCK IN DIE ZUKUNFT

Einer der verlockendsten Gründe fürs Zeitreisen ist der Wunsch, in die Vergangenheit zu springen und irgendwas zu verändern, um dadurch die Zukunft zu beeinflussen. Zum Beispiel, um den Kaffee nicht zu verschütten oder Anteile von Netflix statt von Blockbuster Video (R.I.P.) zu kaufen. Man würde in der Vergangenheit gern etwas ändern, um anschließend wieder in die Gegenwart zurückzuspringen und die Früchte seiner eigenen Manipulationen zu ernten.

Diese Vorstellung ist mit einem großen Problem verbunden: Sie ergibt schlicht und ergreifend überhaupt keinen Sinn.

Wenn wir Zeit als die Art begreifen, in der das Universum voran fließt (oder die Pizza bäckt), dann können wir problemlos einsehen, dass es Quatsch wäre, die Vergangenheit zu ändern. Nehmen wir an, Sie wachen um 8 Uhr morgens auf und machen sich einen Kaffee. Das Problem ist nur, dass der Kaffee scheußlich schmeckt. Sie beschließen also, in Ihre Zeitmaschine zu hüpfen, nach 8 Uhr zurückzukehren und sich einen Tee statt Kaffee zu machen.

Das ergibt vielleicht Sinn, wenn es in einem Film passiert, aber nicht aus physikalischer Sicht.

Aus physikalischer Sicht existiert eine Konfiguration des Universums (die, in der scheußlicher Kaffee gemacht wurde), die keinen

Bezug zu vergangenen Konfigurationen des Universums hat. Wie kam der scheußliche Kaffee zustande, wenn Sie sich stattdessen einen Tee gemacht haben? Für einen Physiker wird dadurch das Prinzip von Ursache und Wirkung verletzt: Es gibt eine Wirkung (scheußlichen Kaffee), aber keine Ursache (Sie haben stattdessen Tee gemacht). Mit anderen Worten: Als hätten Sie eine Pizza gemacht, ohne je die Zutaten zu mischen.

Unglücklicherweise wird es dadurch unmöglich, die Vergangenheit zu verändern. Gegen das Prinzip von Ursache und Wirkung zu verstoßen bedeutet, dass das Universum mit sich selbst nicht vereinbar ist – und das ist für Physiker ein absolutes No-Go.

Sie fragen sich jetzt vielleicht: *Aber was ist mit geteilten Zeitlinien? Alternativen Geschichten? Ich hab' das doch in den Avengers-Filmen gesehen!* Zum Leidwesen von Doc Brown (und Iron Man) ergibt auch das keinen Sinn. Wie kann man eine Zeitlinie verändern oder eine neue erschaffen, wenn bereits die Grundidee von Veränderung selbst von der Zeit abhängt? Zeitlinien stehen für Veränderung, also können sie sich nicht selbst verändern. Und während die Vorstellung eines Multiversums durchaus etwas ist, das Wissenschaftler ernsthaft in Betracht ziehen, gilt das nicht für die Möglichkeit, zwischen alternativen Universen hin und her zu wandeln oder uns für eines davon zu entscheiden.

Aus Sicht der Physik gibt es also viele Gründe, warum man nicht plötzlich in eine andere Zeit springen und irgendwelche Sachen ändern kann – und das bedeutet, dass sich Ihr Traum, den Aktienmarkt zu manipulieren und mithilfe der Physik reich zu werden, gerade in Luft ausgelöst hat.[3]

---

3 Es war sowieso noch nie ein realistischer Traum, mithilfe der Physik reich zu werden.

WO EIN PHYSIKER IST, IST AUCH EIN WEG

Bedeutet das strikte Festhalten an Ursache und Wirkung, dass Zeitreisen *unmöglich* sind? Nicht wirklich! Es bedeutet lediglich, dass es unmöglich ist, die Vergangenheit zu verändern. Was wäre also, wenn wir in die Vergangenheit reisen wollten, ohne sie zu verändern? Das könnte tatsächlich funktionieren. Nehmen wir an, Sie würden gern die Dinosaurier sehen oder vorausspringen und sich die Zukunft anschauen. Geht das? Nach unserem heutigen Physikverständnis ist das absolut möglich (fragen Sie bloß noch nicht die Ingenieure, ob das machbar ist).

Um zu verstehen, wie das gehen könnte, müssen Sie sich allerdings an den Gedanken gewöhnen, dass der Raum mehr ist als nur der Raum. Physiker betrachten Raum und Zeit gern zusammen als etwas, das (nicht gerade sehr einfallsreich) als „Raumzeit" bezeichnet wird.

Wir sind es gewohnt, uns in der Nähe der Erdoberfläche durch den Raum zu bewegen, wo die Dinge einfach sind. Man wirft einen Ball nach oben, er fällt wieder runter. Man läuft seitwärts, man bewegt sich seitwärts. Genauso einfach ist es mit der Zeit hier auf der Erde: Die Uhr läuft vorwärts und alle Uhren auf der Welt sind einer Meinung.

Doch die Physik lehrt uns, dass sich der Raum in manchen Teilen des Universums wirklich merkwürdig verhält. In solchen Fällen ist es das Beste, ihn sich als Einheit mit der Zeit vorzustellen. Aus Sicht eines Physikers bewegen wir uns nicht nur in der Zeit durch den Raum – wir bewegen uns durch eine einzige Sache, die Raumzeit heißt.

Und die Raumzeit ist merkwürdig. Sie tut Dinge, die für unseren Verstand nur schwer vorstellbar sind, wie sich zu *krümmen*. Und sich auf sich selbst zusammenzufalten. Sie kann sogar Schleifen bilden.

Lassen Sie uns gemeinsam ein paar Wege erkunden, auf denen diese Eigenartigkeit der Raumzeit das Zeitreisen möglich machen könnte.

Unendlich lange Zylinder aus Staub

Nach Einstein krümmt sich die Raumzeit immer dann, wenn sich etwas Massereiches in der Nähe befindet. Das ist seine Vorstellung von Gravitation: Es handelt sich eher um eine Verzerrung von Raum und Zeit als um eine Kraft. So kreist der Mond nicht etwa um die Erde, weil unsere Schwerkraft an ihm zieht, sondern weil er an einem Trichter aus Raumzeit entlangsaust, die von der Erdmasse gekrümmt wird – wie ein Rennwagen, der auf einer Kreisbahn seine Runden dreht.

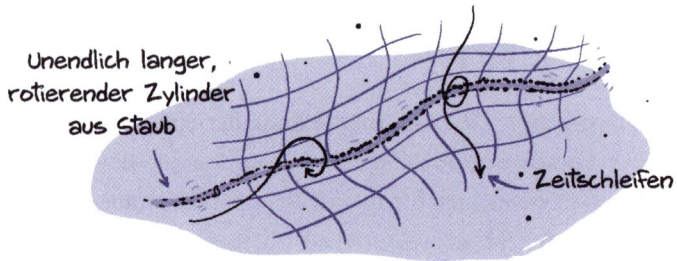

Unendlich langer, rotierender Zylinder aus Staub

Zeitschleifen

Doch Masse krümmt nicht nur den Raum. Sie dehnt und staucht auch die Zeit – und merkwürdige Massekonfigurationen können mit der Zeit die seltsamsten Dinge anstellen. Zum Beispiel dürfte man zu etwas Erstaunlichem in der Lage sein, wenn man einen unendlich langen Zylinder aus rotierendem Staub erzeugte: In der Nähe dieser sonderbaren rotierenden Staubsäule würden sich Zeit und Raum in einer Weise krümmen, durch die man sich in einer Schleife durch die Zeit bewegen könnte. Das heißt, dass ein Objekt theoretisch einem Pfad folgen könnte, der es wieder an den Ort – und den Zeitpunkt – zurückbringt, von dem es gestartet ist.

Wurmlöcher

Unsere moderne Variante der Raumzeit kann auch noch auf andere eigenartige Arten gekrümmt und verzerrt werden. Sie kann sich auf sich selbst zusammenfalten und zwischen unterschiedlichen Raumzeit-Punkten einen Tunnel – beziehungsweise eine Abkürzung – bilden. Diese Abkürzung wird als „Wurmloch" bezeichnet. Sie können sich so ein Wurmloch wie eine Verzerrung oder Neuordnung der Raumzeit vorstellen, die zwei unterschiedliche Punkte miteinander verbindet.

Die meisten Leute verstehen unter Wurmlöchern etwas, das verschiedene Punkte im Raum miteinander verbindet (weshalb sie sich potentiell für Reisen zu entlegenen Galaxien eignen). Theoretisch können Wurmlöcher aber auch verschiedene Zeitpunkte miteinander verbinden. Nicht vergessen, es handelt sich um ein großes Ganzes namens Raumzeit. So ein Wurmloch könnte Sie nicht nur zu Ihrem liebsten Bubble-Tea-Shop ans andere Ende der Stadt befördern; es könnte Sie auch dorthin bringen, bevor Bubble-Tea überhaupt in Mode kam.

Wie man sich sein Wurmloch
in die Zukunft gräbt

GIBT ES WIRKLICH KEINEN ZWEITEN ANLAUF?

Das Erstaunliche an den beiden gerade erwähnten Möglichkeiten ist, dass sie Zeitreisen möglich machen, ohne gegen die Naturgesetze zu verstoßen. Solange Sie nicht versuchen, die Vergangenheit zu verändern, könnten Sie sich in dieser gekrümmten Raumzeit hin- und herbewegen und sich von ihr in die Vergangenheit (oder die Zukunft) bringen lassen.

Das Ganze steht unter dem Vorbehalt, dass sie Sie in dieselbe Raumzeit zurückbringen würde, in der Sie zuvor waren (Sie würden lediglich eine Abkürzung nehmen oder eine Schleife drehen). Das bedeutet also, dass Sie die Vergangenheit nicht mal ändern könnten, *wenn Sie es wollten.* Vielleicht sind Sie tatsächlich zurückgegangen und haben Ihr 8-Uhr-morgens-Selbst davor gewarnt, Kaffee zu kochen, aber wenn dem so ist, würden Sie sich auch daran erinnern, weil Sie beide zur selben Zeitlinie gehören. Die Tatsache, dass Sie scheußlichen Kaffee gekocht haben und sich nicht daran erinnern können, beim Aufeinandertreffen mit Ihrem künftigen Selbst davor gewarnt worden zu sein, bedeutet, dass Ihr künftiges Selbst überhaupt niemals in die Vergangenheit zurückgereist ist.

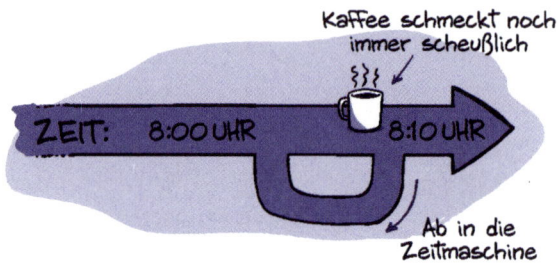

Könnten wir das wirklich tun? Die Wahrheit lautet: Physiker wissen es nicht! Das Ganze gehört in die Kategorie „soweit bekannt nicht unmöglich[4], aber soweit wir wissen total unpraktisch". Kein Mensch hat je einen unendlich langen Zylinder aus Staub erzeugt. Wir wissen auch nicht wirklich, wie man Wurmlöcher findet, geschweige denn, wie eines zu öffnen oder zu kontrollieren wäre. Aber das Coole daran ist, dass „soweit bekannt nicht unmöglich" bedeutet, dass es trotzdem

---

4 Hier sollten wir erwähnen, dass manche Physiker Einsteins Theorie für ein kleines biss-chen falsch halten und denken, dass diese Zeitschleifen vielleicht unmöglich sind.

weiterhin möglich ist. Sie werden es zwar nicht schaffen, den Kaffee von Ihrer Hose zurück in die Tasse zu bekommen, aber Sie könnten noch immer die Dinosaurier besuchen oder einen Blick in die Zukunft werfen.

GO WITH THE FLOW

An diesem Punkt sind Sie vielleicht etwas enttäuscht, dass das Zeitreisen zwar wahrscheinlich möglich ist, es sich aber nicht um die Art des Zeitreisens handelt, die Sie sich vermutlich erträumt hatten. Natürlich wäre es bestimmt cool, echte Dinosaurier zu sehen, aber wie groß kann der Spaß schon sein, wenn Sie die Erfahrung mit einer Riesenladung Kaffee auf der Hose machen müssen?

Vor diesem Hintergrund erfüllt es uns mit Stolz, Ihnen hier und jetzt unsere brandneue Idee für eine andere Form des Zeitreisens vorzustellen, eine Idee, die Ihnen sogar die Chance auf eine Lösch-Taste bietet, ohne dabei gegen das Prinzip von Ursache und Wirkung zu verstoßen. Sicher, wir haben uns das alles nur für dieses Buch hier überlegt und höchstens ein paar Stunden über die ganze Sache nachgedacht – aber hey, alle großen Ideen der Physik haben irgendwann mal klein angefangen, und immerhin ist wenigstens einer von uns ein gelernter Physiker.

Sind Sie bereit? Hier kommt sie: Was wäre, wenn wir *den Lauf der Zeit umkehren könnten*?

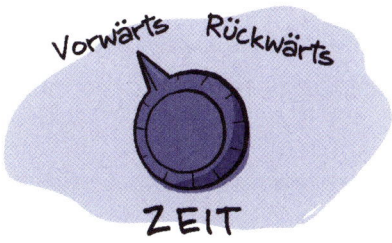

Sie müssen wissen, dass es in der Physik jede Menge Gesetze gibt, die festhalten, wie sich das Universum mit der Zeit verändert. Doch all diese Gesetze setzen voraus, dass die Zeit vergeht. Keines davon sagt uns wirklich etwas darüber, wie der Lauf der Zeit funktioniert. So wissen wir zum Beispiel nicht, warum die Zeit in die eine Richtung fließt (vorwärts) und nicht in die andere. Ja, tatsächlich wissen wir nicht einmal, dass die Zeit wirklich vorwärts fließen muss. Fast alle physikalischen Gesetze funktionieren ganz wunderbar in beide Richtungen.

Fast alle. Es gibt ein oder zwei physikalische Gesetze, bei denen es scheint, dass sie vorwärts und rückwärts anders funktionieren. Zum Beispiel besagt der Zweite Hauptsatz der Thermodynamik, dass die Dinge mit der Zeit dazu tendieren, weniger geordnet zu sein, und Wärme sich ausbreitet.[5] Das ist der Grund, weshalb es wahrscheinlicher ist, ein Glas zu zerbrechen als zerbrochenes Glas wieder zusammenzufügen.

Dieses Gesetz verlangt aber gar nicht wirklich, dass die Zeit vorwärts verläuft. Es besagt nur, dass die Unordnung abnehmen müsste, falls die Zeit rückwärts verliefe. Das mitzuerleben wäre bestimmt seltsam und wir haben noch nie gesehen, wie die Zeit rückwärts fließt – aber die Physik kann es nicht ausschließen.

Was uns direkt zu unserer Idee bringt: Was wäre, wenn man eine Maschine bauen würde, die in der Läge wäre, den Lauf der Zeit selektiv umzukehren? So könnte sie beispielsweise den Lauf der Zeit im *Inneren* der Maschine umkehren. Die Maschine selbst würde sich nirgendwohin bewegen oder reisen. Für Außenstehende würde sie einfach nur rumstehen und auch später noch da sein. Doch im Inneren der Maschine gälten andere Regeln. Dort drinnen würden die

---

5 Man sagt: Die Entropie in einem geschlossenen System nimmt mit der Zeit zu oder bleibt gleich (Anm. d. Übers.).

Teilchen das Gegenteil von dem tun, was sie in einem zeitlich vorwärts gerichteten Universum normalerweise tun.

Wenn Sie den Lauf der Zeit auf diese Weise kontrollieren könnten, wäre es möglich, gewisse Dinge, die sich ereignen, ungeschehen zu machen. Sie könnten sich etwa Ihr Büro im Inneren der Maschine einrichten und auf normalen Zeitverlauf einstellen. So könnten Sie die Maschine anweisen, den Lauf der Zeit kurzfristig umzukehren, falls Sie zu irgendeinem Zeitpunkt Ihren Kaffee verschütten. Während im Rest des Universums alles ganz normal weiterverliefe, würde Ihr Kaffee im Inneren in die Tasse zurückfinden. Und wenn die Maschine dann wieder auf normalen Zeitverlauf umschalten würde, hätten Sie wieder eine saubere Hose an. Allerdings würden dabei natürlich auch Ihre Gedanken zurückgesetzt werden, weshalb Sie sich selbst außerhalb der Maschine vielleicht eine Nachricht hinterlassen sollten, mit dem Kaffee vorsichtiger zu sein.

Es dürfte schwierig sein, zu erkennen, wo der Unterschied zwischen dem Zurückkreisen in der Zeit einerseits und dem Umkehren des Zeitverlaufs an einem bestimmten Ort andererseits liegt. Doch dieser Unterschied ist in physikalischer Hinsicht wichtig. Es ist nicht etwa so, dass Sie oder die Maschine in eine andere Zeit reisen (und damit gegen das Prinzip von Ursache und Wirkung verstoßen); Sie kehren einfach nur den Lauf der Zeit in einem begrenzten Raum um. Wenn man sich den Lauf der Zeit wie einen großen Fluss vorstellt, lässt sich das eher mit dem Erzeugen kleiner Wirbelströme vergleichen, die vorübergehend rückwärts fließen.

Und falls Ihnen dieses Szenario etwas zu beengend vorkommt, können wir unsere imaginäre Technologie auch auf eine neue Stufe heben. Was wäre, wenn man eine Maschine baute, die stark genug wäre, um das Gegenteil zu bewirken? Was, wenn sie den Lauf der Zeit im *gesamten Universum* umkehren könnte – mit Ausnahme dessen, was sich in der Maschine befindet? In diesem Fall könnten Sie in die

Maschine steigen, auf den Knopf drücken und dabei zusehen, wie das gesamte Universum um Sie herum rückwärts verläuft. Beim Verlassen der Maschine würden Sie eine Version des Universums betreten, die technisch gesehen jünger ist (auch wenn sie ohne Sie entaltert wäre).

ZEITREISE-SELFIE

Was könnten Sie in diesem jüngeren Universum alles tun? Sie könnten Netflix-Aktien kaufen, mit John F. Kennedy rumhängen oder das Kaffeetrinken aufgeben.[6]

Ist das eine verrückte Idee? Ja. Wissen wir irgendwas darüber, wie man die Zeit dazu bringt, rückwärts zu verlaufen, oder die Entropie dazu bringt, abzunehmen? Nein. Könnte es funktionieren? Wir haben keine Ahnung. Ist es unmöglich? Nein, nicht nach allem, was wir bisher über die Physik wissen!

Und deshalb, liebe Ingenieure, liegt es jetzt an euch.

---

6 Jetzt mal ehrlich, hätten Sie das schon früher gemacht, hätte uns das eine Menge Ärger erspart.

WIESO HABEN UNS NOCH KEINE AUSSERIRDISCHEN BESUCHT? ODER WAREN SIE DOCH SCHON DA?

Können Sie es kaum erwarten, dass Außerirdische auf der Erde landen, oder erfüllt es Sie mit Angst und Schrecken?

DIE AUTOREN SIND DA UNTERSCHIEDLICHER MEINUNG

Es gibt vieles, worauf man sich freuen kann, wenn Außerirdische uns jemals besuchen sollten. Überlegen Sie doch mal: Wenn die Außerirdischen in der Lage sind, die riesigen Entfernungen des interstellaren Raums zu überwinden und uns zu finden, bedeutet das, dass sie viel weiter entwickelt sind als wir. Denken Sie an all die Fragen, die wir ihnen stellen könnten! Wie funktioniert das Universum? Wie hat alles angefangen? Wie habt ihr es geschafft, zu den Sternen zu fliegen? Und warum belegen manche Leute ihre Pizza mit Ananas? Wäre es nicht unglaublich, wenn irgendwelche Außerirdischen einfach auftauchen und uns all die Antworten sagen würden? Wir könnten uns Hunderte oder Tausende Jahre mühseliger physikalischer Arbeit[1] sparen und die Antworten *sofort* bekommen.

Aber mal langsam: Was, wenn der Besuch der Außerirdischen nicht ganz so gut ausgeht wie von uns erhofft? Es könnte durchaus furchterregend sein, von einer weiter entwickelten, fremden Zivilisation besucht zu werden. Ein Blick in die Geschichte der Menschheit genügt. Was passiert normalerweise, wenn eine fortschrittlichere Zivilisation auf eine andere trifft? Sitzen sie friedlich beim Essen zusammen und lassen einander an ihrem Wissen und ihrem intellektuellen Reichtum teilhaben? Nein. Das Ganze geht für die „erkundete" Zivilisation meistens nicht sonderlich gut aus.

---

1 Also bitte, rumsitzen und Kaffee trinken ist harte Arbeit.

Wie dem auch sei, das Ganze wird mit Sicherheit ein folgenschweres Ereignis werden, was für uns die Frage aufwirft: Wieso haben uns die Außerirdischen nicht längst besucht? Schließlich stehen die Chancen ziemlich gut, dass da draußen im Universum Leben existiert. Allein in unserer Galaxis gibt es Unmengen von Sternen (ungefähr 250 Milliarden) – und da draußen gibt es Billionen oder sogar unendlich viele Galaxien. Außerdem hat etwa jeder fünfte Stern genauso einen Planeten wie die Erde, sodass es Trillionen (wenn nicht unendlich viele!) Möglichkeiten für die Entstehung von Leben gibt. Dass die Erde der einzige Ort im gesamten Universum ist, auf dem sich Leben (und noch dazu intelligentes) entwickelt hat, scheint ziemlich unwahrscheinlich.

Warum haben uns Außerirdische dann noch nicht besucht? Gehen sie uns aus dem Weg, oder ist das Universum einfach zu groß, um mal kurz bei den Nachbarn vorbeizuschauen? Und wie könnten sie uns überhaupt finden?

Um das herauszubekommen, wollen wir vier mögliche Szenarien betrachten.

SZENARIO #1: SIE HABEN UNS GEHÖRT UND SIND AUF DEM WEG ZU UNS

Eine Möglichkeit ist, dass uns die Außerirdischen gehört haben und längst unterwegs zu uns sind. Vielleicht sind sie ja gute Zuhörer und haben die eine oder andere Radio- und Fernsehsendung abgefangen, die wir seit einer Weile gedankenverloren ins All ausstrahlen. Und so haben sie, voller Faszination und Begeisterung für unseren Humor, umgehend ein Raumschiff starten lassen, das in dieser Sekunde direkt auf uns zusteuert.

Was hat die Physik zu diesem Szenario zu sagen? Ist es möglich, dass Außerirdische unsere Signale entdeckt haben? Und hatten sie überhaupt genug Zeit, um es bis jetzt hierher zu schaffen?

Eine Einschränkung besteht darin, dass wir noch nicht so lange Funksignale abgeben. Erst vor rund 100 Jahren hat unsere Spezies damit begonnen, Funk- und Fernsehsignale auszustrahlen. Und auch wenn Ihnen Lichtgeschwindigkeit superschnell vorkommt, wenn Sie im Stau stecken und einfach nur nach Hause wollen – das Weltall ist sehr groß. Deshalb dauert es selbst bei Botschaften, die mit Lichtgeschwindigkeit verschickt werden, sehr lang, bis sie bei irgendeiner potentiell fremden Welt ankommen.

Und selbst wenn die dortigen Bewohner unsere Botschaften vernommen hätten, würden sie lange brauchen, um uns besuchen zu kommen.

Befassen wir uns also mit den physikalischen Aspekten ihrer Reise. Zunächst mal gehen wir davon aus, dass sie sowas wie ein Raumschiff haben, das sich mit einem beachtlichen Teil der Lichtgeschwindigkeit fortbewegt (sagen wir mit halber Lichtgeschwindigkeit beziehungsweise rund 150 Millionen Kilometern pro Sekunde). Sie machen sich jetzt vielleicht Gedanken darüber, wie lange die Außerirdischen bräuchten, um auf so ein enormes Tempo zu beschleunigen. Doch überraschenderweise macht das nur einen geringen Teil ihrer Reise aus, während sie die meiste Zeit trotzdem mit Vollgas unterwegs sein könnten. Das gilt sogar für Wesen, die ähnlich weich sind wie wir selbst und sich schon bei Beschleunigungskräften in Höhe von wenigen Erdanziehungen in Pudding verwandeln. Zum Beispiel könnten auch Sie es bei einer moderaten Beschleunigung von 2g (der doppelten Fallbeschleunigung der Erde) in unter einem Jahr auf halbe Lichtgeschwindigkeit bringen.

Rechnen wir das Ganze aus. Weil wir erst seit etwa 100 Jahren Funksignale abgeben, müssten alle Außerirdischen, die in Kürze auftauchen, in etwa 33 Lichtjahren Entfernung von uns leben: Es würde 33 Jahre dauern, bis unser Signal mit Lichtgeschwindigkeit dort ankäme und etwa 66 Jahre, bis sie es mit ihrem Raumschiff hierher schaffen würden (wir gehen hier davon aus, dass es mit halber Lichtgeschwindigkeit fliegen kann). In diesem Szenario hatten alle Außerirdischen, die weiter als 33 Lichtjahre von uns entfernt leben, bisher keine Chance, hierher zu gelangen. Sie hatten einfach nicht genügend Zeit, um die Botschaft zu empfangen und die Reise abzuschließen.

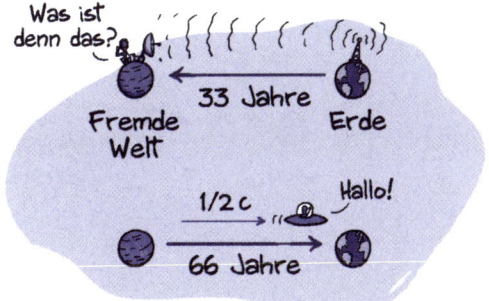

Könnten in 33 Lichtjahren Entfernung von uns Außerirdische leben?

Wie wir wissen, ist das uns am nächsten gelegene Sternsystem (Proxima Centauri) nur wenig mehr als vier Lichtjahre entfernt. Und wie es der Zufall will, verfügt dieses System über einen erdgroßen Planeten, der einen jener Sterne umkreist. Falls es dort wirklich Außerirdische gibt, die unser Signal gehört haben, hätten sie jede Menge Zeit gehabt, in ein Raumschiff zu springen und uns zu besuchen. Wieso haben sie es also nicht getan? Ein Erklärungsversuch lautet: Sie haben auf das Serienfinale von „Lost" gewartet, das 2010 ausgestrahlt wurde und 2014 bei ihrem Planeten ankam. Das heißt, dass wir ab dem Jahr 2022 damit rechnen können, dass sie hierherkommen und sich beschweren.

Was wäre, wenn wir weiter draußen suchen würden? Wir wissen, dass es im Umkreis von 33 Lichtjahren etwas mehr als 300 Sternsysteme gibt, von denen circa 20 Prozent vermutlich über einen erdähnlichen Planeten (definiert als ein Planet von annähernd gleicher Größe und heimeliger Entfernung zu seinem Stern wie unsere Erde) verfügen. Demnach könnten etwa 65 erdähnliche Planeten unsere frühesten Funksignale gehört und längst eine Delegation von Außerirdischen zu uns geschickt haben.

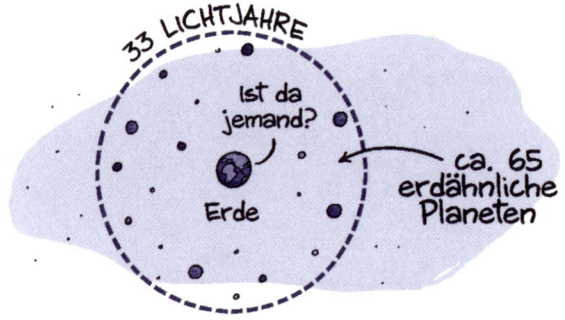

Haben Sie aber nicht. Wieso nicht?

Es kann natürlich viele Gründe geben, weshalb die Außerirdischen unser Signal zwar gehört, uns aber nicht besucht haben. Vielleicht hat ihnen das, was sie gehört haben, nicht gefallen, oder es interessiert sie einfach nicht, oder sie haben keine Lust. Es ist allerdings nur schwer vorstellbar, dass sich eine intelligente – und wahrscheinlich genauso isoliert wie wir selbst lebende – Zivilisation die Chance entgehen ließe, in der Nachbarschaft anzuklopfen oder zumindest einen kurzen Blick zu wagen oder zu antworten.

Die Tatsache, dass wir bis jetzt von keiner intelligenten außerirdischen Zivilisation besucht worden sind, die auf unsere Funksignale antwortet, deutet vielleicht auf eine viel näherliegende Wahrheit hin: dass es auf diese kurze Entfernung gar keine intelligenten außerirdischen Zivilisationen gibt. Vielleicht sagt es uns, dass die Chance, bei insgesamt 65 Planeten auf intelligentes Leben zu stoßen, unter zwei liegt (wir selbst und eine weitere Zivilisation). Das ist die Erklärung, die am wahrscheinlichsten scheint. Denn schließlich stehen unsere eigenen Chancen, überhaupt hier zu sein, deutlich schlechter als 1 : 32,5, wenn man die Geschichte des Lebens auf der Erde und die prekäre Lage unserer Zivilisation betrachtet.

SZENARIO #2: SIE STOLPERN ZUFÄLLIG ÜBER UNS

Falls das Ausbleiben von außerirdischen Besuchern bei uns daran liegt, dass sich keine in Hörweite befinden, müssen wir uns vielleicht andere Gründe oder Wege ausdenken, wie sie uns finden könnten. Schließlich haben unsere Funksignale bisher nur einen winzigen Bruchteil der Galaxis erreicht – circa 100 Lichtjahre in alle Himmelsrichtungen, während die Milchstraße über 100.000 Lichtjahre groß ist. Da ist es keine Überraschung, dass ein Großteil der Galaxis keine Ahnung hat, dass wir überhaupt existieren.

Welchen anderen Grund könnte eine fremde Zivilisation, die weit außerhalb der Hörweite unserer Funksignale lebt, sonst für einen Besuch bei uns haben?

Na ja, die Galaxis ist ein paar Milliarden Jahre alt. Was wäre, wenn es da draußen eine unglaublich weit entwickelte außerirdische Spezies mit großem Forscherdrang gibt? Wie stehen die Chancen, dass sie irgendwann zufällig über uns stolpern werden, wenn sie seit Tausenden oder Millionen von Jahren auf Forschungsreise sind?

Warum eine außerirdische Spezies so viel Zeit in die Erforschung der Galaxis stecken sollte, ist ein bisschen schwer vorzustellen. Vielleicht ist sie ja auf der Suche nach guten Fernsehsendungen oder leckeren neuen Snacks (womit hoffentlich nicht wir gemeint sind), oder sie hofft darauf, neue Rohstoffe oder Lebensräume zu finden? Was auch immer ihr Grund ist, gehen wir einfach davon aus, dass sie irgendwo da draußen sind und suchen.

Könnten Sie uns finden?

Zunächst mal wollen wir ein paar Annahmen über ihr Forschungsvorhaben treffen. Als erstes gehen wir davon aus, dass sie Raumschiffe benutzen. Wie viele Raumschiffe müssten sie losschicken und wie lange würde es dauern, bis sie jeden Planeten in der Galaxis besucht hätten?

Wir wissen, dass es im Weltraum im Durchschnitt alle 1250 Kubiklichtjahre einen erdähnlichen Planeten gibt und dass die durchschnittliche Distanz zwischen diesen Planeten in etwa elf Lichtjahre beträgt. Manchmal findet man zwei davon im selben Sonnensystem, manchmal liegen 50 bis 100 Lichtjahre zwischen ihnen. Für eine lange Reise ist der Durchschnitt entscheidend und dieser Durchschnitt beträgt etwa elf Lichtjahre.

Wenn sich nun alle außerirdischen Forschungsschiffe mit halber Lichtgeschwindigkeit fortbewegen, bräuchte jedes davon 22 Jahre, um von einem Planeten zum nächsten zu gelangen. Schickt man also nur ein einziges Raumschiff los, um die gesamte Galaxis zu erkunden, würde es etwa eine Billion Jahre dauern, bis es jeden einzelnen Planeten darin besucht hätte. Wenn es bei dieser Mission darum geht, leckere Snacks zu entdecken, schafft man es damit also unmöglich nach Hause, bevor sie kalt werden.

Die gute Nachricht lautet, dass sich das Ganze durch den Start von mehreren Raumschiffen beschleunigen lässt. Solange sie in unterschiedlichen Richtungen unterwegs sind und es zwischen ihnen zu keinen Überschneidungen kommt, kann man umso mehr Planeten erkunden, je mehr Schiffe man losschickt.

Schickt man 1000 Raumschiffe los (vorausgesetzt, das passiert von einem relativ zentralen Punkt aus), kann man innerhalb von einer Milliarde Jahren jeden erdähnlichen Planeten der Milchstraße besuchen. Und mit jedem weiteren Raumschiff, das man losschickt, verkürzt sich die Zeit zur Erkundung der Galaxis immer weiter. Würden eine Million Schiffe starten, würde es eine Million Jahre dauern, bei einer *Milliarde* Schiffen sinkt diese Zahl auf 50.000 Jahre. Allerdings bringt es einem ungefähr ab dieser Zahl von Raumschiffen nichts mehr, noch mehr davon loszuschicken, weil jedes trotzdem genauso lang bräuchte, um den Rand der Galaxis zu erreichen (rund 50.000 Jahre).

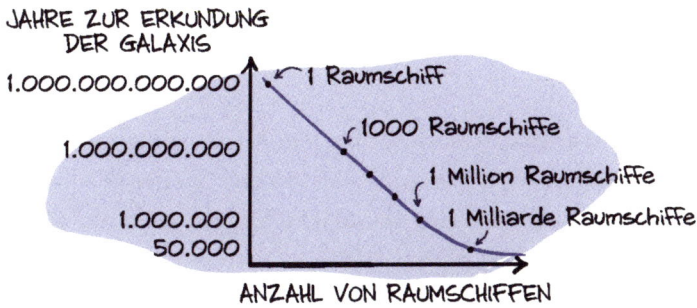

Die Kurve, die zum Start von einer Milliarde Raumschiffen führte

50.000 Jahre mag nach einer sehr langen Zeit klingen, doch verglichen mit dem Alter der Milchstraße (13,5 Milliarden Jahre) und unseres Planeten (4,5 Milliarden Jahre) ist das so gut wie gar nichts.

Wenn es da draußen also wirklich eine außerirdische Zivilisation gibt, die 1. aktiv andere Planeten besucht und 2. über die nötigen Ressourcen verfügt, um eine riesige Forschungsflotte zu bauen, dann ist es sehr wahrscheinlich, dass sie zu uns gelangen würde. Und falls sie es mit ihrer Suche nach dem perfekten Snack ernst meinen, bedeutet es außerdem, dass sie vermutlich ziemlich oft bei der Erde vorbeischauen würden. Denn sobald sich die Raumschiffe erst mal in der gesamten Galaxis verteilt haben, können sie jeden Planeten in weniger als 50.000 Jahren erreichen.

Das alles beruht auf der Annahme, dass nur eine solche weit entwickelte Zivilisation existiert. Was wäre, wenn da draußen viele von ihnen auf Erkundungstour wären? In diesem Fall wird die Wahrscheinlichkeit, dass ein Außerirdischer – irgendeiner von ihnen – über uns stolpert, sogar noch höher.

Was heißt es also, dass wir bisher von keinem außerirdischen Forschungsschiff besucht worden sind? Unsere Spezies ist mindestens schon seit mehreren Zehntausend Jahren schlau genug, um zu begreifen, was um uns herum passiert (die Geschichtsschreibung reicht etwa 5000 Jahre in die Vergangenheit zurück, und einige Höhlenmalereien sind über 40.000 Jahre alt). Wenn so ein Forschungsschiff vorbeigekommen wäre, hätten Sie inzwischen wahrscheinlich davon erfahren.

Die Tatsache, dass wir (nach unserem Wissen) bislang noch nicht von forschungsreisenden Außerirdischen besucht worden sind, sagt uns, dass es da draußen vielleicht gar keine Milchstraßen-erforschenden Zivilisationen gibt. Womöglich hat das Ausbleiben außerirdischer Besuche eher ökonomische Gründe als physikalische oder biologische: Vielleicht ist der Weltraum einfach zu groß und die Sterne zu weit entfernt, sodass es sich nicht wirklich lohnt, andere Planeten in der Galaxis zu besuchen und zu erforschen.

SZENARIO #3: DIE AUSSERIRDISCHEN SIND EXTREM SCHLAU

Okay, vielleicht ist der Bau einer gigantischen, eine Milliarde Schiffe starken Flotte einfach zu viel für jede außerirdische Zivilisation. Sind wir mal ehrlich: Eine Milliarde Raumschiffe für nichts als ein paar neue Snacks zu bauen und zu bemannen, ist unheimlich viel Arbeit. Wie sonst könnten Außerirdische uns also je finden?

Nun ja, es gibt da noch ein anderes denkbares Szenario, das aber extraviel Fantasie erfordert. Was, wenn die Außerirdischen wirklich superschlau sind, und zwar so schlau, dass sie sich effizientere Methoden für die Erforschung der Galaxis ausgedacht haben?

Lassen Sie uns bitte erstmal ausreden: Was wäre, wenn die Außerirdischen *sich selbst replizierende* Forschungsschiffe bauen würden?

Stellen Sie sich Raumschiffe vor, die ins Weltall hinausfliegen und dann mehr von sich anfertigen. Man könnte mit einer Handvoll dieser selbstfliegenden Schiffe loslegen und sie zu nahegelegenen Sonnensystemen schicken. Bei der Ankunft bestünde ihre erste Aufgabe darin, das Sonnensystem nach Leben abzusuchen. Zudem könnte man sie mit leistungsstarken Kameras ausstatten, mit deren Hilfe sie die Planetenoberflächen aus dem Weltraum fotografieren und so das ganze Theater von Start und Landung umgehen könnten.

Als nächstes würden sie sich auf die Suche nach den nötigen Rohstoffen machen, um mehr von sich zu bauen. Im Asteroidengürtel unseres Sonnensystems treiben beispielsweise jede Menge Metalle und die Zutaten für Raketentreibstoff herum – riesige Brocken aus Eisen, Gold, Platin und Eis. Ein KI-gesteuertes Raumschiff könnte die Rohstoffe einsammeln, die es braucht, um mehrere (sagen wir fünf) Kopien von sich zu bauen und anzutreiben. Daraufhin könnten jene fünf neuen Schiffe zu neuen Zielen aufbrechen und der Kreislauf beginnt von Neuem.

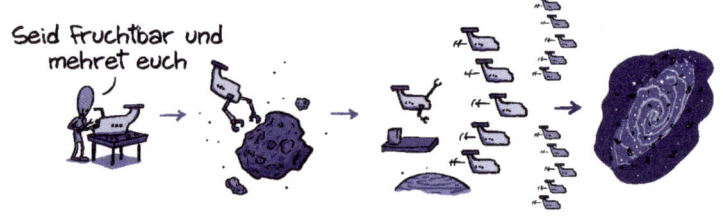

Diese Strategie lässt die Zahl der Raumschiffe *exponentiell* ansteigen. Wenn man mit fünf Schiffen anfängt, werden daraus 25, während es nach der fünften Runde 3125 Schiffe wären. Nach der neunten Runde hätte man annähernd zwei Millionen Schiffe und nach nur 13 Runden läge die Zahl der Raumschiffe bei mehr als einer Milliarde.

Das bedeutet, dass eine einzige schlaue außerirdische Zivilisation Sonden losschicken könnte, die in der Lage wären, in weniger als einer Million Jahren die gesamte Galaxis zu erkunden. Und sie müsste dazu nichts weiter tun, als die ersten fünf Schiffe zu bauen. Mit einem Schlag hat sich die ökonomische Seite der ganzen Sache verbessert.

Das alles klingt natürlich nach einer ziemlich komplizierten Technologie, ist aber etwas, worüber inzwischen selbst menschliche Ingenieure nachdenken. Doch auch wenn wir nicht einmal annähernd dazu in der Lage sind, könnte es für eine ältere und weiter entwickelte Zivilisation durchaus möglich sein. Und wer weiß, vielleicht werden selbst wir in ein paar Hundert Jahren solche Schiffe bauen können.

Das Wichtige daran ist, dass es nur eine Zivilisation braucht, um den Ball ins Rollen zu bringen und zum Schluss bei einer Milliarde Schiffe zu landen. Falls es da draußen also wirklich Außerirdische gibt und sie clever genug sind, stehen die Chancen, dass wir bereits von einem ihrer sich selbst kopierenden Schiffe besucht worden sind, ziemlich gut.

Die Tatsache, dass wir bislang noch nicht erlebt haben, wie so eine Sonde ankommt und sich bemerkbar macht, kann natürlich alles Mögliche bedeuten. Vielleicht gibt es da draußen gar keine so weit entwickelte Zivilisation, und es liegt an uns, diese Idee voranzutreiben. Oder es gibt sie wirklich und ihnen hat bloß die Idee nicht gefallen.

Vielleicht wollen sie am Ende auch gar nicht, dass wir von ihrer Existenz erfahren …

SZENARIO #4: ODER WAREN SIE DOCH SCHON DA?

In allen bisher genannten Szenarien haben wir eine Kleinigkeit angenommen: dass sich die Außerirdischen bei ihrer Ankunft mit großem Getöse ankündigen und ein neues Zeitalter speziesübergreifender Harmonie (oder speziesübergreifender Eroberung) einläuten werden.

Aber was ist, wenn benachbarte Außerirdische oder außerirdische Forscher oder sich selbst replizierende außerirdische Sonden die Erde längst besucht haben, ohne dass wir es mitbekommen haben? Vielleicht waren sie ja zu früh da. Auf unserem Planeten tummelt sich das Leben schon seit Milliarden von Jahren, doch intelligentes Leben, das in der Lage wäre, das ungeheure Ausmaß eines außerirdischen Besuchs zu erkennen und zu dokumentieren, gibt es erst seit ein paar Zehntausend Jahren. Was ist, wenn wir sie verpasst haben? Was, wenn sie uns zu einer Zeit besuchen kamen, als unsere Zivilisation noch in den Kinderschuhen steckte?

Wenn das stimmt, müssen wir nicht das Gefühl haben, etwas verpasst zu haben. Schließlich gibt es guten Grund anzunehmen, dass sie zurückkommen werden. Bestimmt werden sie bei ihrem ersten Besuch auf der Erde bemerkt haben, wie das Leben vor sich hin gärte, weil es schon kurz nach der Entstehung des Planeten losging. Deshalb gibt es für sie gute Gründe, noch mal bei uns vorbeizuschauen. Vergessen Sie nicht, dass eine große Schiffsflotte die Galaxis innerhalb von 50.000 Jahren erkunden kann. Vielleicht müssen wir einfach noch ein bisschen länger warten, bis der nächste Bus vorbeikommt.

Aber Moment mal. Was ist, wenn wir ihren Besuch deshalb nicht bemerkt haben, weil sie gar nicht wollen, dass wir davon erfahren? Was, wenn sie gar keine Lust haben, mit uns zu reden? Was, wenn unsere Grundannahme falsch ist und sie überhaupt niemanden zum Rumhängen suchen? Die Physik der Erforschung der Galaxis kann heimlichtuerische oder schüchterne Außerirdische nicht ausschließen. Vielleicht machen sie nicht den Fehler, sich unter irgendwelche außerirdischen Spezies zu mischen, die unter Umständen gefährlich sein könnten. (Ja, was ist, wenn *wir selbst* die Außerirdischen sind, vor denen sich die anderen in Acht nehmen?) Wir können nicht erwarten, zu verstehen, wie Außerirdische vielleicht denken.

Insgesamt gibt es viele Gründe, warum uns noch keine Außerirdischen besucht haben (oder weshalb sie uns nichts davon gesagt haben). Unsere Galaxis ist ziemlich groß und das Universum sogar noch größer und wenn es um die Möglichkeiten von intelligentem Leben da draußen geht, wissen wir so vieles nicht. Nach wie vor besteht auch die Möglichkeit, dass wir die pfiffigste Spezies in der gesamten Galaxis sind (oder im gesamten Universum) und dass uns andere Außerirdische wahrscheinlich nicht irgendwann demnächst besuchen kommen werden.

In dem Fall ist es vielleicht unsere Aufgabe, selber da raus zu gehen, um andere Außerirdische zu besuchen. Und wenn es schon nicht aus reiner Freude am Forschen passiert, dann sollten wir es wenigstens für die Snacks tun.

GIBT ES SIE MEHRMALS?

Wäre es nicht seltsam, wenn es irgendwo da draußen eine Kopie von Ihnen gäbe?

Einen anderen Menschen, der genauso ist wie Sie, der dieselben Vorlieben (Bananen) und Abneigungen (Pfirsiche), dieselben Fähigkeiten (macht großartige Bananensmoothies) und Fehler (redet ständig über Bananensmoothies), dieselben Erinnerungen, dieselbe Persönlichkeit und denselben Sinn für Humor hat. Wäre es merkwürdig, von der Existenz dieser Person zu wissen? Und würden Sie sie treffen wollen?

Und was noch seltsamer wäre: Stellen Sie sich vor, da draußen gäbe es jemanden, der fast genauso ist wie Sie, nur *ein kleines bisschen* anders. Was wäre, wenn es eine bessere Version von Ihnen gäbe? Eine Person, die vielleicht bessere Obstsmoothies macht oder ein bedeutsameres Leben führt? Oder wie wäre es mit einer nicht so begabten Version von Ihnen – oder einer gemeineren, wie eine Art böser Zwilling?

Ist das möglich?

Auch wenn es vielleicht schwer vorstellbar ist: Die Physik kann nicht ausschließen, dass es Sie noch einmal gibt. Tatsächlich denken manche Physiker nicht nur, dass es Sie noch einmal geben könnte, sondern halten es sogar für *mehr als wahrscheinlich*. Das würde bedeuten, dass genau jetzt, während Sie das hier lesen, irgendwo da draußen eine andere Version von Ihnen dieselben Klamotten tragen, auf dieselbe Weise wie Sie dasitzen und dasselbe Buch lesen könnte (na gut, vielleicht eine etwas lustigere Ausgabe).

Um ein Gespür dafür zu bekommen, was das bedeutet und wie wahrscheinlich das ist, wollen wir zunächst darüber nachdenken, wie einzigartig Sie wirklich sind.

WIE WAHRSCHEINLICH SIND SIE?

Es mag im ersten Moment ziemlich unwahrscheinlich klingen, dass da draußen jemand existieren könnte, der mit Ihnen identisch ist. Stellen Sie sich nur einmal vor, was alles passieren musste, damit das Universum Sie hervorbringen konnte.

In der Nähe einer Wolke aus Gas und Staub musste es zu einer Supernova kommen, deren Schockwelle jene Wolke in einem Gravitationskollaps verdichtete und unsere Sonne sowie das Sonnensystem hervorbrachte. Ein winzig kleiner Klumpen jenes Staubs (weniger als 0,01 Prozent) musste sich zusammenballen, um einen Planeten im perfekten Abstand zur Sonne zu bilden, damit das Wasser dort weder zu Eis gefrieren noch sich in Dampf verwandeln würde. Es war zuerst nötig, dass das Leben entsteht, die Dinosaurier aussterben, die Menschen sich entwickeln, das Römische Imperium untergeht und Ihre Verwandten der Pest entkommen. Danach mussten sich Ihre Eltern treffen und dann auch noch mögen, und Ihre Mutter musste genau im richtigen Moment einen Eisprung haben, während das eine Spermium mit der zweiten Hälfte Ihrer Gene gegen Milliarden von anderen Spermien das Rennen machen musste. Und da sind wir gerade mal bei Ihrer Geburt angelangt!

Wieso hat das so lange gedauert?

Denken Sie an all die Entscheidungen, die Sie im Lauf Ihres Lebens getroffen und die aus Ihnen den Menschen gemacht haben, der Sie heute sind. Sie haben eine Menge Bananen gegessen, oder auch nicht, haben jene eine wichtige Freundschaft geschlossen oder nicht geschlossen und wären das eine Mal beinahe von einem Obstkarren überfahren worden, wenn Sie nicht beschlossen hätten, zuhause zu bleiben. Und dann sind Sie irgendwie auf dieses alberne Buch übers Universum gestoßen und haben beschlossen, es zu lesen. Das alles begann vor 4,5 Milliarden Jahren und hat dazu geführt, dass Sie jetzt und hier existieren.

Wie stehen die Chancen, dass all jene Dinge auf *exakt dieselbe* Weise noch einmal passieren und Sie ein zweites Mal hervorbringen würden? Klingt ziemlich unwahrscheinlich, oder?

Vielleicht ja doch nicht! Machen wir uns daran, all die willkürlichen Ereignisse und Entscheidungen und Augenblicke zurückzuverfolgen, die in Ihrer Existenz mündeten, und versuchen wir, die Wahrscheinlichkeit von alldem zu berechnen.

Fangen wir mit dem heutigen Tag an: Wie viele Entscheidungen haben Sie getroffen, seit Sie aufgewacht sind? Vermutlich haben Sie beschlossen aufzustehen und sich dann Ihre Klamotten und etwas zum Frühstücken ausgesucht. Jede einzelne dieser Entscheidungen, selbst jede vermeintlich noch so kleine, kann den Lauf Ihres Lebens verändern. So könnte die Wahl der blauen Bluse oder Krawatte mit dem Bananenmuster darauf entscheidend dafür sein, ob Ihr künftiger Gatte oder Ihre Gattin Sie wahrnimmt oder nicht. Gehen wir davon aus, dass Sie pro Minute etwa ein oder zwei lebensverändernde Entscheidungen treffen. Was im ersten Moment vielleicht stressig klingt, müsste nach Ansicht von Quantenphysik und Chaostheorie noch viel mehr sein. Wenn wir annehmen, dass es nur ein paar pro Minute sind, dann bedeutet das, dass Sie am Tag Tausende solcher wichtigen Entscheidungen und im Jahr etwa knapp eine Million davon treffen. Falls Sie über 20 Jahre alt sind, haben Sie in Ihrem Leben schon mehr als 20 Millionen Entscheidungen getroffen, um dorthin zu gelangen, wo Sie gerade sind.

Diese Entscheidung könnte mein Leben verändern!

Gehen wir dann davon aus, dass jede Ihrer Entscheidungen nur zwei mögliche Ausgänge hatte, also A oder B, oder auch Bananen oder Pfirsiche. In Wahrheit sind es viele mehr (ist Ihnen aufgefallen, wie viel Auswahl ein typisches Brunchbuffet heutzutage bietet?), aber machen wir es uns einfach. Um die Wahrscheinlichkeit zu berechnen, dass Sie aufgrund jener 20 Millionen Entscheidungen genau zu dem Menschen wurden, der Sie sind, müssen wir 2 in die Potenz 20 Millionen setzen, also $2^{20.000.000}$.

Warum ist das so? Weil die Zahl der Möglichkeiten mit jeder Entscheidung wächst. Wenn Sie vor der Wahl stehen, auf welcher Seite Sie aus dem Bett steigen (rechts oder links), welches Obst Sie zum Frühstück essen (Bananen oder Pfirsiche) und wie Sie zur Arbeit kommen wollen (mit Bus oder Bahn), dann gibt es $2 \cdot 2 \cdot 2$ (beziehungsweise 2^3) Möglichkeiten, wie sich Ihr Tag entwickeln kann. Die Chancen, dass Sie links aus dem Bett gestiegen, Bananen gegessen und den Bus genommen haben, stehen 1 zu 2^3 beziehungsweise 1 zu 8.

Wenn Sie im Leben also 20 Millionen „A-oder-B"-Entscheidungen treffen, dann gibt es $2^{20.000.000}$ verschiedene Wege, die Ihr Leben hätte nehmen können. Das ist eine wirklich große Zahl – und das ist erst der Anfang!

Außerdem müssen wir die Wahrscheinlichkeit Ihrer Geburt berücksichtigen, welche das Resultat der Entscheidungen ist, die Ihre Eltern getroffen haben. Wenn wir jene Entscheidungen einbeziehen, sind das weitere 40 Millionen (20 Millionen für jedes Elternteil), und mit Blick auf Ihre vier Großeltern noch einmal 80 Millionen mehr. Und was ist mit Urgroßeltern? Nochmal 160 Millionen. Sie sehen, wo das hinführt, oder? Mit jeder Generation verdoppelt sich die Zahl Ihrer Vorfahren und kommen immer neue Entscheidungen hinzu, die möglicherweise Einfluss auf Ihre Existenz hatten. Die Menschen gibt es seit mindestens 30.000 Jahren – oder schätzungsweise 1500 Generationen – auf diesem Planeten. Wenn wir deren Entscheidungen ebenfalls einbeziehen, wird das unsere Zahl sogar noch größer machen.

In Wahrheit wird das mit dem Zählen ein bisschen komplizierter, denn wenn man weit genug zurückgeht, sind einige Ihrer Verwandten mit anderen Ihrer Verwandten verwandt. Deshalb kann ein und dieselbe Person zweimal in Ihrem Stammbaum auftauchen. Das ist nicht nur ein unangenehmes Thema, sondern erschwert außerdem das Rechnen. Deshalb nehmen wir der Einfachheit halber an, dass nur zwei Menschen pro Generation Einfluss auf Sie haben, was immer noch 1500 Generationen · 2 Menschen · 20 Millionen Entscheidungen = 60 Milliarden Entscheidungen sind. Die Wahrscheinlichkeit Ihrer Existenz liegt nun bei 1 zu $2^{60.000.000.000}$.

Aber warum hier Schluss machen? Lassen Sie uns die vormenschliche Geschichte und die Milliarden Jahre der Evolution bis hin zu den winzigsten Mikroben in gleicher Weise berücksichtigen. Das Leben auf der Erde begann vor rund 3,5 Milliarden Jahren. Müssten Sie Ihren Stammbaum so weit zurückverfolgen, bestünde er hauptsächlich aus einfachen Pflanzen und Mikroben. Und auch wenn beide vermutlich keine bewussten Entscheidungen getroffen haben, waren sie durchaus von zufälligen Ereignissen betroffen: von der Art, wie der Wind wehte oder die Sonne auf sie schien, oder ob es Regen gab und so weiter. Nehmen wir an, dass Ihre mikrobiellen Vorfahren von einem Zufallsereignis pro Tag betroffen waren und dass jedes einzelne davon wieder zwei mögliche Ausgänge hatte (z. B. ein Felsbrocken fiel auf Ihren mikrobiellen Ahnen oder nicht). Das heißt, dass wir unsere Wahrscheinlichkeitsrechnung um eine weitere Billion (1.000.000.000.000) wegweisender Ereignisse ergänzen müssen.

Und nun machen wir uns daran, unsere kleine, räumlich begrenzte Blase des Universums den ganzen Weg bis zur Entstehung des Sonnensystems vor 4,5 Milliarden Jahren zurückzuverfolgen – und dann weiter bis zu den ursprünglichen Sternen oder Planeten mit all den Atomen, aus denen Sie bestehen, und schließlich zurück bis zum Urknall vor 14 Milliarden Jahren. Hier wollen wir schrecklich untertreiben und auch dieses Mal annehmen, dass es in all jener Zeit tagtäglich ein wichtiges Ereignis gab, das den Lauf Ihres Lebens hätte beeinflussen können. Demnach waren es geschätzt eine *Billiarde* Entscheidungsmomente, die bis zum heutigen Tag geführt haben, wodurch die Wahrscheinlichkeit Ihrer Existenz hier und jetzt mal eben auf circa 1 zu $2^{1.000.000.000.000.000}$ nach oben geschnellt ist.

UNWAHRSCHEINLICH, ABER NICHT UNMÖGLICH?

Die Zahl $2^{1.000.000.000.000.000}$ ist eine sehr große Zahl. Stellen Sie sich eine 1 mit etwa 100 Billionen Nullen dahinter vor. Sie ist so groß, dass unser Gehirn sie überhaupt nicht fassen kann. Zum Vergleich: Es gibt 2^{265} Teilchen im gesamten beobachtbaren Universum. Um auf $2^{1.000.000.000.000.000}$ zu kommen, müsste man das gesamte beobachtbare Universum ungefähr hoch drei Milliarden nehmen.

Ihre Mutter hat also nicht übertrieben, als sie sagte, Sie seien ein kleines Wunder! Die Wahrscheinlichkeit, dass jemand wie Sie je existiert hat oder je wieder existieren wird, beträgt 1 zu $2^{1.000.000.000.000.000}$ – mit anderen Worten, sie geht so ziemlich gegen null. Wenn es Sie noch einmal gäbe, wäre das ungefähr so, als würde man einen Würfel mit $2^{1.000.000.000.000.000}$ Seiten werfen und ganz zufällig die gleiche Zahl würfeln. Das sind nicht unbedingt Chancen, auf die Sie Ihr Haus verwetten würden.

Wie um alles in der Welt können die Physiker also eine andere Version von Ihnen für möglich halten? Nun ja, wir leben in einer seltsamen Realität, die tatsächlich mehrere Möglichkeiten zulässt, wie es sein könnte, dass es Sie da draußen noch einmal gibt. Dazu gehört ein Szenario, bei dem Sie Ihren bösen Zwilling sogar *kennenlernen* könnten (Einsatz Böse-Zwillings-Musik: *tam-tam-taamm*) …

DAS MULTIVERSUM/DIE MULTIVERSEN

Wenn es so schwer vorstellbar ist, dass Sie in diesem Universum noch einmal vorkommen könnten, dann müssen wir vielleicht woanders nach Ihrem pfirsichverrückten zugfahrenden Alter Ego suchen.

Viele Physiker finden die Vorstellung reizvoll, dass die Realität aus mehr als nur unserem Universum bestehen könnte. Vielleicht, so sagen sie, gibt es in Wahrheit ja *multiple* Universen. Wäre es möglich, Sie in einem davon noch einmal zu finden? Dieses Konzept wird als „Multiversum" bezeichnet und ironischerweise haben sich die Physiker gleich mehrere davon ausgedacht.

Das Multiversum der verschiedenen Universen

In einem Modell des Multiversums ist unser eigenes Universum nur eins von unendlich vielen. Der Haken ist nur, dass jedes davon ein kleines bisschen anders ist.

Bei näherer Betrachtung stellt man fest, dass vieles an unserem Universum willkürlich und irgendwie schräg erscheint. Zum Beispiel liegt die dimensionslose kosmologische Konstante, welche die Expansion des Universums steuert, zufällig genau bei 10^{-122}. Wieso exakt dieser Wert und nicht irgendwas anderes? Soweit wir wissen, könnte der Wert durchaus anders lauten, doch es gibt keinen ersichtlichen Grund, warum es nicht so ist – was Physiker wirklich nervös macht. Aus der Sicht von Physikern sollte jede Ursache auch eine Wirkung haben, weshalb sie der Gedanke, dass die kosmologische Konstante *einfach so* 10^{-122} beträgt, wahnsinnig macht.

Die einzig sinnvolle Erklärung dafür ist, so ihre Argumentation weiter, dass es andere Universen gibt, in denen sich dieser Wert unterscheidet. Vielleicht gibt es da draußen zum Beispiel ein Universum, in dem die dimensionslose kosmologische Konstante 1 beträgt, und ein anderes, in dem sie 42 ist. Jedes Universum bekommt einen zufälligen Wert zugewiesen und wir haben einfach einen schrägen abbekommen. Auf diese Weise ist die Tatsache, dass unsere kosmologische Konstante 10^{-122} ist, gar nicht so komisch. Wir sind einfach nur eine Stichprobe aus einer endlosen Zahl von Universen.

NICHT ALLE UNIVERSEN SIND GLEICH

Könnte eines davon eine andere Version von Ihnen enthalten? Das lässt sich schwer sagen.

Wie stark würde sich jenes Universum unterscheiden, wenn man einen seiner Grundparameter nur minimal veränderte? Ist es überhaupt möglich, dass dort Leben auf die gleiche Art und Weise entsteht? Ein anderes Universum, das sich so geringfügig von unserem unterscheidet (bei dem die kosmologische Konstante vielleicht nur um $10^{-1.000.000.000.000.000}$ Prozent von unserer abweicht), dass darin eine Version von Ihnen geboren worden sein könnte, scheint durchaus möglich. Das wirft allerdings eine andere Frage auf: Wäre diese Version von Ihnen genau wie Sie, wenn Sie in einem grundverschiedenen Universum lebt?

Das Quanten-Multiversum

Eine andere Variante der Multiversumshypothese ist das Quanten-Multiversum. Diese Version geht auf den Versuch zurück, eine weitere seltsame Sache in Bezug auf unser Universum zu klären: die bizarre Willkür der Quantenmechanik.

Laut Quantenmechanik wohnt jedem Teilchen eine bestimmte Ungewissheit inne. Zum Beispiel lässt sich unmöglich vorhersagen, ob ein Elektron nach links oder rechts abprallt, wenn man es auf ein anderes Teilchen abfeuert. Die einzige Möglichkeit, es herauszufinden, ist, das Elektron auch wirklich abzufeuern und dann zu messen, welche Richtung es einschlägt.

Doch was lässt das eine Elektron links abbiegen statt rechts? Oder rechts statt links? Wieder einmal sind wir mit einer Situation konfrontiert, die Physiker in den Wahnsinn treibt: einer Wirkung ohne Ursache. Entscheidet das Elektron *einfach so*, welchen Weg es nimmt? Entscheiden vielleicht sogar alle Teilchen *einfach so*, was sie tun, wenn sie mit anderen Teilchen interagieren?

„Einfach so" funktioniert vielleicht auf dem Kinderspielplatz – aber für einen Physiker, der sich den Kopf übers Universum zerbricht, ist das einfach nicht gut genug. Hier kommt das Quanten-Multiversum ins Spiel.

Was, wenn sich das Universum jedes Mal zweiteilt, wenn ein Elektron entscheiden muss, ob es links oder rechts davonfliegt? Im einen Universum biegt das Elektron nach links ab, im anderen nach rechts. Und was, wenn das Gleiche in beiden Universen noch einmal passiert, sobald ein anderes Teilchen in Interaktion tritt, und sie sich noch einmal teilen und noch *mehr* Universen hervorbringen? Ob Sie es glauben oder nicht, für Physiker ergibt das mehr Sinn, weil es bedeutet, dass das Universum nicht willkürlich ist. Warum ist das Elektron nach links abgebogen? Weil es in einem anderen Universum nach rechts abgebogen ist. Das ist nicht willkürlich, weil das Elektron beide Richtungen genommen hat.

Was bedeutet das für unsere Suche nach Ihrem Alter Ego? Es bedeutet, dass es da draußen ganz bestimmt eine andere Version von

Ihnen gibt, falls das Quanten-Multiversum real ist. Tatsächlich dürften sogar jedes Mal weitere Versionen von Ihnen aus dem Boden schießen, wenn ein Teilchen die „Links-rechts"-Entscheidung trifft und neue Universen hervorbringt. Im Quanten-Multiversum gibt es Sie nicht nur einmal da draußen; es gibt Sie unzählige Male und mit jedem Moment werden es mehr von Ihnen.

Das ist der reine Quantenwahnsinn

Natürlich könnten einige jener Universen vor langer Zeit entstanden sein, vielleicht sogar schon beim Urknall, und sich so sehr von unserem unterscheiden, dass darin keine Version von Ihnen existiert. Mag sein, dass ein links abgebogenes Elektron in der Frühphase des Universums so folgenreich war, dass ein ganzer Zweig des Multiversums mit unserem eigenen überhaupt nichts mehr gemein hat. Oder es gibt vielleicht einen Zweig des Multiversums, in dem Ihr Leben durch einen Quanteneffekt irgendwie in ganz andere Bahnen gelenkt wurde. In diesem Fall könnte es da draußen tatsächlich einen bösen Zwilling geben, der seine Smoothies mit Pfirsich macht statt mit Bananen, obwohl die doch eindeutig besser sind.

GIBT ES DAS MULTIVERSUM WIRKLICH?

In beiden genannten Versionen des Multiversums besteht die Möglichkeit, dass es Sie noch einmal gibt. Mehr noch, es kann sogar sein, dass es Sie in diesen anderen Universen *viele Male* gibt. Aber wissen wir überhaupt, ob diese Theorien wahr sind? Leider nicht. Bis jetzt ist das Multiversum nur eine Idee, die eine Erklärung – oder zumindest eine Entschuldigung – dafür liefern soll, warum das Universum offensichtlich so wählerisch ist. Und selbst wenn diese anderen Universen doch existieren sollten, besteht zu ihnen keine Verbindung und wir haben keine Möglichkeit, mit ihnen in Kontakt zu treten. Es kann somit sein, dass wir ihre Existenz nie nachweisen – geschweige denn sie besuchen – werden.

Heißt das also, dass die lang ersehnte, dramatische und filmreife Begegnung mit Ihrem bösen Zwilling unter keinen Umständen stattfinden wird?

Nicht unbedingt, denn da ist noch eine weitere Möglichkeit, wie es Sie nochmal geben könnte: Ihr Zwilling könnte in diesem Universum hier existieren und das bedeutet, dass Sie sie oder ihn noch immer treffen könnten (und wieder: *tam-tam-taamm*).

EINE KOPIE VON IHNEN IN UNSEREM UNIVERSUM?

Könnte es in diesem Universum hier eine andere Version von Ihnen geben? Sie wissen schon, in genau dem Universum, in dem Sie sich gerade befinden? Wäre es möglich, dass Sie sich in diesem Moment, während Sie das hier lesen, den Weltraum – oder sogar dieselbe Galaxie – mit Ihrem bösen Zwilling teilen?

Was, wenn es einst, in einem anderen Teil unseres Universums, genauso eine Wolke aus Gas und Staub gab wie die, aus der wir hervorgegangen sind? Was, wenn es dort genau die Art von Supernova gegeben hätte, durch die genau so eine Sonne und genau so ein Sonnensystem entstanden wären wie die unseren? Was wäre, wenn sich in jenem Sonnensystem ein Planet gebildet hätte, der haargenau so wäre wie die Erde und genau den gleichen Abstand zur Sonne hätte wie sie? Und was wäre, wenn dort genau die gleichen Dinge passiert wären wie hier, sodass eine perfekte Kopie von Ihnen entstanden ist?

Weiter oben haben wir die Wahrscheinlichkeit, dass das passiert, als verschwindend gering eingeschätzt. Wir haben gesagt, es sei so, als würde man einen Würfel mit $2^{1.000.000.000.000.000}$ Seiten werfen und davon ausgehen, dass man ein und dieselbe Zahl zweimal bekommt.[1]

Aber auch wenn die Chancen auf jeden Fall schlecht stehen, ist eines wichtig: Sie sind nicht gleich null. Das heißt, dass es faktisch gesehen nicht unmöglich ist, dass Sie in diesem Universum noch einmal auftauchen könnten, so unwahrscheinlich und wunderbar Ihre Existenz auch sein mag. Nur weil es schwierig ist, auf einem gigantischen, $2^{1.000.000.000.000.000}$-seitigen Würfel zweimal dieselbe Zahl zu würfeln, heißt das noch lange nicht, dass es nicht trotzdem heute oder morgen passieren kann. Mit jeder Wolke aus Gas und Staub, die sich in einen Stern verwandelt, wird der Würfel, der Sie ein zweites Mal

---

1 Wir haben das übrigens nachgerechnet: Ein Würfel mit $2^{1.000.000.000.000.000}$ Seiten von je 1 cm² Größe wäre größer als das gesamte beobachtbare Universum.

hervorbringen könnte, aufs Neue geworfen. Das alles könnte theoretisch ein paar Sonnensysteme weiter oder auch am anderen Ende der Galaxis passieren. Der springende Punkt ist, dass es möglich ist.

Außerdem wird die Wahrscheinlichkeit Ihres erneuten Auftauchens sogar größer, wenn wir unseren Blick auf das Universum ausweiten. Zum Beispiel gibt es in unserer Galaxis etwa 250 Milliarden Sterne und das bedeutet, dass es 250 Milliarden weitere Möglichkeiten gibt, in denen das Universum würfeln und Sie noch einmal erschaffen kann. Natürlich wären Ihre Chancen, dieselbe Zahl noch einmal zu erwischen, selbst bei 250 Milliarden Würfen mit dem $2^{1.000.000.000.000.000}$-seitigen Würfel nach wie vor ziemlich dürftig, aber da ist auch noch so viel mehr vom Universum übrig.

Richten wir den Blick auf das beobachtbare Universum. Wir wissen, dass es in dem für uns sichtbaren Teil des Universums mindestens zwei Billionen Galaxien gibt, von denen jede ein paar Hundert Milliarden Sterne enthält. Jetzt stehen die Chancen etwas besser: Wir würfeln 2^{78} Mal und hoffen auf eine Trefferquote von 1 zu $2^{1.000.000.000.000.000}$.

Doch was, wenn das Universum viel größer wäre als das, was wir sehen können? Was, wenn es derart groß und voller Sterne ist, dass darin $2^{1.000.000.000.000.000}$ Sterne Platz finden? Das würde bedeuten, den $2^{1.000.000.000.000.000}$-seitigen Würfel $2^{1.000.000.000.000.000}$ Mal zu werfen, was Ihre Chancen ziemlich gut aussehen lässt – mehr noch, es ist sogar *mehr als wahrscheinlich*.[2] Falls Sie ein Faible fürs Wetten haben, sollten Sie jetzt vielleicht darüber nachdenken, Ihr Haus darauf zu verwetten.

Ist das Universum aber so groß? Ist es möglich, dass es $2^{1.000.000.000.000.000}$ Sterne enthält? In der Tat denken manche Physiker, dass das Universum noch größer sein könnte. Mehr noch, sie denken sogar, dass es mit an Sicherheit grenzender Wahrscheinlichkeit unendlich ist.

---

2 So liegt die Chance, auf einem sechsseitigen Würfel mit sechs Würfen eine bestimmte Zahl (sagen wir eine Sechs) zu würfeln, bei etwa 66 Prozent, was teuflisch verdächtig ist.

EIN UNENDLICHES UNIVERSUM

Ein unendliches Universum ist etwas, das einem nur schwer in den Kopf geht (sowohl im übertragenen als auch im buchstäblichen Sinne). Stellen Sie sich ein Universum vor, das *ewig*, in alle Richtungen, weitergeht. Was heißt das für die Möglichkeit, dass es Sie ein zweites Mal geben könnte? Falls das Universum unendlich ist, gibt es Sie da draußen definitiv noch einmal. Die Chancen mögen gut stehen, wenn man mit einem $2^{1.000.000.000.000.000}$-seitigen Würfel $2^{1.000.000.000.000.000}$ Mal würfelt und darauf hofft, die richtige Zahl zu erwischen. Wenn Sie aber unendlich viele Würfe zur Verfügung haben, wird es Ihnen mit absoluter Sicherheit gelingen. „Unendlich" ist eine derart große Zahl, dass daneben selbst Zahlen wie $2^{1.000.000.000.000.000}$ verblassen. Außerdem wird Ihnen bei unendlich vielen Würfen nicht nur einmal eine Trefferquote von 1 zu $2^{1.000.000.000.000.000}$ gelingen, sondern *unendlich* viele Male. Das würde bedeuten, dass es da draußen in diesem Universum nicht nur eine weitere Version von Ihnen gäbe, sondern *unendlich* viele.

Stellen Sie sich vor, Sie springen an Bord einer Rakete und fliegen in eine Richtung davon. Am Anfang werden sich alle Sterne und Galaxien sehr voneinander unterscheiden. Das ergibt auch Sinn, weil die Chancen, dass sich jene Sterne erneut bilden würden, ziemlich schlecht stehen. Wenn Sie sich aber ausreichend viele Orte anschauen, werden letztlich selbst die unwahrscheinlichsten Dinge erneut passieren. Sie werden auf einen Ort stoßen, der ganz zufällig dieselben Bedingungen aufweist wie die, die unsere Sonne und unseren Planeten hervorgebracht haben – und auch Sie. Und wenn Sie immer weiter fliegen, werden Sie diesen Ort noch einmal finden – und nochmal, und nochmal, bis in alle Ewigkeit. Und jedes Mal, wenn Sie einen jener wiederkehrenden Sterne passieren, werden Sie die Möglichkeit haben, andere Versionen von sich zu sehen: solche, die absolut identisch mit Ihnen sind, und auch solche, die sich von Ihnen unterscheiden. So groß ist die Unendlichkeit.

SCHAU MAL, WER HEUTE ZUM ABENDESSEN KOMMT

All diese Alter Egos würden sich im selben Universum befinden, denselben Raum bevölkern. Natürlich könnten sie auch so weit weg sein, dass Sie sie nie wirklich mit dem Raumschiff erreichen könnten. Doch was wäre, wenn Sie eine andere Möglichkeit fänden, Entfernungen im Weltraum zu überbrücken? Theoretisch könnte Sie zum Beispiel ein Wurmloch, das unterschiedliche Punkte der Raumzeit miteinander verbindet, anderen Versionen von Ihnen näherbringen. Die Physik kann solche Dinge nicht ausschließen!

KURZ UND BÜNDIG

Gibt es Sie da draußen nochmal? Das hängt davon ab. Falls das Multiversum wirklich existiert oder das Universum unendlich ist, lautet die Antwort mit ziemlicher Sicherheit ja. Falls sich keine der Theorien als wahr erweist, ist die Antwort ziemlich sicher nein. Das Interessante daran ist, dass es in dieser Frage anscheinend nicht wirklich einen Mittelweg gibt. Entweder Sie kommen im gesamten Universum nur einmal vor, oder es gibt Sie unendlich viele Male.

Das ist mal ein Cliffhanger, wie er einer Seifenoper würdig ist! *Tam-tam-taamm*!

WIE LANGE WIRD DIE MENSCHHEIT ÜBERLEBEN?

Zuerst die schlechte Nachricht: Wir werden alle sterben.

Falls Sie gehofft haben, dass wir Menschen mitsamt unserer Zivilisation und Kultur bis in alle Ewigkeit existieren würden, müssen wir Ihnen leider mitteilen, dass das höchst unwahrscheinlich ist.

Sicher, die Menschen haben es in relativ kurzer Zeit ziemlich weit gebracht. Es ist, als wäre es erst gestern gewesen, dass wir von den Bäumen heruntergeklettert sind und Städte errichtet, den Computer erfunden, die Nutella-Creme entwickelt und die großen Wahrheiten des Universums begriffen haben. Verglichen mit dem Alter des Universums (13,7 Milliarden Jahre) sind wir gerade erst aufgetaucht. Doch wie lange kann diese wilde Party weitergehen?

Werden wir auch in den besten Jahren des Universums, viele Milliarden oder gar Billionen Jahre in der Zukunft, noch immer hier sein? Oder werden wir wie ein Rockstar ruhmvoll mit wehenden Nutella-Fahnen untergehen?

Sie müssen wissen, dass es mehr als genug Dinge gibt, die unsere Existenz zu vernichten drohen. Das Universum ist voller Gefahren, die unser sicheres Ende bedeuten könnten, von selbstverschuldeter

Vernichtung über Planeten zerstörende Asteroiden bis hin zu der Möglichkeit, von unserer eigenen Sonne verschlungen zu werden. Als Spezies bis ans Ende der Zeit zu leben bedeutet, nicht nur eines dieser Ereignisse überleben zu müssen, sondern *jedes einzelne* davon.

Die gute Nachricht lautet, dass wir noch immer eine Chance haben – und diese Chance hängt von zwei Dingen ab: wie wahrscheinlich diese menschheitsvernichtenden Ereignisse sind und über welchen Zeitraum wir hier reden. Denn zwar dürfte es uns in manchen Fällen vielleicht gelingen, der Kugel auszuweichen, die uns *hier und jetzt* umbringen könnte, aber es könnte noch immer andere geben, die aus der Tiefe des Alls auf uns zuschießen oder der Beschaffenheit der Realität selbst entspringen.

Also ab in die Tonne mit Ihren alten Mayakalendern, weil wir das Ganze bis in jedes Detail betrachten werden – ja, bis zum bitteren *Ende.*

UNMITTELBARE BEDROHUNGEN

Es mag eine tröstliche Vorstellung sein, dass die Menschheit in ferner Zukunft die letzten Jahre des Universums damit verbringen wird, herumzusitzen und Nutellabrote zu essen.[1] Aber leider hat es heutzutage den Anschein, dass die Welt jederzeit untergehen könnte. Es reicht, wenn Sie morgens Ihren Webbrowser öffnen, um den Eindruck zu bekommen, dass die nächste Katastrophe schon auf Sie wartet: weltweite Pandemien, geisteskranke Diktatoren oder das synchrone tödliche Ausrutschen aller Welt in der Dusche.

Doch würden diese Dinge wirklich das Ende der Menschheit bedeuten, so katastrophal sie auch klingen mögen? Immerhin haben wir schon andere Pandemien überlebt. Diktatoren leben nicht ewig. Und die Weltgesundheitsorganisation könnte aktiv werden und jedem Mann, jeder Frau und jedem Kind eine Duschmatte kaufen.

Werfen wir deshalb einen Blick auf die Dinge, die aus Sicht eines Physikers tatsächlich das Ende der Menschheit bedeuten könnten. Was sind *jetzt in diesem Augenblick* die unmittelbarsten Bedrohungen für die menschliche Existenz? Aus unserer Sicht sind das:

---

1 Oder Eierkuchen mit Nutella. Darüber kann man streiten.

Ein Atomkrieg

Erinnern Sie sich, wie damals in den 1980ern alle Leute Angst vor Atomwaffen hatten? Und wissen Sie was? Es gibt sie immer noch! Auch wenn wir heute vielleicht alle von unseren Feeds auf Twitter oder TikTok abgelenkt werden, dürfen wir nicht vergessen, dass uns weiterhin nur ein einziger Druck auf den roten Knopf vom Ende der menschlichen Zivilisation trennt. Denn Atomwaffen haben viel Kraft. Die Allerersten konnten 60 Terajoule an Energie freisetzen. Inzwischen besitzen sie das Abertausendfache an Kraft und wir haben wir *sehr viel* mehr von ihnen.

Wie hoch ist die Wahrscheinlichkeit eines offenen Atomkriegs? Höher, als Sie vielleicht denken. Bis heute hat die Geschichte schon viele Momente erlebt, in denen die Führungsriegen der USA oder Russlands kurz davor standen, einen Atomkrieg zu entfachen. Dazu zählen die folgenden angsteinflößenden Vorfälle:

› Im Jahr 1956 wurde ein Schwarm Schwäne irrtümlicherweise für eine Gruppe von russischen Kampfjets gehalten, was die US-Verantwortlichen in Verbindung mit ein paar anderen harmlosen Ereignissen fast zu einem Gegenangriff veranlasst hätte.

› Im Jahr 1962 wurde ein sowjetisches U-Boot vor der kubanischen Küste mit Warnschüssen durch eine US-Flotte bedacht. Im Glauben, dies sei der Beginn eines Angriffs, hätte das U-Boot beinahe seine Atomwaffe auf die Vereinigten Staaten abgefeuert.

> Im Jahr 1979 wurde versehentlich ein Übungsprogramm auf die Zentralcomputer des NORAD-Luftverteidigungskommandos der USA und Kanadas hochgeladen. Daraufhin übermittelten die Computer eine Nachricht an den US-Präsidenten, wonach 250 sowjetische Raketen im Anflug wären und binnen drei bis sieben Minuten über einen Gegenangriff entschieden werden müsste.

> Im Jahr 2003 hackte sich eine ältere Dame in einem Londoner Vorort versehentlich in die Computer der US-Regierung, während sie versuchte, ihre Einkäufe zu erledigen. Dabei löste sie, als sie die Zutaten für eine Dreischicht-Kirschbombe eingab, beinahe einen Atomschlag aus.

Es klingt lächerlich, aber all diese Dinge fanden tatsächlich statt. Na gut, eine davon ist nie wirklich passiert und wenn Ihnen der Unterschied nicht auffällt, haben wir unser Argument deutlich gemacht. Wie in einem Roman von Douglas Adams hätte die Menschheit wegen etwas, das so albern ist wie ein Schwarm Schwäne, ihr Ende finden können. Und dabei ist das hier nicht mal die vollständige Liste aller Beinahe-Katastrophen.

Wie schlimm wäre so ein Atomkrieg? Sehr schlimm. Das Problem sind nicht nur die Explosionen und die Strahlung. Die zum Himmel aufsteigenden Mengen an Rauch und Staub würden die Sonne verdecken und zu einem nuklearen Winter führen. Die Temperaturen würden für viele Jahrzehnte im zweistelligen Bereich nach unten stürzen und eine neue Eiszeit auslösen und zwar zusätzlich zur allgegenwärtigen Strahlenvergiftung. Oder wenn eine der Bomben in der Nähe eines Gewässers detonierte, könnte das sehr viel Dampf in die obere Atmosphäre wirbeln. Das würde eine extrastarke Treibhausgasschicht erzeugen, was eine unkontrollierte Erwärmung zur Folge hätte und die Erde sehr heiß werden lassen könnte. So oder so wäre die Erde für den Menschen unbewohnbar.

Der Klimawandel

Selbst wenn wir es irgendwie vermeiden können, uns selbst in alle Einzelteile zu zerfetzen, müssen wir trotzdem noch mit den Folgen unserer Kohlenstoffemissionen klarkommen. Der Klimawandel ist real und er ist menschengemacht. Wissenschaftler dazu zu bringen, sich über *irgendwas* einig zu werden, ist ziemlich schwierig. Die Tatsache, dass 98 Prozent der Wissenschaftler an den Klimawandel glauben, sagt uns also, dass die Daten ziemlich verlässlich sein müssen.

Es stimmt, dass manche Leute den Klimawandel als nicht so schlimm abtun. Denn was macht es schon, wenn sich die Erde um ein paar Grad zusätzlich erwärmt? Nun ja, falls Sie irgendwelche Zweifel daran haben, wie schlimm der Klimawandel sein kann, fragen Sie einfach jeden beliebigen Bewohner der Venus, was er von der Sache hält. Wie, Sie kennen keine lebendigen Venusbewohner? Ganz genau!

Die Venus gehört zu den unwirtlichsten Umgebungen in unserem Sonnensystem. Ihre Oberflächentemperatur liegt bei etwa 462 Grad Celsius, was heiß genug ist, um Blei zu schmelzen. Doch überraschenderweise sind Wissenschaftler der Meinung, dass die Venus einst sehr viel Ähnlichkeit mit der Erde gehabt haben könnte. Beide Planeten wurden vermutlich aus den gleichen Materialien im Sonnensystem geformt, sodass es vielleicht auch auf der Venus flüssige Ozeane aus Wasser und vernünftige Temperaturen gegeben haben könnte. Doch irgendwann, vielleicht aufgrund ihrer Nähe zur Sonne, könnten die Ozeane der Venus verdampft sein und einen unkontrollierten Treibhauseffekt in Gang gesetzt haben: Der Wasserdampf hielt die Wärme in der Venusatmosphäre, was den Planeten erhitzte und dazu führte, dass noch mehr Wasser verdampfte, was den Planeten erhitzte – und so weiter und so weiter.

Wenn wir nicht aufpassen, kann hier auf der Erde etwas ganz Ähnliches passieren.

Außer Kontrolle geratene Technologie (a. k. a. „Ups")

Nehmen wir an, wir Menschen stellen uns so clever an, dass wir uns weder selbst in die Luft jagen noch unseren Planeten zerstören. Ist es möglich, dass wir *viel zu* clever werden könnten? Wäre es irgendwie denkbar, dass wir eine Technologie entwickeln, die uns am Ende selbst umbringen wird? Einige Wissenschaftler halten das für eine echte Gefahr, weil unsere Technologien immer eindrucksvoller und raffinierter werden. Wir könnten eine Künstliche Intelligenz erschaffen, die zu dem Schluss kommt, dass wir überflüssig sind und aufs Abstellgleis gehören. Oder wir könnten die sogenannte graue Schmiere erschaffen – eine Armee sich selbst replizierender Nanobots, die außer Kontrolle geraten und das gesamte organische Material auf der Erde auffressen.[2] Wer weiß schon, was für andere Technologien wir in naher Zukunft vielleicht noch erschaffen werden, die uns versehentlich auslöschen könnten?

---

2 Das ist kein Scherz. Googeln Sie es einfach.

WENIGER UNMITTELBARE BEDROHUNGEN

Also gut, wir sind jetzt mal optimistisch und stellen uns vor, dass es der Menschheit erstens irgendwie gelungen ist, ihre Atomwaffen loszuwerden und den ökologischen Kollaps zu verhindern und dass wir zweitens schlau genug sind, jede fortgeschrittene Technologie mit einem Aus-Knopf zu versehen. Vielleicht wird aus uns irgendwann eine ältere und weisere Zivilisation, die auf derart gefährliche Apparate verzichtet und gelernt hat, für unser aller Überleben zusammenzuarbeiten. Wollen wir es hoffen, weil schon bald etwas anderes auf uns zukommen wird.

Sofern wir die Gefahren hier auf der Erde überleben, werden im Laufe der nächsten Jahrtausende allmählich andere Gefahren realer werden. Genauer gesagt, der Tod aus dem All.

Was wäre, wenn ein großer Asteroid aus den Tiefen des Alls auftauchen, die Erde träfe und für gigantische Zerstörung sorgen würde? Das ist schon mal passiert (Sie erinnern sich an die Dinosaurier?) und es könnte wieder passieren. Es könnte sowohl ein richtig massiver Felsbrocken sein, der groß genug ist, um die Erde selbst zu sprengen, oder ein bescheidener Asteroid von der Dimension Manhattans, der so viel Staub in die Atmosphäre wirbelt, dass sich die Umweltbedingungen radikal verändern. Wie wir in einem späteren Kapitel (s. Seite 148) sehen werden, ist das nichts, was wir in den nächsten paar Hundert Jahren erwarten (momentan verfolgen wir die Flugbahnen der meisten Groß-genug-um-die-Erde-zu-zerstören-Asteroiden in unserem Sonnensystem). Doch wer weiß, was in den nächsten 1000 Jahren passiert? Die Vorhersagen werden sehr schwammig, je weiter man in die Zukunft blickt.

Noch alarmierender ist, dass uns etwas anderes ins Visier nehmen könnte. Der Orbit eines Kometen ist so riesig, dass es viele davon in unserem Sonnensystem gibt, von denen wir bislang noch nicht mal etwas wissen. Einer davon könnte uns bei seinem tausendjährigen Umlauf treffen.

Auf jeden Fall sollten wir darauf hoffen, dass Bruce Willis[3] dann noch immer da ist, weil wir solche Asteroiden oder Kometen ja irgendwie umlenken oder vernichten müssen, wenn wir die nächsten paar Tausend Jahre überleben wollen.

WAS UNS IN EIN PAAR MILLIONEN JAHREN BEDROHT

Wie sieht es im Maßstab von Jahrmillionen aus? Welche Bedrohungen werden wahrscheinlicher, falls wir irgendwie so lange durchhalten?

---

3 Ist Ihnen aufgefallen, dass der Kerl anscheinend nicht altert?

Also, das Universum ist ein gefährlicher Ort. Da draußen gibt es Dinge, die uns einfach auslöschen könnten, selbst wenn wir es irgendwie hinbekämen, Herrn Willis zu klonen und „Armageddon"-artige Notfallpläne für Kometen und Asteroiden griffbereit zu haben. Eine reale Gefahr ist, dass unser gesamtes Sonnensystem von einem vorbeifliegenden Objekt aus dem fernen Weltraum durcheinandergebracht werden könnte.

Sie müssen wissen, dass sich die Planeten unseres Sonnensystems auf angenehm kuscheligen Umlaufbahnen um die Sonne bewegen. Diese Umlaufbahnen sind wichtig und sie sind außerdem sehr anfällig. Stellen Sie sich die Umlaufbahn jedes Planeten wie einen Teller vor, der sich auf der Spitze eines Fingers im Kreis dreht. Das Sonnensystem hält also acht von diesen sich drehenden Tellern gleichzeitig in der Luft. Was passiert, wenn ein großer und schwerer Besucher vorbeikommt und alles durcheinanderwirbelt? Das Ganze könnte zu einer sonnensystemweiten Katastrophe werden.

Ein kleiner Besucher wie der interstellare Komet ʻOumuamua wird nicht wirklich viel Unruhe stiften. Aber angenommen, ein wirklich richtig großer Asteroid (vielleicht ein vagabundierender Planet aus weiter Ferne) würde in unser Sonnensystem eintreten …

Die schlechte Nachricht lautet, dass so ein vagabundierender Planet nicht mal irgendetwas treffen müsste, um uns umzubringen. Er könnte das Sonnensystem allein dadurch ins Chaos stürzen, dass er ihm zu nahe käme. Seine gravitative Anziehung dürfte genügen, um andere Planeten aus ihrer Umlaufbahn zu werfen, was in unserer ruhigen kleinen Nachbarschaft für Chaos und Unordnung sorgen würde.

Tatsächlich braucht es nicht viel, damit die Sache für uns ein böses Ende nimmt. Die Umlaufbahn der Erde um die Sonne ist so labil, dass schon ein kleiner Ruck von einem unerwarteten Besucher reichen dürfte, um sie zu verändern. Am Ende könnten wir der Sonne zu nahe kommen oder zu weit von ihr entfernt sein, was alles auf der

Welt entweder brutzeln oder tiefgefrieren würde. Noch drastischer: Falls er uns nah genug käme, könnte er uns am Ende sogar ganz aus dem Sonnensystem rauswerfen, sodass wir auf immer und ewig durchs All driften müssten.

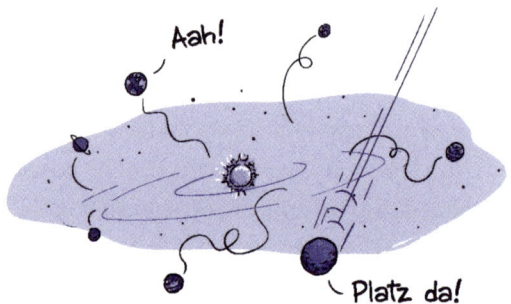

Auf einen Zeitraum von Millionen von Jahren bezogen können wir unserer Fantasie sogar noch freieren Lauf lassen. Was, wenn es nicht ein Asteroid wäre, der unser Sonnensystem stört, sondern ein anderer Stern? Oder vielleicht sogar ein *Schwarzes Loch*?

Wir stellen uns gern vor, dass Sterne und Schwarze Löcher einfach irgendwo da draußen ihren festen Platz haben. In Wahrheit sind sie aber auch Objekte im Weltraum und bewegen sich ebenfalls. Tatsächlich bewegt sich alles in der Milchstraßengalaxie um das Zentrum herum und zwar nicht wie auf einem schönen ruhigen Karussell. Es ist deshalb absolut möglich, dass in den nächsten paar Millionen Jahren ein umherirrender Stern Kurs auf uns nehmen könnte.

Das wäre eine ziemliche Katastrophe.

Wenn man ein simuliertes Sonnensystem erstellt und ein Objekt mit der Masse unserer Sonne darauf abfeuert, endet das fast *immer* in einer absoluten Katastrophe. In den Simulationen werden die Planeten ins All geschleudert und manchmal nimmt das Schwarze Loch, wenn es unsere Gegend wieder verlässt, sogar einen Planeten mit sich. Was ist, wenn ein Schwarzes Loch vorbeikommt und uns mit sich davonträgt? Unser Leben in der Umlaufbahn eines Schwarzen Lochs wäre kalt, dunkel und kurz.

Es ist nicht abzusehen, dass diese Dinge genau jetzt oder in den nächsten paar Tausend Jahren auf uns zukommen. Doch im Zeitraum von Jahrmillionen ist es absolut möglich.

Zudem wäre es nicht das erste Mal, dass unser Sonnensystem durcheinandergerät. Über einen Zeitraum von Millionen von Jahren betrachtet, kann man sehen, dass unser Sonnensystem in Wahrheit sehr chaotisch ist. Das Sonnensystem ist nur *dem Anschein nach* ein ruhiger und geregelter Ort, weil wir in den letzten paar Hundert Jahren keine Veränderungen daran beobachtet haben. Tatsächlich kann es auf längere Sicht ein sehr gefährlicher Ort sein. Und tatsächlich gibt es darin sogar überall Hinweise auf verrückte Katastrophen, wie etwa den Zusammenstoß, der zur Entstehung des Erdmondes führte, oder das seltsame Schwerkraftereignis, das Uranus seine komische Neigung verpasst hat. Das Sonnensystem, das wir heute sehen, unterscheidet sich sehr stark von dem Sonnensystem vor Milliarden von Jahren.

Man kann sich nur schwer vorstellen, was die Menschen der Zukunft dagegen tun könnten, wenn ein verirrter vagabundierender Planet, ein Stern oder ein Schwarzes Loch in unser Sonnensystem einträte. Wahrscheinlich ist noch nicht mal eine ganze Bruce-Willis-Armee in der Lage, eine derart riesige Masse umzulenken oder zu zerstören. An diesem Punkt dürfte uns zum Überleben nur noch eine Option bleiben: zu den Sternen aufzubrechen.

WAS UNS IN EIN PAAR MILLIARDEN JAHREN BEDROHT

Schauen wir noch weiter in die Zukunft. Wenn die Menschen die nächsten Abermillionen Jahre überleben, dann höchstwahrscheinlich deshalb, weil sie mit Erfolg den Rest des Sonnensystems besiedelt oder andere Sterne besucht haben. Bei derart langen Zeiträumen ist die Wahrscheinlichkeit hoch, dass sie mit irgendetwas (einem verirrten Planeten oder Schwarzen Loch) konfrontiert wurden, das sie dazu veranlasst hat, die Erde zu verlassen.

Aber selbst wenn es nicht so ist, wissen wir, dass die Menschen in der Zukunft letztlich dazu *gezwungen* sein werden, die Erde zu verlassen.

Unser Stern, der seit mehr als vier Milliarden Jahren fröhlich vor sich hin brennt, wird sich verändern und in rund einer Milliarde Jahren viel heißer und *viel* größer werden. Tatsächlich wird er in einer Milliarde Jahren so groß sein, dass sich seine Oberfläche in etwa dort befinden wird, wo sich die Erde gerade dreht. Wir werden also umziehen müssen, es sei denn, wir entwickeln eine wirklich verblüffende Formel für Sonnencremes. Vielleicht werden wir auf die äußeren Planeten umziehen oder uns im Asteroidengürtel niederlassen. Erinnern Sie sich an Pluto? Wollen wir hoffen, dass er nicht nachtragend ist.

Aber selbst wenn wir einen kuscheligen Asteroiden finden oder Pluto besiedeln sollten, wird die Uhr weiterticken. Eine weitere Milliarde Jahre später wird unsere Sonne verpuffen und in Ruhestand gehen.

Dabei wird sie fast all ihr Gas ausstoßen und sich am Ende in einen Weißen Zwerg verwandeln, der nicht brennen kann. Und was passiert, wenn sich die Sonne abkühlt und nicht länger die Wärme liefert, die wir brauchen? Das wird eine ziemlich … frostige Angelegenheit werden. Wenn die Menschheit die nächsten paar Milliarden Jahre überleben will, ist es klar, dass sie das Sonnensystem verlassen und sich zu anderen Sternen aufmachen muss.

DARÜBER HINAUS

Wenn es in einigen Milliarden oder Billionen Jahren noch immer Menschen gibt, kann man jede Wette eingehen, dass sie nicht auf der Erde und noch nicht einmal in diesem Sonnensystem leben. Wenn wir es irgendwie geschafft haben sollten, so lange zu überleben, ist die Wahrscheinlichkeit ziemlich hoch, dass wir gelernt haben, die riesigen Entfernungen im Weltraum zu überwinden und uns in anderen Teilen der Galaxis niedergelassen haben. Und wenn wir herausgefunden haben, wie man andere Planeten besiedelt, dann gäbe es vermutlich jede Menge menschliche Siedlungen überall in der Galaxis.

Stellen wir uns eine menschliche Zivilisation vor, die über die gesamte Galaxis verteilt ist. Würde das bedeuten, dass die Menschheit die Chance hat, ewig zu leben?

Schließlich sind Menschen, die über verschiedene Sonnensysteme verteilt sind, so etwas wie ein Blanko-Versicherungsschein. Selbst wenn ein Sonnensystem plötzlich in einer Supernova verschwindet oder eine menschliche Siedlung auf Abwege gerät und sich in die Luft jagt, gibt es immer noch andere Inseln der Menschheit, die die Fackel weitertragen werden (oder das Nutellaglas, je nachdem). An diesem Punkt hätte es das Universum wie bei einer Ungezieferplage also ziemlich schwer, uns alle auszulöschen, nicht wahr?

Und nehmen wir außerdem an, dass wir zu weit mehr imstande sind, als nur zwischen den Sternen unserer eigenen Galaxis hin- und herzureisen. Was, wenn die Menschen in Zukunft herausbekämen, wie sich die immensen Entfernungen im intergalaktischen Raum überwinden lassen (zum Beispiel mithilfe von Wurmlöchern oder schnellfliegenden Raumschiffen), sodass selbst dann irgendeine Form der Menschheit überlebt, wenn die Milchstraße plötzlich in die Luft fliegt oder durch den Zusammenprall mit einer anderen Galaxie in alle Einzelteile zerlegt wird? Bedeutet das, dass wir es geschafft hätten?

Nicht unbedingt, weil es an diesem Punkt noch immer zwei große Gefahren gibt, die die menschliche Existenz bedrohen: die Gesetze der Physik und die Unendlichkeit.

Der Kollaps des Higgs-Feldes

Manche Physiker glauben, dass die Grundfesten des Universums nicht so stabil sind, wie Sie vermutlich annehmen.

Zum Beispiel könnte sich die Masse aller Materieteilchen schlagartig ändern, was die Art, wie sie sich bewegen und miteinander interagieren beeinträchtigen könnte. Diese grundlegende Eigenschaft ist nicht in Stein gemeißelt, sondern geht auf die Wechselwirkung der Teilchen mit der Energie zurück, welche im Higgs-Feld gespeichert ist – eines jener Quantenfelder, die das Universum füllen. Das Problem besteht darin, dass Physiker nicht mit Sicherheit sagen können, wie stabil dieses Feld ist. Es wäre möglich, dass das Higgs-Feld eines Tages spontan oder aufgrund irgendeines Ereignisses kollabiert und seine Energie verliert. Falls das passiert, würde sich der Kollaps im gesamten Universum fortsetzen und letzten Endes alle Gesetze der Physik außer Kraft setzen. Ein derartiges Ereignis würde wahrscheinlich alles zerstören, was wir gegenwärtig im Universum sehen und auf eine vollkommen andere Art und Weise neu ordnen.

Die Wissenschaftler sind sich nicht sicher, wie wahrscheinlich dieses Szenario ist oder ob es überhaupt passieren kann. Allerdings lässt sich auf einer Zeitskala von Billionen von Jahren und darüber hinaus nur schwer vorhersehen, was *nicht* passieren kann. Und falls es doch passiert, ist die Chance, dass irgendwelche Menschen – selbst wenn sie überall im Universum verteilt wären – das Ganze überleben würden, im Grunde gleich null.

Die Unendlichkeit

Die Unendlichkeit ist ein harter Brocken. Selbst wenn wir es irgendwie hinkriegen sollten, allem, was uns umbringen kann, aus dem Weg zu gehen, wird uns die schiere Last der Zeit am Ende doch kriegen. Das Konzept der Unendlichkeit ist schwer zu fassen, doch in einem unendlich alten Universum wird alles, was passieren *kann*, schließlich auch irgendwann *wirklich* passieren.

Mag sein, dass wir unsere Überlebenschancen auf 99,999999999999999 Prozent erhöhen können, indem wir uns über das gesamte Weltall verteilen. Doch über einen unendlich langen Zeitraum betrachtet wird unsere Zeit irgendwann gekommen sein. Eines Tages kann (und wird) es passieren, dass irgendein zufälliges, nicht vorherzusehendes und nicht vorstellbares Ereignis jeden einzelnen existierenden Menschen einfach plattmacht.

SIND WIR ALSO GELIEFERT?

Bevor Sie sich wegen des endgültigen Niedergangs der menschlichen Rasse allzu schlecht fühlen, sollten wir eines betonen: Es gibt doch einen Weg, wie die Menschen bis ans Ende der Zeit leben können. Das Ganze ist in gewissem Sinn eine Formalität, aber wenn wir uns schon ausmalen, dass Menschen durchs Universum reisen und in anderen Galaxien Nutella essen, dann ist hier und jetzt nicht die Zeit für Zurückhaltung.

Stellen wir uns das Szenario vor, in dem es den Menschen gelungen ist, viele Milliarden oder gar Billionen Jahre zu überleben. Und stellen wir uns außerdem vor, dass uns die Last der Zeit oder der plötzliche Kollaps des Higgs-Feldes nicht von der Bildfläche getilgt haben. Was wäre, wenn etwas Unvorhergesehenes geschähe? Was wäre, wenn sich das Universum nicht mehr ausdehnen, sondern stattdessen plötzlich in umgekehrter Richtung bewegen würde? Was, wenn sich das Universum durch diese Umkehr zusammenziehen und auf eine Art, die das genaue Gegenteil des Urknalls wäre, wieder zu etwas wirklich Dichtem zusammenballen würde? Physiker bezeichnen das als den „Big Crunch", was zufällig auch wie der Name eines leckeren, mit Nutella gefüllten Schokoriegels klingt.

Wenn es wirklich zum Big Crunch käme, würden wir alle – nun ja … gecruncht – zermalmt werden. Das Ganze ist etwas, das wir auch dann nicht vermeiden oder vor dem wir auch dann nicht weglaufen könnten, wenn wir es kommen sehen, weil der Weltraum selbst schrumpfen wird. Das heißt, dass das Universum immer kleiner und kleiner wird und es somit keinen Ausweg gibt. Wenn das Ganze weit genug geht, wird sich der Weltraum auf einen Punkt unendlicher Dichte zusammenziehen – und dann wird etwas Superseltsames passieren: Die Zeit wird enden. Sie wird auf dieselbe Art und Weise enden, wie etwa der Weg nach Norden endet, wenn man den Nordpol erreicht hat. Wenn man dort ankommt, geht es nicht weiter nördlich. Wenn sich Raum und Zeit gegenseitig zermalmen, ist das fast genauso: Es wird das Ende von beiden sein.[4]

Aber stellen wir uns jetzt mal vor, dass wir dann immer noch am Leben sind und bis zum letzten Atemzug des Universums durchhalten. In diesem Fall *könnte* man theoretisch sagen, dass es die Menschen bis ans Ende der Zeit geschafft haben. Man könnte tatsächlich sogar sagen, dass sie es so lange geschafft haben, wie es überhaupt irgendjemand irgendwie schaffen konnte.

Wäre das nicht schon ein Erfolg an sich – zu wissen, dass wir das Maximum aus unserem Dasein herausgeholt und jede einzelne uns zur Verfügung stehende Sekunde genutzt haben?

Dieses Glück sollte uns allen zuteilwerden.

---

4 Oder zumindest das Ende für dieses Universum. Manche Physiker glauben, dass das Universum immer neue Zyklen von Big Bangs und Big Crunches durchläuft.

WAS PASSIERT, WENN MICH EIN SCHWARZES LOCH EINSAUGT?

Das fragen sich anscheinend viele Leute.

Es handelt sich um ein verbreitetes Rätsel, das in vielen Lehrbüchern behandelt wird, und um eine Frage, die uns viele unserer Zuhörer und Leser stellen. Aber warum ist das so? Tauchen überall auf der Welt plötzlich wie aus dem Nichts Schwarze Löcher in den Hinterhöfen der Menschen auf? Oder gibt es da draußen Leute, die ganz in der Nähe eines Schwarzen Lochs ein Picknick machen wollen und Angst davor haben, ihre Kinder unbeaufsichtigt drum herum rennen zu lassen?

Vermutlich nicht. Die Faszination für den Sturz in ein Schwarzes Loch hat wahrscheinlich weniger damit zu tun, dass es tatsächlich dazu kommen könnte, sondern eher mit unserer grundlegenden Neugier hinsichtlich dieser faszinierenden Weltraumobjekte. Und es stimmt: Schwarze Löcher sind wirklich *mysteriös*. Es sind merkwürdige Regionen des Weltraums, aus denen nichts entkommen kann – Lücken im Gewebe der Raumzeit selbst, die komplett vom Rest der Realität losgelöst sind.

Doch wie wäre es, in eines reinzufallen? Würde man zwangsläufig sterben? Würde es sich anders anfühlen als jeder Sturz in ein normales Loch? Würden Sie im Inneren auf verborgene Geheimnisse des Universums stoßen oder der Entstehung von Raum und Zeit mit eigenen Augen beiwohnen? Und würden Ihre Augen (und Ihr Gehirn) im Inneren eines Schwarzen Lochs überhaupt funktionieren?

Es gibt nur einen Weg, das herauszufinden, und zwar, indem man reinspringt. Also schnappen Sie sich Ihre Picknickdecke, sagen Sie Ihren Kindern Lebwohl (vielleicht für immer) und bleiben Sie bei uns, denn wir sind im Begriff, den Sprung in die ultimative Hinterhof-Gefahrenzone zu wagen.

Fall in mich rein

DIE ANNÄHERUNG AN DAS SCHWARZE LOCH

Was Ihnen bei der Annäherung an ein Schwarzes Loch als erstes auffallen dürfte, ist, dass Schwarze Löcher wirklich aussehen wie … Schwarze Löcher. Sie sind definitiv schwarz: Schwarze Löcher geben absolut kein Licht ab und jegliches Licht, das auf sie fällt, bleibt in ihrem Inneren gefangen. Wenn Sie also den Blick auf eines richten, sehen Ihre Augen keine Photonen und Ihr Gehirn interpretiert das als schwarz.[1]

Außerdem handelt es sich definitiv um Löcher. Sie können sie sich als kugelförmige Bereiche im Raum vorstellen, bei denen alles, was in ihnen verschwindet, auch für immer drin bleibt. Das, was die Dinge im Inneren hält, ist die Schwerkraft der Dinge, die schon drinnen sind: In einem Schwarzen Loch wird Masse so stark verdichtet, dass die Auswirkungen der Schwerkraft enorm sind. Warum? Weil die Schwerkraft zunimmt, je weiter man sich einer Sache mit Masse nähert, was bei einer derart verdichteten Masse heißt, dass man ihr *richtig* nah kommen kann.

Im Normalfall nehmen Dinge mit einer großen Masse relativ viel Raum ein. Nehmen wir zum Beispiel die Erde. Die Erde hat in etwa die gleiche Masse wie ein Schwarzes Loch von rund 1,25 Zentimetern Durchmesser (was ungefähr so groß ist wie eine Murmel). Wenn Sie einen Erdradius weit vom Mittelpunkt der Erde und von einem murmelgroßen Schwarzen Loch entfernt stünden, würden Sie die gleiche Schwerkraft spüren.

---

1 In Wahrheit sind Schwarze Löcher nicht vollkommen schwarz. Das bisschen Strahlung, das sie abgeben, wird (nach Stephen Hawking) „Hawking-Strahlung" genannt, ist aber so matt, dass Ihre Augen es nicht einmal registrieren würden.

Schwerkraft = 1g   Schwerkraft = 1g

Allerdings würden zwei sehr unterschiedliche Dinge passieren, wenn Sie jedem einzelnen dieser beiden Objekte näherkämen. In der Nähe des Erdmittelpunkts spüren Sie irgendwann nämlich *gar* keine Schwerkraft mehr. Das liegt daran, dass sich die Erde überall um Sie herum befindet und deshalb in alle Richtungen gleichmäßig an Ihnen zieht. Dagegen würden Sie in der Nähe des Schwarzen Lochs ein *enormes* Maß an Schwerkraft spüren. Sie würden die gesamte Masse der Erde zu spüren bekommen und zwar *ganz nah* bei Ihnen. Denn genau das ist ein Schwarzes Loch: eine unglaublich kompakte Masse, die dazu führt, dass es auf die Dinge in seiner unmittelbaren Umgebung eine extrem starke Wirkung ausübt.

Richtig kompakte Massen erzeugen um sich herum ein extrem starkes Schwerkraftfeld und sorgen noch in einiger Entfernung dafür, dass sich der Raum so sehr krümmt, dass ihnen nicht einmal das Licht entkommen kann (Sie erinnern sich, dass die Schwerkraft nicht nur an Dingen zieht; sie krümmt den Raum). Der Punkt, an dem das Licht nicht mehr in der Lage ist, zu entkommen, wird „Ereignishorizont" genannt – und er definiert (mehr oder weniger), wo das Schwarze Loch anfängt.[2] Es handelt sich um den Radius des schwarzen kugelförmigen Objekts, das wir als Schwarzes Loch bezeichnen.

---

2 Wir sagen hier „mehr oder weniger", weil es bei sich drehenden Schwarzen Löchern ein kleines bisschen anders ist und weil der schwarze Teil, wie wir später sehen werden, ein klein wenig über den Ereignishorizont hinausragt.

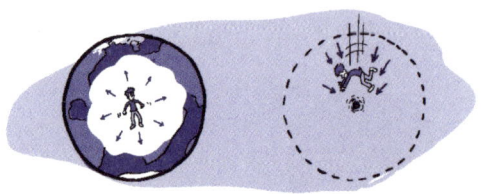

Schwerkraft = 0g   Schwerkraft ~ ∞

Die Größe eines Schwarzen Lochs kann sich ändern und hängt davon ab, wie viel Masse hineingepresst wird. Würde man die Erde stark genug komprimieren, bekäme man ein Schwarzes Loch von der Größe einer Murmel, weil ihm in einer Entfernung von etwa einem Zentimeter kein Licht mehr entkommen könnte. Diese Entfernung wird aber umso größer, je mehr Masse man hinzufügt. Würde man zum Beispiel die Sonne komprimieren, wäre die Krümmung des Raums stärker und der Ereignishorizont läge weiter draußen, in drei Kilometern Entfernung. Das würde Ihnen ein sechs Kilometer durchmessendes Schwarzes Loch bescheren. Je größer die Masse, desto größer das Schwarze Loch.

Tatsächlich gibt es theoretisch keine Grenze, wie groß ein Schwarzes Loch sein kann. Das kleinste, im Weltraum von uns entdeckte Schwarze Loch ist im Durchmesser etwa 20 Kilometer groß, das größte mehrere zehn Milliarden Kilometer. Die wirklich einzige Einschränkung besteht darin, wie viel Material in der Umgebung für die Erzeugung des Schwarzen Lochs vorhanden ist und wie viel Zeit man der Entstehung des Schwarzen Lochs einräumt.

Ooh, was für ein süßes kleines Schwarzes Loch!

Das Zweite, was Ihnen bei der Annäherung an ein Schwarzes Loch auffallen dürfte, ist, dass Schwarze Löcher oft nicht allein sind. Manchmal sieht man irgendwelche Sachen, die in das Schwarze Loch reinfallen. Genauer gesagt sieht man, wie diese Sachen um sie herum wirbeln und darauf warten, ins Schwarze Loch reinzufallen.

Dieses Zeug wird als „Akkretionsscheibe" bezeichnet. Sie besteht aus Gas, Staub und anderer Materie, die nicht gleich vom Schwarzen Loch eingesaugt wurde, sondern sich auf einer Umlaufbahn darum befindet und nur darauf wartet, endlich nach innen zu trudeln. Was bei einem kleinen Schwarzen Loch nicht sehr beeindruckend sein mag, kann bei einem supermassereichen Schwarzen Loch ein unvergesslicher Anblick sein. Schon die bloße Reibungsenergie von all den Gas- und Staubteilchen, die mit Ultrahochgeschwindigkeit im Kreis wirbeln, kann so heftig sein, dass die Materie in Stücke gerissen wird. Das setzt eine Menge Energie frei, was einige der stärksten Lichtquellen im Universum hervorbringt. Diese sogenannten Quasare[3] können in manchen Fällen tausendmal heller sein als alle Sterne einer einzelnen Galaxie zusammen.

Zum Glück bilden nicht alle Schwarzen Löcher, nicht mal die supermassereichen unter ihnen, Quasare (oder Blasare, die, wenn wir schon dabei sind, so etwas wie Quasare auf Steroiden sind). In den meisten

_____
3 Eine Art Quasi-Sterne, vom Englischen „quasi-stellar object" (Anm. d. Übers.).

Fällen hat die Akkretionsscheibe nicht die nötige Menge an Material oder die richtigen Bedingungen, um so ein dramatisches Schauspiel zu erzeugen. Das ist auch gut so, weil Sie durch die Nähe zu so einem Quasar wahrscheinlich unmittelbar vaporisiert würden, und zwar lange, bevor Sie auch nur einen Blick auf das Schwarze Loch erhaschen könnten. Hoffen wir also, dass das Schwarze Loch, in das Sie reinzufallen gedenken, über eine schöne und relativ ruhige Akkretionsscheibe verfügt und Sie auch wirklich eine Chance haben, sich ihm zu nähern.

SCHWARZES LOCH BEIM CHILLEN

IMMER NÄHER

Sie haben sich also versichert, dass das Schwarze Loch, in das Sie reinfallen werden, nicht über eine brodelnde Toilettenschüssel voll brennendem Gas und Staub verfügt, die mehr Energie in die Luft schleudert als eine Milliarde Sterne zusammengenommen. Als nächstes sollten Sie sich über einen Tod durch die Schwerkraft selbst Gedanken machen.

Bei den Worten „Tod durch Schwerkraft" denkt man normalerweise daran, von etwas Hohem in den Tod zu stürzen, zum Beispiel von einem Gebäude oder einem Flugzeug. In solchen Fällen ist die Schwerkraft aber gar nicht schuld – es ist die Landung, die einen umbringt, nicht der Sturz. Doch im Weltraum, in der Nähe eines Schwarzen Lochs, kann einen tatsächlich der Sturz umbringen.

Sie müssen wissen, dass die Schwerkraft nicht einfach nur an Ihnen zieht; sie versucht, Sie zu zerreißen. Und denken Sie daran, dass die Schwerkraft von der Entfernung zu dem massereichen Objekt abhängt. Wenn Sie hier auf der Erde auf dem Boden stehen, sind Ihre Füße der Erde näher als Ihr Kopf und das heißt, dass Ihre Füße die Anziehung der Schwerkraft stärker spüren als Ihr Kopf. Würden Sie ein Gummiband nehmen und an einem Ende stärker ziehen als am anderen, würde sich das Band ausdehnen – und zwar selbst dann, wenn Sie beide Enden in dieselbe Richtung ziehen würden. Genau das passiert gerade mit Ihnen: Die Teile von Ihnen, die dem Erdboden näher sind, erfahren mehr Schwerkraft, während die Erde Sie wie ein Gummiband auseinanderzuziehen versucht.[4]

Natürlich werden Sie eher nicht das Gefühl haben, auseinandergezogen zu werden, was vor allem daran liegt, dass 1. unsere Körper sehr weich sind, aber auch wieder nicht *so* weich (soll heißen, dass wir eigentlich recht stabil sind), und 2. der Unterschied zwischen der Schwerkraft an Ihrem Kopf und Ihren Füßen nicht besonders groß ist. Die Gravitation auf der Erde ist ziemlich schwach, weshalb Ihr Kopf und Ihre Füße so ziemlich das gleiche Maß an Schwerkraft erfahren.

---

4 Das würde noch mehr zutreffen, wenn Sie in die Luft springen oder sich im freien Fall befinden würden. In Wahrheit versucht die Schwerkraft nämlich, Sie plattzudrücken, weil Ihre Füße auf dem Boden stehen und nirgendwo hinkönnen.

Sie könnten aber durchaus in Schwierigkeiten geraten, wenn die Schwerkraft insgesamt stärker wäre. Falls Sie sich im freien Fall auf ein wirklich massereiches Objekt zubewegen würden, könnte die Schwerkraft stark genug sein, um die unterschiedlichen Gezeitenkräfte an Ihrem Kopf und Ihren Füßen spüren zu können. Das ist ungefähr wie bei einer Kinderrutsche: Je größer die Rutsche, desto steiler ist sie nach unten hin. Ab einem bestimmten Punkt könnte sich die Schwerkraft an Ihren beiden Enden so sehr unterscheiden, dass sie Sie *tatsächlich* zerreißen würde.

An dieser Stelle werden viele Lehrbücher darauf hinweisen, dass man den Eintritt in ein Schwarzes Loch unmöglich überleben kann. Für gewöhnlich werden sie sagen, dass die Schwerkraft um ein Schwarzes Loch herum dermaßen stark ist, dass man schon vor dem Eintritt „spaghettisiert" (mit anderen Worten „auseinandergezogen") würde. In Wahrheit stimmt das aber nicht unbedingt! Es ist absolut möglich, in ein Schwarzes Loch einzutauchen.

Wie sich herausstellt, stimmen der Punkt, ab dem die Schwerkraft Sie auseinanderziehen würde (nennen wir ihn den „Spaghettisierungspunkt"), und der Punkt, von dem an das Licht dem Schwarzen Loch nicht mehr entkommen kann (d. h. der Rand des Schwarzen Lochs) nicht überein. Stattdessen liegen sie bezogen aufeinander – je nach Masse des Schwarzen Lochs – an unterschiedlichen Orten. Der Spaghettisierungspunkt ändert sich proportional zur Kubikwurzel der Masse des Schwarzen Lochs, während sich der Rand des Schwarzen Lochs linear mit seiner Masse ändert.

Demnach ist der Spaghettisierungspunkt bei kleinen Schwarzen Löchern größer als der Ereignishorizont und das bedeutet, dass er sich hinter dem Rand des Schwarzen Lochs befindet, also *außerhalb*. Dagegen ist der Spaghettisierungspunkt bei großen Schwarzen Löchern kleiner und liegt *in dessen Innerem*. So hat ein Schwarzes Loch mit einer Million Sonnenmassen beispielsweise einen Radius von

3.000.000 Kilometern, während seine Schwerkraft Sie erst tief in seinem Inneren, 24.000 Kilometer vom Zentrum entfernt, zerreißen wird. Ein kleines Schwarzes Loch mit einem Radius von 30 Kilometern würde Sie dagegen schon in 440 Kilometern Entfernung spaghettisieren, also lange, bevor Sie an seinen Rand gelangen.

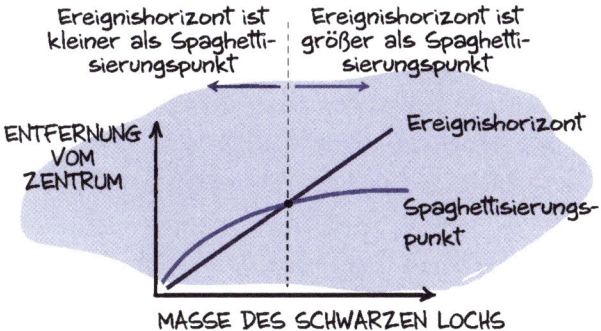

Die Tatsache, dass es in Wahrheit gefährlicher ist, sich kleinen Schwarzen Löchern statt großen zu nähern, mag einem seltsam vorkommen, aber genau das sagen die Zahlen über Schwarze Löcher. Größere Schwarze Löcher erstrecken sich über so riesige Gebiete, dass sie am Rand gar nicht so stark sein müssen, um Dinge einzusaugen und im Inneren festzuhalten.

DIE UNMITTELBARE UMGEBUNG DES SCHWARZEN LOCHS

Na gut, Sie haben sich also erfolgreich ein Schwarzes Loch ausgesucht, in dessen Umkreis keine wilde Party stattfindet und das groß genug ist, Sie erst in Stücke zu reißen, *nachdem* Sie es rein geschafft haben. Das heißt also … es ist höchste Zeit einzutauchen. Aber Vorsicht, jetzt wird es erst richtig abgefahren.

Wenn Sie dem Schwarzen Loch nahe sind, werden Sie zwei interessante Dinge feststellen.

Zuerst werden Sie in etwa dreifacher Entfernung des Ereignishorizonts merken, dass die Akkretionsscheibe plötzlich endet und die direkte Umgebung des Schwarzen Lochs überwiegend leer zurückbleibt. Das liegt daran, dass der Großteil der Materie, die diesen Punkt überquert, schnell ins Innere hinabstürzt. Dabei handelt es sich um den Punkt, an dem es für die meiste Materie kein Zurück mehr gibt, was für Sie bedeutet, dass Sie jetzt so ziemlich alles dafür getan haben, um ins Schwarze Loch einzutreten. Falls Sie an der ganzen Sache hier irgendwelche Zweifel hatten, hätten Sie längst darüber nachdenken sollen, bevor Sie damit anfingen, diesen Abschnitt hier zu lesen.

Als Zweites werden Sie feststellen, welche enorme Krümmung des Raumes in so großer Nähe zu einem Schwarzen Loch um Sie herum stattfindet. Sie befinden sich jetzt an einem Punkt, an dem die Schwerkraft so stark ist, dass sie die Art, wie sich das Licht bewegt, deutlich wahrnehmbar verzerrt. Es ist, als würde man im Inneren einer Linse umherschwimmen: Der Weltraum in der Nähe eines Schwarzen Lochs ist so stark gekrümmt, dass sich Licht nicht länger auf einer vermeintlich geraden Linie fortbewegt.

Schauen wir uns jetzt einige der schrägen Dinge an, die Sie auf Ihrem weiteren Weg ins Innere erleben werden.

Der Schatten des Schwarzen Lochs[5]

Im etwa 2,5-fachen Radius des Schwarzen Lochs werden Sie in den sogenannten „Schatten" des Schwarzen Lochs vordringen. Dies ist der eigentliche schwarze Kreis, den jeder, der ein Schwarzes Loch betrachtet, zu sehen bekommt.

Schwarze Löcher werfen einen Schatten, der größer ist als sie selbst, weil sie nicht nur die Photonen innerhalb des Ereignishorizonts einfangen; sie krümmen auch die Bahnen der Photonen, die in der Nähe vorbeifliegen. Jegliches Licht, das in einer gewissen Entfernung vom Schwarzen Loch auf Sie zufliegt, wird in dessen Gravitationstrichter hineinfallen und schließlich im Inneren verschwinden.

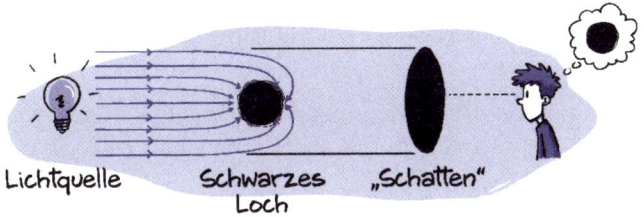

Lichtquelle   Schwarzes   „Schatten"
                  Loch

Dieser Schatten wirkt umso größer, je weiter Sie sich auf das Schwarze Loch zubewegen. Je näher Sie ihm kommen, umso mehr von dem Licht, das ansonsten auf Ihr Auge getroffen wäre, wird durch das Schwarze Loch verschluckt, sodass es irgendwann fast ihr gesamtes Sichtfeld einnimmt.

Im Übrigen ist das zufällig auch der Moment, an dem Ihre Freunde ein Foto von Ihnen machen sollten, weil es für sie so aussehen wird, als ob Sie in völlige Dunkelheit gehüllt wären: Es wird *aussehen*, als befänden Sie sich im Inneren des Schwarzen Lochs, auch wenn Sie noch immer einen weiten Weg vor sich haben.

---

5 Auch bekannt als „Der perfekte Titel für den einen Science-Fiction-Roman, den Sie schon immer schreiben wollten".

Der endlose Kreis des Lichts[6]

Die nächste spaßige Wegmarke werden Sie etwa beim 1,5-fachen Radius des Schwarzen Lochs erreichen: den Punkt, an dem Licht das Schwarze Loch auf einer perfekten, kreisförmigen Bahn umrundet. Licht kann ein Schwarzes Loch auf die gleiche Art umkreisen, wie Planeten und Satelliten sich auf einer Umlaufbahn um ein massereicheres Objekt bewegen können. Das Bemerkenswerte an Licht auf seinem Orbit um ein Schwarzes Loch ist, dass Licht keinerlei Masse hat! Das bedeutet, dass es sich genaugenommen nur aufgrund der Krümmung des Raumes im Kreis bewegt. Womöglich könnte so ein Photon bis in alle Ewigkeit auf seiner Umlaufbahn um ein Schwarzes Loch kreisen, wenngleich jede Art von Ablenkung dazu führen wird, dass es entweder ins Schwarze Loch hinein oder nach draußen in den Weltraum wirbelt.

Das Coole am Überschreiten dieser Schwelle auf dem Weg zum Schwarzen Loch ist: Wenn Sie in jede erdenkliche Richtung seitwärts zum Schwarzen Loch schauen, werden Sie Ihren *Hinterkopf* sehen können, weil das Licht einen perfekten Kreis bildet. Falls Sie sich je gefragt haben, wie Sie von hinten aussehen, ist das hier Ihre Chance.

1,5r

---

6 a. k. a. „Der perfekte Name für den New-Age-Kult, den Sie schon immer ins Leben rufen wollten".

Bend It Like Beckham[7]

Weniger als den 1,5-fachen Radius vom Schwarzen Loch entfernt würden Sie den Punkt erreichen, an dem sich nicht mal mehr Licht auf einer sicheren Umlaufbahn bewegen kann. Ihre Chancen zu entkommen schrumpfen stetig und alles deutet darauf hin, dass Sie sowohl buchstäblich als auch im übertragenen Sinne auf dem Weg in ein Schwarzes Loch sind.

Mittlerweile werden Sie das Gefühl haben, dass der Schatten des Schwarzen Lochs Sie einhüllt und sich Ihr Fenster zum Universum dadurch immer weiter schließt. Wenn Sie nach hinten schauen, werden Sie einen immer kleiner werdenden Ausschnitt des Universums sehen.

Das Verrückte an diesem Bild des Universums ist, dass es das gesamte Universum enthält, ja sogar alles, was sich hinter dem Schwarzen Loch befindet. An diesem Punkt ist der Raum schon so stark gekrümmt, dass Licht aus allen Richtungen des Universums ankommt und mehrere Male im Kreis herumwirbelt, bevor es Sie an den Seiten und am hinteren Teil Ihres Kopfes trifft. Diese extreme Fischaugen-

---

7 a. k. a. …, na ja, tatsächlich hat jemand diesen Film schon gedreht. [Im Deutschen lautet der Titel eigentlich „Kick It Like Beckham", aber dabei ginge hier der Bezug zur Raumkrümmung verloren (Anm. d. Übers.).]

perspektive des gesamten Kosmos wird Ihnen am Rand Ihres Sicht-
felds wie in einer Endlosschleife sogar unzählige Kopien des Universums zeigen.

Während Sie sich immer weiter auf das Zentrum des Schwarzen
Lochs zubewegen, wird dieses Fenster nach draußen ins Universum
immer weiter schrumpfen und das Bild des Schwarzen Lochs wird
in jede Richtung, in die Sie blicken, überwiegen.

Und dann … werden Sie den Ereignishorizont überqueren.

WAS IHRE FREUNDE SEHEN WERDEN

An dieser Stelle lohnt es sich darüber nachzudenken, was Ihre Freunde mit all dem anfangen werden. Sie wissen schon, die Freunde, die
es für eine bescheuerte Idee hielten, in ein Schwarzes Loch zu springen, und zurückgeblieben sind? Keine Frage, sie waren mit Sicherheit
eine große Unterstützung, aber was ist es, das sie sehen, wenn Sie diesen ruhmreichen Sprung ins Ungewisse wagen?

Wie sich herausstellt, werden sie es nie erleben. Und zwar nicht,
weil Ihr Sprung durch die Dunkelheit des Schwarzen Lochs verschlei-
ert wird, sondern weil es *für sie* buchstäblich nie dazu kommt.

Wie Sie wissen, verzerrt die Schwerkraft nicht nur den Raum, sondern auch die *Zeit*. Und Schwarze Löcher besitzen so viel Schwerkraft,
dass sie die Zeit auf sehr extreme Art und Weise verzerren.

Viele von uns wissen, dass sich die Zeit bei sehr hohen Geschwindigkeiten verlangsamt. Wenn Sie zum Beispiel an Bord eines Raumschiffs klettern, um mit annähernder Lichtgeschwindigkeit davon zu
flitzen und anschließend wieder zurückzukommen, wird die Zeit für
Sie langsamer vergangen sein, während alle, die Sie kennen, schneller
als Sie selbst gealtert sind. Doch nicht nur Geschwindigkeiten können
diese Wirkung auf die Zeit haben; das Ganze passiert auch in der Nähe

wirklich massereicher Objekte (wie eines Schwarzen Lochs). Sie krümmen nicht nur den Raum, sondern verlangsamen auch die Zeit.

Wenn Sie in die unmittelbare Umgebung des Schwarzen Lochs eintauchen, werden Ihre Freunde beobachten, wie sich die Zeit für Sie verlangsamt. In ihren Augen wird es irgendwann so aussehen, als ob Sie sich in Suuuperzeeeiiitluuupe fortbewegen. Sie werden sehen, wie Sie dem Schwarzen Löcher immer langsamer immer näher kommen.

Und je näher Sie dem Schwarzen Loch kommen, desto langsamer wird Ihre Uhr ticken. Irgendwann wird sich Ihre Uhr so sehr verlangsamen, dass es aus Sicht ihrer Freunde fast so aussehen wird, als würde für Sie die Zeit stillstehen. Wir sind sicher, es handelt sich um tolle Freunde. Aber am Ende werden sie wahrscheinlich trotzdem aufgeben und sich dem Rest ihres Lebens widmen. Das letzte Bild, das sie von Ihnen sehen werden, wird matt und rötlich sein, weil die Gravitation die Wellenlänge der Photonen auch noch ins Infrarotspektrum verschiebt.

Die Wahrheit lautet, dass es für den Rest des Universums nicht nur sehr lange dauern wird, bis Sie endlich reinfallen – es wird buchstäblich nie passieren. Von außen betrachtet wird die Zeit für Sie stehenbleiben und Ihr Bild für immer und ewig in die Oberfläche des Schwarzen Lochs eingraviert sein. Es würde unendlich lange dauern, bis Sie für einen außenstehenden Betrachter vollständig eintauchen. Ganze Sonnensysteme und Galaxien würden entstehen und wieder vergehen. Viele Billionen Jahre würden verstreichen und niemand würde sehen, wie Sie die Schwelle überqueren.

Falls Sie Ihre Freunde mit einer dramatischen Geste beeindrucken wollten, war die Entscheidung, in ein Schwarzes Loch zu springen, nicht besonders clever.

DER EINTRITT INS SCHWARZE LOCH

Natürlich ist das nur das, was Ihre Freunde sehen werden. Für Sie selbst ist das Ganze trotzdem eine wilde Achterbahnfahrt.

Vergessen Sie nicht, dass für *Sie* die Zeit weiterhin normal abläuft und der Trip ins Schwarze Loch in Ihren Augen deshalb in ganz normalem Tempo verlaufen wird.

Sie werden *auf jeden Fall* ins Schwarze Loch eintauchen – nur wird es für das Universum draußen so aussehen, als ob es nie dazu kommen wird.

Was passiert also, wenn Sie den Ereignishorizont endlich überqueren? Nichts Besonderes, glauben Physiker.

Wenn Sie die letzte Schwelle überschreiten, schrumpft Ihre Sicht auf das Universum draußen auf einen immer kleineren Punkt zusammen und alles um Sie herum wird völlig dunkel. Die einzige für Sie noch sichtbare Lichtquelle ist jener Punkt genau hinter Ihnen, der ein winziges Abbild des gesamten Universums enthält. Das ist also schon mal irgendwas. Doch genau *am* Ereignishorizont selbst gibt es der Theorie zufolge nicht wirklich etwas. Es gibt keine Mauer und keinen Zaun, kein Kraftfeld, kein Konfetti und auch kein Tor, das mit galaktischen Wachleuten bemannt ist. Es handelt sich einfach um den Ort im Weltraum, von dem an es kein Zurück mehr gibt.

Wie Sie wissen, ist der Raum im Inneren des Schwarzen Lochs so stark gekrümmt, dass kein Weg mehr nach draußen führt. Ab jetzt verläuft die Raumzeit nur noch in eine Richtung (vorwärts), wie schnell Sie auch unterwegs sein mögen. Und während es außerhalb des Schwarzen Lochs lediglich die Zeit war, die nur eine Richtung kannte (vorwärts), verläuft hinter dem Ereignishorizont auch der Raum nur in eine Richtung (nach innen). Jeder Kurs im Inneren des Schwarzen Lochs führt weiter hinein.

Diese Veränderung dürfte aus Ihrer Sicht nicht plötzlich stattgefunden haben, sondern allmählich. Denn als Sie dem Ereignishorizont näherkamen, wurden irgendwann auch die potenziellen Wege, die Sie hätten einschlagen können, verzerrt. Die Wege, die vom Schwarzen Loch wegführten, wurden immer weniger – und der Ereignishorizont ist nichts weiter als der Punkt, von dem an alle möglichen Wege, die sich Ihnen bieten, nach innen weisen.

Eins ist klar: Sie kommen da jetzt definitiv nicht mehr raus. An diesem Punkt ist Flucht mehr als zwecklos: Wenn Sie sich wehren und zu fliehen versuchen, werden Sie sich nur noch schneller auf das Zentrum des Schwarzen Lochs zubewegen.

WAS ERWARTET SIE DRINNEN?

Wie ist das jetzt also, im Inneren des Schwarzen Lochs zu sein?

Die Wahrheit lautet: Niemand weiß es. Und tatsächlich werden wir es vielleicht sogar *nie* wissen.

Wir wissen noch nicht einmal, ob es im Inneren eines Schwarzen Lochs überhaupt möglich ist, zu *denken*. Unsere Körper funktionieren nur, wenn sich Blut, Informationen und Ionen in alle Richtungen bewegen. Wären Sie eigentlich überhaupt am Leben – geschweige denn bei Bewusstsein –, wenn Ihre Neuronen und Ihr Blut nur in eine Richtung, zum Zentrum des Schwarzen Lochs hin, feuern und fließen können?

Noch Wesentlicher ist jedoch, dass wir nicht wirklich wissen, wie Raum und Zeit jenseits des Ereignishorizonts aussehen. Wir können uns lediglich *vorstellen*, was passieren wird. Bis jetzt lag die Allgemeine Relativitätstheorie bei allen Dingen richtig, die außerhalb von Schwarzen Löchern passieren (und hat sogar deren Existenz vorausgesagt). Aber wir wissen auch, dass die Allgemeine Relativitätstheorie nicht die präziseste Beschreibung dessen ist, wie das Universum funktioniert. So wissen wir zum Beispiel, dass sie auf der Mikroebene versagt, wo man die Quantenmechanik nicht außer Acht lassen darf. Ist es also möglich, dass die Allgemeine Relativität in einem Schwarzen Loch versagt? Ganz bestimmt, aber wir können nicht sagen, wie sehr sie daneben liegt oder ob sie vielleicht nur im absoluten Zentrum des Schwarzen Lochs versagt.

Falls die Allgemeine Relativität in einem Schwarzen Loch weiter überwiegend Recht behält, ist das, was als Nächstes passiert, nicht besonders aufregend. Nach der Allgemeinen Relativitätstheorie wird die Schwerkraft einfach weiterhin immer intensiver, während Sie selbst sich immer schneller auf das Zentrum des Schwarzen Lochs zubewegen. Tatsächlich würden Sie bei einem Schwarzen Loch wie dem in der Mitte der Milchstraße nach etwa 20 Sekunden im Zentrum landen. Aber natürlich würden Sie es gar nicht bis dorthin schaffen, weil Sie definitiv irgendwann den Spaghettisierungspunkt (Sie erinnern sich?) erreichen und in alle Einzelteile zerlegt würden.

Wenn die Allgemeine Relativität aber für das, was genau hinter dem Ereignishorizont passiert, *nicht* gilt, dann dürfen wir wild darüber spekulieren, was alles passieren könnte. Wie sich herausstellt, könnten Sie bei Ihrem Eintritt auf eine Reihe von lustigen Dingen stoßen:

› **Ein anderes Universum.** Manche Physiker glauben (und halten es sogar für wahrscheinlich), dass im Inneren eines Schwarzen Lochs ein ganz anderes Universum existieren könnte. Mag sein, dass Sie beim Eintauchen ins Schwarze Loch bei der Geburt eines neuen Babyuniversums wieder auftauchen.

› **Ein Wurmloch.** Eine andere Theorie besagt, dass das Innere von Schwarzen Löchern mit einem Wurmloch (einer Art Tunnel in der Raumzeit) zusammenhängt und Sie in einen anderen Teil (und eine andere Zeit) des Universums befördern kann. Was befindet sich am anderen Ende? Wissenschaftler spekulieren darüber, dass ein Weißes Loch – das Gegenteil eines Schwarzen Lochs – Sie am anderen Ende ausspucken könnte. Wenn ein Schwarzes Loch ein Ort ist, in dem Dinge verschwinden, dem sie aber nie entkommen können, dann ist ein Weißes Loch ein theoretischer Ort, dem Dinge entkommen, das sie aber niemals betreten können. Stellen Sie sich unter einem *Weißen Loch* eine Weltraumregion vor, in der der Raum auf eine so spezielle Art gekrümmt ist, dass alle Richtungen aus dem Weißen Loch herausweisen.
Natürlich denken Sie jetzt vielleicht: *Wo kommen denn die ganzen Sachen her, die aus dem Weißen Loch rausfliegen?* Sie kommen aus dem Schwarzen Loch und zwar durchs Wurmloch!

DAS KÖNNTEN SIE IN EINEM SCHWARZEN LOCH FINDEN:

| Den sicheren Tod | Ein anderes Universum | Ein Wurmloch | Einstein beim Kaffeekränzchen mit Schrödinger |

In jedem Fall wären Sie damit am Ende Ihrer Reise angelangt, zumindest was unser Universum betrifft. Wenn Sie erst mal im Schwarzen Loch sind, ist es sehr unwahrscheinlich, dass Sie da je wieder rauskommen und das heißt: Egal, ob Sie eines schrecklichen Todes sterben, die Geheimnisse von Quantenmechanik und Allgemeiner Relativität ergründen oder ein völlig neues Universum vorfinden, nur *Sie* allein werden dieses fantastische Geheimnis kennen.

Das einzige Problem ist, dass Sie niemandem davon erzählen können.

Wer hat gesagt, dass ich das nicht hinkriege?

WARUM KÖNNEN WIR UNS NICHT TELEPORTIEREN?

Jetzt mal ehrlich: Niemand reist gern.

Egal ob es darum geht, an einen exotischen Urlaubsort zu gelangen oder im täglichen Pendelverkehr zur Arbeit zu kommen – den Abschnitt, bei dem man anreisen muss, mag niemand wirklich. Wenn jemand sagt, er reise gern, meint er vermutlich, dass er gern ankommt. Es kann nämlich echt Spaß machen, woanders zu sein: Man sieht neue Dinge, trifft neue Leute oder kommt früher zur Arbeit, sodass man auch wieder früher nach Hause fahren und dort Physikbücher lesen kann. Der eigentliche *Anreise*-Teil ist meistens nervig: Wir müssen uns fertig machen, irgendwohin eilen, warten und erneut rennen. Wer auch immer den Satz „Der Weg ist das Ziel" erfunden hat – er hat ganz sicher nicht Tag für Tag im Berufsverkehr sitzen müssen und war auch nie bei einem Transatlantikflug auf dem Mittelsitz eingezwängt.

Wäre es nicht großartig, wenn man auf bessere Art irgendwohin kommen könnte? Wie wäre es, wenn Sie am gewünschten Ort einfach so *auftauchen* würden, ohne all die Zwischenstationen durchlaufen zu müssen?

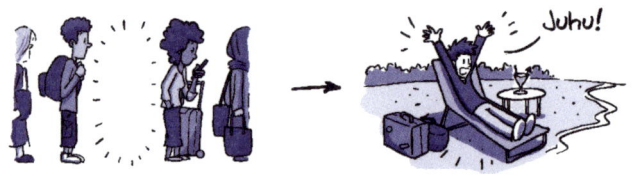

Teleportation gehört seit mehr als 100 Jahren zum festen Inventar der Science-Fiction. Und wer von uns hat noch nicht davon geträumt, einfach die Augen zu schließen oder in eine Maschine zu hüpfen und sich plötzlich dort wiederzufinden, wo er gern sein wollte? Denken Sie nur mal daran, wie viel Zeit Sie einsparen würden! Ihr Urlaub könnte *jetzt sofort* beginnen und nicht erst nach einem 14-stündigen Flug. Wir würden auch andere Planeten leichter erreichen. Stellen Sie sich vor, wir könnten Siedler auf den nächsten bewohnbaren Planeten schicken (Proxima Centauri b, vier Lichtjahre von uns entfernt), ohne dass sie Jahrzehnte auf der Reise dorthin verbringen müssten.

Aber ist Teleportation möglich? Und wenn ja, wieso brauchen die Wissenschaftler dann so lange, um sie Wirklichkeit werden zu lassen? Wird die Entwicklungsphase noch Hunderte Jahre dauern, oder darf ich hoffen, dass es dafür in naher Zukunft eine App auf meinem Handy gibt? Stellen Sie Ihre Phaser auf „Betäubung", denn wir werden Sie gleich in die Physik der Teleportation hineinbeamen.

MÖGLICHKEITEN ZUR TELEPORTATION

Wenn Sie davon träumen, dass Teleportation heißt, im einen Moment hier zu sein und im nächsten schon ganz woanders, müssen wir Ihnen leider gleich sagen, dass sowas unmöglich ist. Unglücklicherweise hat die Physik ein paar ziemlich strenge Regeln für *alles*, das augenblicklich passieren soll. Alles, was geschieht (eine Wirkung), muss auch eine Ursache haben, was wiederum die Übertragung von Informationen erforderlich macht. Denken Sie mal darüber nach: Damit zwei Dinge kausal miteinander zusammenhängen können (wie Sie, der hier verschwindet und woanders auftaucht), müssen sie auf irgendeine Weise miteinander reden. Und in diesem Universum hat alles – auch Informationen – ein Tempolimit.

Wie alles Andere müssen auch die Informationen durchs Weltall reisen und das maximale Tempo, mit dem *irgendetwas* in diesem Universum unterwegs sein kann, ist die Lichtgeschwindigkeit. Eigentlich hätte man die Lichtgeschwindigkeit „Informationsgeschwindigkeit" oder „Tempolimit im Universum" nennen sollen. Sie ist ein fester Bestandteil der Relativitätstheorie und der Idee von Ursache und Wirkung selbst und beides gehört nun einmal zum Kernbereich der Physik.

Nicht einmal die Gravitation kann sich schneller als das Licht bewegen. Die Anziehungskraft der Sonne wirkt auf die Erde nicht von der Stelle aus, an der sich die Sonne genau *jetzt* befindet, sondern von dort, wo die Sonne vor acht Minuten *war*. So lange brauchen die Informationen nämlich, um die 149 Millionen Kilometer von dort nach hier zurückzulegen. Würde die Sonne plötzlich verschwinden (etwa indem auch sie sich in den Urlaub beamt), dann würde die Erde noch acht Minuten ihre normale Umlaufbahn ziehen, ehe sie merkt, dass die Sonne weg ist.

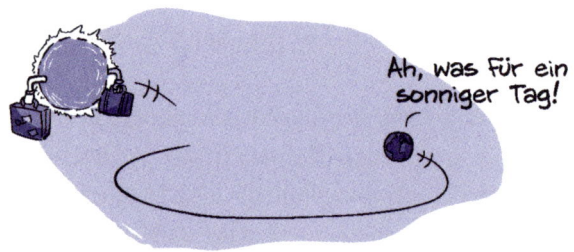

Damit ist die Vorstellung, dass man an einem Ort verschwinden und an einem anderen augenblicklich wieder auftauchen kann, so ziemlich aus dem Rennen. Irgendwas muss zwischendrin passieren und dieses Etwas kann sich nicht schneller fortbewegen als das Licht.

Zum Glück sind die meisten von uns, wenn es um die Definition von „Teleportation" geht, keine solchen Erbsenzähler. Die Mehrheit dürfte sich für ihre Teleportationsbedürfnisse mit „nahezu augenblicklich" oder „im Handumdrehen" oder sogar „so schnell es die Gesetze der Physik erlauben" begnügen. Wenn das der Fall ist, gibt es zwei Möglichkeiten, um eine Teleportationsmaschine zum Laufen zu bringen:

1. Ihr Teleportationsapparat könnte Sie mit Lichtgeschwindigkeit an Ihren Zielort *übermitteln*.
2. Ihr Teleportationsapparat könnte irgendwie die Entfernung zwischen Ihrem jetzigen und Ihrem gewünschten Aufenthaltsort verringern.

Die zweite Option könnte man als Teleportation vom Typ „Portal"
bezeichnen. In Filmen wäre das eine Teleportation, bei der sich ein
Eingang öffnet – in der Regel in ein Wurmloch oder eine Art extradi-
mensionalen Subraum. Man geht hindurch und findet sich woanders
wieder. Wurmlöcher sind theoretisch existierende Tunnel, die weit
entfernte Punkte im Weltraum miteinander verbinden – und was die
Dimensionen angeht, haben Physiker mit Bestimmtheit behauptet,
dass es außer den dreien, die wir kennen, noch zahlreiche weitere gibt.

Traurigerweise gehören beide Konzepte noch weitgehend in den
Bereich der Theorie. Ein Wurmloch haben wir bislang noch nicht
wirklich gesehen und wir haben auch keine Ahnung, wie man es öffnet oder man kontrolliert, wohin es führt. Außerdem sind zusätzliche
Dimensionen nicht wirklich etwas, in das man sich hineinbewegen
kann. Es handelt sich lediglich um zusätzliche Möglichkeiten, wie
Ihre Teilchen durch die Gegend wackeln könnten.

Viel interessanter ist es, über die 1. Option zu sprechen, denn wie sich
herausstellt, könnten wir damit in naher Zukunft etwas anfangen.

MIT LICHTGESCHWINDIGKEIT ANKOMMEN

Wenn wir schon nicht in Nullkommanichts an anderen Orten auftauchen und auch keine Abkürzungen durch den Raum nehmen können – können wir dann wenigstens so schnell wie möglich ankom-

men? Die Höchstgeschwindigkeit im Universum, 300 Millionen Meter pro Sekunde, reicht locker aus, um Ihre tägliche Anfahrtszeit zur Arbeit auf den Bruchteil einer Sekunde einzudampfen. Auch Reisen zu den Sternen würden dann nur Jahre dauern und nicht mehr Jahrzehnte oder gar Jahrtausende. Lichtgeschwindigkeitsteleportation wäre immer noch grandios.

Um das hinzubekommen, könnten Sie sich eine Maschine ausdenken, die irgendwie Ihren Körper nimmt und ihn dann mit Lichtgeschwindigkeit an den Zielort schiebt. Doch leider gibt es bei dieser Idee ein großes Problem: Sie sind zu schwer. Die Wahrheit ist, dass Sie zu massereich sind, um je mit Lichtgeschwindigkeit reisen zu können. Erstmal wäre eine riesige Menge an Zeit und Energie nötig, um alle Teilchen Ihres Körpers (egal ob in der jetzigen Zusammensetzung oder irgendwie aufgebrochen) auf annähernde Lichtgeschwindigkeit zu beschleunigen. Und zweitens würden Sie niemals Lichtgeschwindigkeit erreichen. Egal wie sehr Sie Diät gehalten oder auf Ihrem Crosstrainer trainiert haben – nichts, was auch nur ein bisschen Masse hat, kann je mit Lichtgeschwindigkeit reisen.

Teilchen wie Elektronen und Quarks, also die Bausteine Ihrer Atome, haben Masse. Das bedeutet, dass man Energie braucht, um sie in Bewegung zu setzen, eine Menge Energie, damit sie sich schnell bewegen, und *unendlich* viel Energie, damit sie Lichtgeschwindigkeit erreichen. Sie können sich mit sehr hohem Tempo bewegen, aber niemals mit Lichtgeschwindigkeit.

Das heißt auch, dass Sie sich – und die Moleküle und Teilchen, die das ausmachen, was in diesem Augenblick Sie sind – in der Praxis niemals teleportieren können. Weder augenblicklich noch mit Lichtgeschwindigkeit. Es wird nie dazu kommen, dass Ihr Körper dermaßen schnell irgendwohin transportiert wird. Es ist einfach nicht möglich, alle Teilchen in Ihrem Körper schnell genug zu bewegen.

Aber heißt das auch, dass Teleportation unmöglich ist? Nicht ganz!

Es gibt einen Weg, auf dem es immer noch passieren kann und dafür müssen wir das, was „Sie" bedeutet, etwas lockerer sehen. Was wäre, wenn wir nicht Sie, Ihre Moleküle oder Ihre Teilchen transportieren würden, sondern einfach nur die *Idee* von Ihnen?

SIE SIND INFORMATION

Eine mögliche Variante, um Teleportation mit Lichtgeschwindigkeit zu erreichen, ist, Sie zu *scannen* und in Form eines Photonenstrahls zu versenden. Photonen haben keinerlei Masse, weshalb sie sich so schnell fortbewegen können, wie es das Universum erlaubt. Tatsächlich können sie sogar *ausschließlich* mit Lichtgeschwindigkeit umhersausen[1] – so etwas wie ein Photon, das sich gemächlich fortbewegt, gibt es nicht.

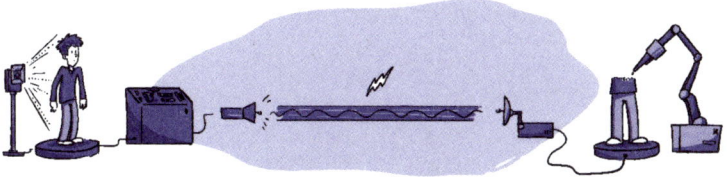

---

1 In einem Vakuum jedenfalls.

Im Folgenden finden Sie ein Grundrezept für die Teleportation mit Lichtgeschwindigkeit:

› Schritt #1: Scannen Sie Ihren Körper und dokumentieren Sie, wo sich all Ihre Moleküle und Teilchen befinden.

› Schritt #2: Übertragen Sie diese Informationen mittels Photonenstrahl an Ihren Zielort.

› Schritt #3: Empfangen Sie diese Informationen und bauen Sie Ihren Körper mithilfe von neuen Teilchen wieder zusammen.

Ist sowas möglich? Wir Menschen haben sowohl beim Scannen als auch beim 3D-Druck unglaubliche Fortschritte gemacht. Heutzutage kann man Ihren Körper durch Magnetresonanztomografie (MRT) bis zu einer Auflösung von 0,1 Millimeter scannen, was ungefähr der Größe einer Gehirnzelle entspricht. Und Wissenschaftler haben 3D-Drucker schon dazu verwendet, immer komplexere Häufchen von lebenden Zellen (sogenannte Organoide) auszudrucken, um Krebsmedikamente daran zu testen. Wir haben sogar schon Apparate (mithilfe von Rastertunnelmikroskopen) entwickelt, die einzelne Atome anpacken und fortbewegen können. Also ist die Vorstellung, dass wir eines Tages ganze Körper scannen und ausdrucken könnten, nicht besonders weit hergeholt.

Die eigentliche Beschränkung könnte allerdings nicht technologischer Natur sein, sondern philosophischer: Wenn jemand eine Kopie von Ihnen machen würde, wären das dann tatsächlich noch Sie?

Denken Sie daran: An den Teilchen, die in diesem Moment Ihren Körper bilden, ist nichts Besonderes. Alle Teilchen eines bestimmten Typs sind gleichartig. Ein Elektron ist vollkommen identisch mit jedem anderen Elektron und für Quarks gilt das Gleiche. Die Weltraumfabrik produziert keine Teilchen mit Persönlichkeit oder irgendwelchen anderen Merkmalen, die sie voneinander unterscheiden. Der einzige Unterschied zwischen zwei Elektronen oder zwei Quarks liegt darin, wo sich jedes davon gerade befindet und mit welchen anderen Teilchen es gerade rumhängt.[2]

Aber inwieweit wäre eine Kopie von Ihnen immer noch *Sie*? Nun ja, das hängt von zwei Dingen ab. Erstens vom Auflösungswert der Technik, die Sie scannt und ausdruckt. Kann dieses Geräte Ihre Zellen lesen und drucken? Ihre Moleküle? Ihre Atome oder sogar Ihre individuellen subatomaren Teilchen?

Die noch wichtigere Frage lautet aber, wie viel von Ihrem „Sie-Selbst-Sein" von den winzigen Details abhängt. Bis zu welchem Grad muss eine Kopie die Einzelheiten wiedergeben, damit sie noch immer als *Sie* gelten kann? Wie sich herausstellt, ist das eine offene Frage und die Antwort könnte davon abhängen, wie quantenabhängig Ihr Selbstverständnis ist.

---

2 Elektronen sind im Grunde bloß sich selbst erhaltende kleine Energiebündel in Quantenfeldern, die den Raum ausfüllen. Wenn sich ein Elektron bewegt, hört das Feld an seinem ehemaligen Standort auf zu schwingen, während es am neuen Standort zu schwingen beginnt. Auf Quantenebene könnte man also jede Bewegung eines Teilchens als Teleportation betrachten!

EINE QUANTENKOPIE VON IHNEN

Wie viele Informationen müssten erfasst werden, um eine getreue Kopie von Ihnen zu erstellen? Reicht es, wenn man Lage und Typ jeder einzelnen Zelle und Verbindung in Ihrem Körper kennt? Oder muss man auch über die Position und Ausrichtung jedes Moleküls im Körper Bescheid wissen? Oder muss man, wenn man noch weiter in die Details geht, vielleicht sogar den Quantenzustand eines jeden Teilchens erfassen?

Jedes Teilchen in Ihrem Körper hat einen Quantenzustand. Er verrät uns, wo sich das Teilchen wahrscheinlich befindet, was es vermutlich gerade treibt und wie es mit anderen Teilchen in Verbindung steht. Da wir nur etwas darüber sagen können, was jedes Teilchen *vermutlich* gerade tut, bleibt immer eine gewisse Unschärfe zurück. Aber ist diese Quantenunschärfe ein wichtiger Bestandteil Ihres Sie-Selbst-Seins? Oder passiert das alles auf einer so winzigen Ebene, dass es die wichtigen Dinge wie Ihre Erinnerungen oder Ihre typischen Reaktionsweisen nicht wirklich beeinflusst?

Auf den ersten Blick wirkt es unwahrscheinlich, dass die Quanteninformation in jedem Ihrer Teilchen Sie zu der Person machen soll, die Sie sind. Ihre Erinnerungen und Reflexe sind zum Beispiel in Ihren Neuronen und deren Verknüpfungen gespeichert und die sind – verglichen mit subatomaren Teilchen – ziemlich groß. In diesem Maßstab neigen Quantenfluktuation und Unschärfe dazu, sich insgesamt auszugleichen. Wenn Sie auf geschickte Weise den Quantenzustand einiger Teilchen in Ihrem Körper durcheinanderbringen könnten, würden Sie dann einen Unterschied erkennen können?

Über diese Frage zu debattieren, wäre wohl eher für ein Philosophiebuch als ein Buch über Physik angemessen, aber wir können hier zumindest die verschiedenen Möglichkeiten betrachten.

SIE SIND GAR NICHT SO QUANTUM

Falls sich herausstellt, dass der Quantenzustand Ihrer Teilchen keine Rolle dabei spielt, Sie zu dem Menschen zu machen, der Sie sind, und falls der einfache Nachbau der besonderen Anordnung Ihrer Zellen oder Moleküle ausreichen würde, um eine Kopie von Ihnen zu erzeugen, die genauso denkt und handelt wie Sie, dann wären das gute Nachrichten für Ihren nächsten Urlaub. Teleportation wäre dann nämlich viel einfacher. Es würde bedeuten, dass Sie nur die Position all Ihrer kleinen Einzelteile dokumentieren und sie woanders auf die exakt gleiche Weise neu zusammenbauen müssten. Es ist so, als würde man ein Lego-Haus auseinandernehmen, eine Bauanleitung dafür schreiben und sie dann einer anderen Person schicken, um es wieder aufzubauen. Die moderne Technik scheint auf einem guten Weg zu sein, so etwas irgendwann zu erreichen.

Natürlich wäre es keine *exakte* Kopie von Ihnen, was Sie daran zweifeln lassen könnte, ob in dem ganzen Übertragungsprozess nicht doch irgendwas verlorengeht.

Wäre es so, als würde man die JPEG-Datei eines Bildes versenden statt das vollständige Bild? Würden Sie am anderen Ende ein bisschen ausgefranst an den Rändern rauskommen oder sich nicht ganz wohl in Ihrer Haut fühlen? Der Verlust an Originaltreue, den Sie bereitwillig akzeptieren würden, hängt davon ab, wie dringend Sie in möglichst kurzer Zeit ins nächste Sternsystem gelangen wollen.

SIE SIND GANZ UND GAR QUANTUM

Aber was wäre, wenn Ihr Sie-Selbst-Sein *doch* von den Quanteninformationen abhängt? Wenn Ihre Magie oder Ihre Unauslöschbarkeit in der Quantenunschärfe jedes einzelnen Teilchens in Ihrem Körper liegt? Das klingt ein bisschen nach New-Age-Hokuspokus, aber wenn Sie tatsächlich sicher sein wollen, dass die Kopie, die am anderen Ende des Teleportationsapparats rauskommt, *exakt* dasselbe ist wie Sie, müssen Sie beim Thema Quanten aufs Ganze gehen.

Das ist deine QUANTEN-SEELE!

Die schlechte Nachricht ist, dass es dadurch mit der Teleportation viel kniffliger wird. In Wahrheit ist alles, was mit Quanten zu tun hat, knifflig, aber der Gedanke, Quanteninformation zu kopieren, ist gleich doppelt so kompliziert.

Das liegt daran, dass es aus Sicht eines Physikers praktisch unmöglich ist, alles zugleich über ein Teilchen zu wissen. Das Unschärfeprinzip sagt uns, dass man zwar die Position eines Teilchens sehr genau messen kann, dann aber seine Geschwindigkeit nicht kennt. Umgekehrt kann man seine Geschwindigkeit messen, weiß dann aber nichts über seine Position. Und es ist nicht nur so, dass man es nicht wissen kann. Es reicht viel tiefer: Informationen über Position und Geschwindigkeit *existieren überhaupt nicht gleichzeitig*!

Das Einzige, was man über ein Teilchen erfahren kann, ist die *Wahrscheinlichkeit*, dass es hier ist oder dort. Wie soll man dann aber eine Quantenkopie mit denselben Wahrscheinlichkeiten wie beim Original anfertigen?

WIE MAN EINE QUANTENKOPIE MACHT

Lassen Sie uns über das Problem nachdenken, wie man eine Quantenkopie von einem einzelnen Teilchen herstellt. Wenn Sie darauf bestehen, dass Ihr Lichtgeschwindigkeitsteleportationapparat eine Kopie von Ihnen macht, die mit Ihrem gegenwärtigen Selbst absolut identisch ist, dann ist das so ziemlich Ihre einzige Option.

Ein Teilchen bis auf die Quantenebene hinunter zu kopieren, bedeutet, seinen Quantenzustand kopieren zu wollen. Der Quantenzustand eines Teilchens umfasst die Ungewissheit über seine Position und Geschwindigkeit bzw. über seinen Quantenspin sowie all seine anderen Quanteneigenschaften. Es handelt sich dabei nicht wirklich um einen Zahlenwert, sondern eher um eine Reihe von Wahrscheinlichkeiten.

Das Problem ist, dass man, um aus einem einzelnen Teilchen Quanteninformationen zu extrahieren, dieses Teilchen irgendwie untersuchen muss – und das heißt, es zu stören. Selbst wenn man nur auf etwas *draufschaut*, prallen schon Photonen daran ab. Wenn Sie Photonen auf ein Elektron schießen, könnten Sie zwar etwas über seinen Quantenzustand erfahren, aber dabei werden Sie es auch durcheinanderbringen. Das liegt nicht daran, dass wir nicht geschickt genug vorgehen würden oder keine ausreichend feine Untersuchungsmethode entwickelt hätten. Das sogenannte No-Cloning-Theorem der Quantenphysik sagt uns, dass es *unmöglich* ist, Quanteninformationen auszulesen, ohne das Original dabei zu zerstören.

Wie kopiert man also etwas, das man weder sehen noch berühren kann? Es ist nicht leicht, aber eine Möglichkeit wäre, die Quantenverschränkung zu nutzen. Das ist ein merkwürdiger Quanteneffekt, bei dem die Wahrscheinlichkeiten zweier Teilchen aneinandergekoppelt werden. Wenn etwa zwei Teilchen miteinander wechselwirken, sodass man zwar ihren jeweiligen Spin nicht kennt, aber weiß, dass sie ein Gegensatzpaar bilden, dann sagt man, sie seien „verschränkt". Wenn man herausfindet, dass das eine Teilchen einen Aufwärts-Spin hat, weiß man, dass das andere einen Abwärts-Spin haben muss und umgekehrt.

Quanten-Teleportation funktioniert, indem man zwei Teilchen nimmt, sie miteinander verschränkt und dann wie zwei Enden einer Faxverbindung verwendet. Sie können zum Beispiel zwei Elektronen nehmen, sie miteinander verschränken und dann eins davon auf Proxima Centauri b senden. Beide Elektronen würden dann – noch immer verschränkt – ausharren, bis Sie bereit für den Kopiervorgang sind.

Von da an wird es ein bisschen kompliziert, aber im Prinzip benutzen Sie das verschränkte Elektron hier vor Ort, verschränken es mit dem Teilchen, das sie kopieren wollen, untersuchen dieses und erhalten so die nötigen Informationen, um das Elektron auf Proxima Centauri b zu einer exakten Quantenkopie des Teilchens zu machen, das Sie duplizieren wollten.

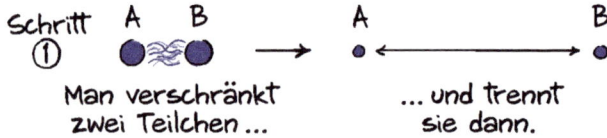

Schritt ①
A B
Man verschränkt zwei Teilchen ...
A B
... und trennt sie dann.

Schritt ②

Das Teilchen, das man kopieren will

Man verschränkt eines der getrennten Teilchen mit dem Teilchen, das kopiert werden soll.

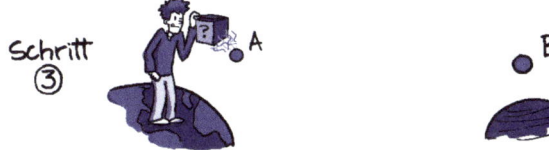

Schritt ③

Man wirft einen Blick auf den Quantenzustand ohne ihn zu zerstören.

Schritt ④

Man teilt jemandem auf der anderen Seite mit, was man gesehen hat.

Schritt ⑤

Mit diesen Informationen wird das zweite Teilchen zu einer Quantenkopie.

Erstaunlicherweise wurde das bereits getan und zwar mit einzelnen Teilchen und sogar kleinen Teilchengruppen.[3] Der bisherige Rekord besteht darin, eine Quantenkopie zwischen zwei 1400 Kilometer entfernten Punkten zu erstellen. Das bringt Sie zwar noch nicht auf Proxima Centauri b, aber es ist immerhin ein Anfang.

Es wird nicht einfach sein, den Quantenkopierer so zu skalieren, dass er mehr als nur eine Handvoll Teilchen kopiert. In Ihrem Körper gibt es 10^{26} Teilchen, sodass es sehr schnell sehr knifflig wird. Doch das Entscheidende ist, dass es *möglich* ist.

Aber sind diese quantenmäßig neu zusammengesetzte Person tatsächlich *Sie*? Nun ja, es wäre zumindest die getreueste Reproduktion, die sich überhaupt erzielen lässt. Wenn das nicht Sie sind, wer sind Sie dann?

ZU VIELE VON IHNEN

Ein Haken an der ganzen Teleportationsgeschichte ist möglicherweise, dass dabei am Ende mehrere Kopien von Ihnen entstehen könnten. Vielleicht kämen Sie mit der nicht so originalgetreuen Teleportationsmaschine, die keine Quanteninformationen kopiert, auf die Idee, Klone von sich anzufertigen. Sie könnten Ihren Körper scannen und diese Informationen zunächst auf Proxima Centauri b beamen, danach auf Ross 128 b (einen anderen bewohnbaren Planeten in der Nähe) und dann auf alle möglichen weiteren Planeten. Sie könnten sogar schon hier mit dem Kopieren anfangen. Es wären dann zwar

---

3 So cool das auch klingt, sollten Sie dennoch beachten, dass Quanten-Teleportation Ihnen nichts erlauben wird, was schneller als Licht ist. Sie müssen der anderen Seite das, was Sie gesehen haben, ja immer noch auf normalen Kommunikationswegen mitteilen und die sind auf Lichtgeschwindigkeit beschränkt.

keine exakten Quantenkopien des Originals, aber sie wären ähnlich genug, um alle möglichen moralischen und ethischen Fragen aufzuwerfen.

Wenn Sie allerdings die quantenkopierende Version des Teleportationsgeräts zuhause haben, dann werden Sie aus dieser Klemme befreit: Die gleichen Prinzipien der Quantentheorie, die Ihnen das Kopieren von Quanteninformationen erlauben, machen es auch nötig, dass die Originalinformationen beim Kopieren zerstört werden. Wie auch immer die Technik am Ende funktionieren würde – der Scanprozess würde das Original unweigerlich zerstören, indem er all seine Quanteninformationen durcheinanderbringt. Und so wäre die Kopie, die Sie rüberschicken, das einzige noch verbliebene Exemplar.

HINGEBEAMT UND ABGEHAKT

Kurzum: Der Gedanke, dass wir uns buchstäblich „augenblicklich" irgendwohin befördern könnten, ist überhaupt nicht abwegig. Wenn Sie es verkraften können, dass es bei der Übertragung zu einer (lichtgeschwindigkeitsbedingten) Verzögerung kommt und wenn Sie sich damit abfinden, dass die gescannte und neu zusammengesetzte Version immer noch Sie selbst sind, dann könnten Sie Teleportation sogar noch miterleben.

Einen wichtigen Vorbehalt haben wir natürlich ausgelassen: Damit Teleportation so funktioniert, wie in diesem Kapitel beschrieben, muss am anderen Ende ein Apparat stehen, der Ihr Signal empfängt und Sie rekonstruiert. Das heißt aber: Wenn Sie sich eines Tages auf einen anderen Planeten beamen wollen, muss vorher schon jemand auf die ganz altmodische Art hinkommen – durch eine Reise. *Freiwillige vor!*

GIBT ES IRGENDWO DA DRAUSSEN EINE ANDERE ERDE?

Es ist immer gut, ein Backup zu haben.

Haben Sie sich auf der Arbeit Kaffee auf die Hose gekippt? Dann holen Sie einfach das Ersatzpaar raus, das Sie in der Hosenschublade unterm Schreibtisch liegen haben. Oder hat Ihr Kind gerade kurz vorm Schlafengehen sein Lieblingskuscheltier verloren? Sie werden froh sein, dass Sie damals bei IKEA gleich fünf Stück davon gekauft haben.

Das Leben in diesem verrückten, willkürlichen Universum kann ziemlich unvorhersehbar sein, weshalb es sinnvoll ist, ein paar zusätzliche

Kopien der Dinge aufzubewahren, die Ihnen wichtig sind. Und je wichtiger etwas ist, desto mehr sollte man sich darum bemühen, ein Backup anzulegen, richtig? Also sollte es uns nicht überraschen, dass uns einige unserer Hörer gefragt haben, ob es da draußen einen Backup-Planeten für die Erde gibt. Sie wissen schon, sicher ist sicher.

Natürlich zählt verschütteter Kaffee nicht zu den Dingen, für die es nötig wäre, dass wir unsere ganze Zivilisation auf einen anderen Planeten umsiedeln. Aber die Frage ist trotzdem berechtigt. Schließlich gibt es jede Menge echte Gründe, weshalb wir ein neues Zuhause brauchen könnten.

Was ist zum Beispiel, wenn wir einen riesigen, planetenzerstörenden Asteroiden finden, der direkt auf die Erde zusteuert? Oder wenn die ganzen Saugroboter eines Tages keine Lust mehr haben, hinter uns her zu putzen und stattdessen beschließen, die Kontrolle zu übernehmen und uns rauszuschmeißen? Oder was ist, wenn ganz in der Nähe eine Supernova hochgeht, die die Erde mit tödlicher Strahlung bombardiert und alle Menschen darauf umbringt? Es wäre also definitiv eine gute Idee, einen anderen Planeten zu haben, auf dem wir uns heimisch fühlen könnten. Denn wenn wir es nicht tun, legen wir buchstäblich alle Eier in einen Korb.[1]

---

1 Im Deutschen lautet das Sprichwort eigentlich „Alles auf eine Karte setzen", doch damit ginge der Witz verloren und der Comic würde unverständlich (Anm. d. Übers.).

Aber wie leicht wäre es eigentlich, ein zweites Zuhause zu finden? Haben wir mit der Erde einfach Glück gehabt oder gibt es da draußen ganz viele schnuckelig-wohnliche Planeten im All? Wir tun jetzt einfach mal so, als hätten wir alles Geld dieser Welt, und begeben uns auf die ultimative Suche nach einer Bleibe.

UNSERE KOSMISCHEN NACHBARN

Alle, die ein Extrapaar Hosen in der Schreibtischschublade haben (und wer hat das nicht?), wissen, warum. Wenn man mal Ersatz braucht, will man, dass er schnell zur Hand ist. Aus dem gleichen Grund wäre es spitze, genau hier in unserem Sonnensystem einen anderen Planeten zum Leben zu finden. Wenn der Erde irgendwas zustößt, würde es uns sehr viel Ärger ersparen, einfach schnell in unser neues Häuschen rüberzuflitzen und nicht erst für einen jahrhundertelangen Trip durchs Alls packen zu müssen.

Aber leider gibt es hier in unserem Sonnensystem nicht so viele tolle Optionen.

Fangen wir mit unserer nächsten Nachbarin an, der Venus. Die Venus ist ein ziemlicher Reinfall. Ihre Oberflächentemperatur liegt bei über 425 Grad Celsius und der atmosphärische Druck dort ist 90-mal höher als auf der Erde. Mit anderen Worten: Die Venus ist im Katastrophenfall kein gutes Backup.

Ihr verlasst mich wegen der da??

Unser zweitnächster Nachbar ist der Mars. Der Mars ist schön und hat eine gewisse Ähnlichkeit mit der Wüste von Arizona an einem diesigen Tag. Doch auch der Mars stellt für uns als Lebensraum keine besonders tolle Option dar. Wissenschaftler vermuten, dass der Mars früher ein geschlossenes Magnetfeld wie die Erde besaß, es aber irgendwann verloren hat. Wir wissen nicht genau, warum – es könnte aber sein, dass sein geschmolzener Kern abgekühlt ist. Nur wenige Leute begreifen, wie wichtig es ist, dass wir ein Magnetfeld haben: Es fungiert im Grunde als Kraftfeld, um uns vor den tödlichen Sonnenwinden unserer Sonne zu schützen. Ohne Magnetfeld wird man nicht nur mit tödlicher Strahlung bombardiert – sein Fehlen führt auch dazu, dass einem die Atmosphäre um die Ohren fliegt, was ein großes Problem ist. Ohne Atmosphäre gibt es keine Möglichkeit, auch nur ein bisschen Wärme zu speichern, weshalb es *richtig* kalt wird. Der Mars ist ein weiteres Beispiel für all das Schlimme, das unserem Planeten widerfahren kann.

Jenseits dieser beiden Planeten sieht es auch nicht besser aus. Merkur, der direkt hinter der Venus liegt, ist ziemlich übel. Er ist nur 57 Millionen Kilometer von der Sonne entfernt und dreht sich kaum, weshalb die eine Seite immer völlig verkokelt und die andere Seite immer total hart gefroren ist. Er ist das planetare Äquivalent eines Marshmallows am Lagerfeuer: ein tolles Dessert, aber nicht sonderlich geeignet, um Milliarden kosmischer Flüchtlinge unterzubringen.

Unsere Optionen werden nicht viel besser, wenn wir den Blick von der Sonne abwenden.

MIST! DU MUSST ES DREHEN, DREHEN!

Die Planeten jenseits des Mars sind entweder zu dunkel, zu gasförmig oder einfach zu stark gefroren.

Jupiter und Saturn sind im Grunde riesige Kugeln aus Gas. Selbst wenn wir ihre jeweiligen Atmosphären überleben könnten, die vor allem aus Wasserstoff und Helium bestehen, hätten wir keinen Boden unter den Füßen. Ihr fester Kern versteckt sich tief im Inneren des jeweiligen Planeten, unter enormem Druck, und besteht vorwiegend aus metallischem Wasserstoff.

Auch die am weitesten von der Sonne entfernten Planeten Neptun und Uranus sind kein Zuckerschlecken. Sie werden „Eisriesen" genannt, weil es eben riesige Kugeln aus Eis sind. Auf einen dieser Planeten umzuziehen wäre ebenso sinnvoll, wie ein Sommerhaus in der Antarktis zu bauen.

Einige Wissenschaftler meinen, dass sie in den Umlaufbahnen kleiner Objekte jenseits von Neptun und Uranus komische Muster sehen, die darauf hindeuten, dass sich da draußen ein weiterer Planet verstecken könnte. Sie nennen ihn „Planet X". Aber selbst wenn es ein Planet wäre (andere Wissenschaftler halten es für einen Klumpen aus Dunkler Materie oder auch für ein vom Urknall übrig gebliebenes Schwarzes Loch), wäre er ebenfalls zu kalt.

Ich hab' das komische Gefühl, dass wir nicht allein sind

Was ist mit anderen Monden in unserem Sonnensystem? Gibt es da draußen irgendwelche Monde, die groß genug wären, um darauf zu leben? Der Jupiter und der Saturn sind dermaßen groß, dass einige ihrer Monde so groß sind wie manche der inneren Planeten. Doch leider sind die meisten davon auch richtige Eisklötze. Auf einem der Jupitermonde, Io, gibt es heiße Vulkane, aber dort muss man sich zwischen seiner eisigen Oberfläche (–130 Grad Celsius) und den glühend heißen Vulkanen (über 1600 Grad Celsius) entscheiden. Es gibt keine goldene Mitte.

Es sieht also ganz danach aus, dass uns unser Sonnensystem auf der Suche nach einer kosmischen Zweitwohnung nicht wirklich helfen kann. Anscheinend befinden wir uns, was den Immobilienmarkt betrifft, in der bedauerlichen Situation, dass uns die beste Hütte in der ganzen Gegend gehört. Deshalb ist es an der Zeit, über die Planeten in der Nachbarschaft hinauszuschauen und den Rest des Universums ins Visier zu nehmen.

PLANETEN JENSEITS DES SONNENSYSTEMS

Wir wussten lange nicht, ob es außer in unserem Sonnensystem noch viele andere Planeten gibt oder ob unsere Sonne der einzige Stern mit Planeten ist. Von Platon über Newton, Galileo und Einstein bis Feynman haben alle großen Denker der Geschichte zum Himmel hochgeschaut und nach einer Antwort auf diese Frage gesucht. Leider sind sie alle ohne eine Antwort gestorben, denn so richtig haben wir sie erst vor etwa 30 Jahren gefunden.

Denken Sie einmal kurz darüber nach, welches Glück Sie haben. Sie leben genau in dem Augenblick, an dem wir herausfinden, was da draußen im Universum wirklich los ist. Inzwischen haben die Menschen einen Weg gefunden, wie man die Planeten um andere Sterne herum nicht nur aufspüren, sondern sogar *sehen* kann. Und so lautet die Antwort auf jene uralte Frage: Es gibt *jede Menge* Planeten da draußen. Unheimlich viele davon.

Viele Tausend Jahre lang hatten die Menschen gedacht, dass es nur einen einzigen Planeten gäbe: die Erde. Zu den ersten, die die Idee formulierten, dass es noch andere Planeten geben könnte, zählten die alten Babylonier. Sie sprachen von sechs Planeten bis zum Jupiter und hielten ihre Bewegungen vor über 3000 Jahren auf Tontafeln fest. Danach gab es lange Zeit nur wenige Fortschritte, bis schließlich das Teleskop erfunden wurde.

Mithilfe des Teleskops konnten die frühen Naturwissenschaftler die Sterne untersuchen und genauer darüber nachdenken, wie viel Ähnlichkeit sie mit unserer Sonne hatten. Und wenn unsere Sonne so viele Planeten besaß, konnte das bei anderen Sternen vielleicht ja auch so sein. Als uns dann nach und nach das schiere Ausmaß unserer eigenen Galaxie bewusst wurde (und die riesige Anzahl von Sternen darin), begannen Astronomen zu erahnen, dass die Zahl der Planeten in unserer Galaxis in die Hundertmilliarden gehen könnte.

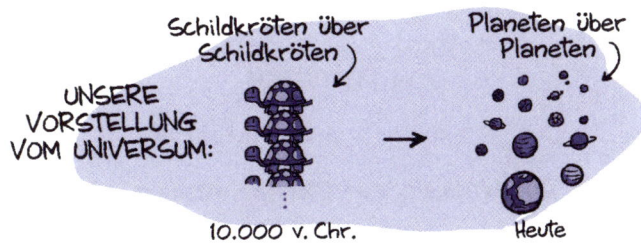

Und dann, im Jahr 1995, konnten Wissenschaftler diese Planeten endlich sehen. Indem sie sich anschauten, wie das Licht von Sternen seine Frequenz verändert, fanden Sie eine Möglichkeit, wie man prüft, ob ein Stern aufgrund eines um ihn kreisenden Planeten wackelt. Das Ganze war eine monumentale Errungenschaft. Es bedeutete, dass wir nach Planeten suchen konnten, ohne sie überhaupt direkt sehen zu müssen – was nämlich schwierig ist.

Im Jahr 2002 entwickelten wir eine andere clevere Methode, um Planeten aufzuspüren. Falls ein Stern von einem Planeten umkreist wird und jener Planet zwischen uns und dem Stern vorüberzieht, können wir tatsächlich sehen, wie das Licht jenes Sterns abfällt, weil der Planet einen Teil des Sterns verdeckt. Genau das hat das Kepler-Teleskop in den letzten paar Jahren gemacht: Es schießt Bilder von Tausenden Sternen und sucht nach sogenannten *Dips*, Helligkeitsabfällen, die uns zeigen, welche von ihnen Planeten besitzen.

Wir haben auch Fortschritte darin gemacht, die Planeten um andere Sterne herum direkt sehen zu können. Eine fast unmögliche Aufgabe, weil Sterne so weit weg und verglichen mit den Planeten, die sie umkreisen, auch so extrem hell sind. Einen Planeten auf seiner Bahn um einen fernen Stern herum sehen zu wollen, ist wie der Versuch, von Los Angeles aus eine kleine Kerze zu sehen, die neben einem gigantischen Leuchtturm in New York steht. Und trotzdem haben es Astronomen geschafft: Wir Menschen haben echte Bilder von anderen Planeten, auch wenn sie etwas verschwommen sind.

METHODEN ZUM AUFSPÜREN VON PLANETEN

Das Wackeln von Sternen messen

Die Dips von Licht messen

Aah, Guacamole!

Das Wackeln von Dips messen

Durch all diese Methoden explodierte unsere Fähigkeit, andere Planeten aufzuspüren, geradezu. Wussten wir anfangs noch von der Existenz von neun Planeten in unserem Sonnensystem, haben wir heute tatsächlich Daten über viele Tausend Planeten.

Wir haben herausgefunden, dass es im Universum von Planeten nur so *wimmelt*. Allein in unserer Galaxie, so schätzen wir, gibt es mehrere Hundert Milliarden von ihnen. Stellen Sie sich nur mal jeden einzelnen Stern am Nachthimmel vor und stellen Sie sich dann vor, dass um jeden davon mehrere Planeten kreisen.

Das alles könnte Sie jetzt auf den Gedanken bringen, dass wir zahlreiche Möglichkeiten haben, eine zweite Erde zu finden. Doch wie viele jener Planeten sind für uns wirklich zum Leben geeignet? Wie stehen die Chancen, dass einer davon genauso gemütlich und komfortabel sein wird wie der, den wir momentan haben?

EIN GUTES ZUHAUSE

Wenn Sie sich schon die Mühe machen, alles zusammenzupacken und sich auf einem anderen Planeten niederlassen, sollten Sie zunächst ein paar Dinge klären, bevor Sie die Umzugsfirma rufen. Schließlich wollen Sie sich nicht erst für einen Planeten entscheiden, um dann bei Ihrer Ankunft festzustellen, dass es nicht genug Badezimmer für alle gibt. Die folgende Liste zeigt Ihnen, worauf Sie beim Planeten-shoppen achten sollten.

Nähe

Wir gehen davon aus, dass Sterne im Durchschnitt etwa zehn Planeten besitzen, was bedeutet, dass es im ganzen Universum Zigbillionen davon geben muss. Und falls das Universum unendlich ist, könnte es da draußen sogar *unendlich* viele Planeten geben. Doch wie viele davon könnten wir realistischerweise erreichen? Bis zur nächstgelegenen Galaxie (Andromeda) sind es rund 2,5 Millionen Lichtjahre. Wenn Sie die Aussicht, 2,5 Millionen Jahre lang mit Ihren Kindern im Auto zu sitzen, alles andere als reizvoll finden, sollten Sie sich vielleicht auf die Planeten in der Milchstraße beschränken – sie ist nur überschaubare 100.000 Lichtjahre breit.

Steinige Beschaffenheit

Wenn Sie an vielen Planetenbesichtigungen teilnehmen, werden Sie schnell merken, dass es im Großen und Ganzen nur zwei Planetenmodelle gibt: mit und ohne Steine. Die Ersten, sogenannte Gesteinsplaneten, bestehen logischerweise vor allem aus Gestein und haben alle möglichen Vorteile, zum Beispiel, dass man auf Ihnen stehen und herumlaufen kann. Die andere Planetenform ist der Gasplanet, der faszinierende Dinge wie heftige, Jahrhunderte während Stürme von der Größe der Erde zu bieten hat, aber grundlegende Annehmlichkeiten wie einen Landeplatz fürs Raumschiff oder … jegliche Form von Land im Allgemeinen vermissen lässt.

Wie viele Gesteinsplaneten gibt es? Zum Glück jede Menge! Wissenschaftler haben herausgefunden, dass die meisten Sterne unserer Galaxis im Durchschnitt mindestens einen Gesteinsplaneten besitzen. Das sind gute Nachrichten für all diejenigen unter Ihnen, die es mögen, wenn ihr Haus auf festem Grund steht, weil es demnach mindestens 100 Milliarden Gesteinsplaneten in der Milchstraßengalaxie gibt. Ihre Größe reicht dabei von erdgroß bis übererdgroß (bis zu 15-mal größer als die Erde).

Vielleicht ein bisschen zu viel Hard Rock für meinen Geschmack.

Die habitable Zone (alias Goldlöckchenzone)

Bevor Sie angesichts all dieser Optionen für ein neues Zuhause zu jubeln anfangen, denken Sie bitte etwas genauer darüber nach, wie es wäre, irgendwo da draußen auf einer beliebigen Gesteinswelt zu leben. Manche der Planeten liegen vielleicht sehr nah an ihren Sternen, was bedeutet, dass Sie dort wie auf dem Merkur nur so mit Sonnenstrahlung bombardiert und wie ein Spiegelei gebraten würden. Oder ihre Umlaufbahn ist so gewaltig, dass die Sonne von dem Planeten selbst aus betrachtet genau wie jeder andere Stern aussehen würde, der vom Himmel auf einen gefrorenen Klumpen aus totem Fels herabfunkelt.

Wenn Sie sich schon einen Planeten zum Leben aussuchen wollen, dann sollte er nicht zu nah an der Sonne dran sein und nicht zu weit von ihr weg, damit Ihr Planet weder zu heiß noch zu kalt wird. Die Wissenschaft hat einen perfekten Namen für diese Premium-Immobilienlage: die sogenannte Goldlöckchenzone.[2] Das Interessante daran ist, dass diese bewohnbare Goldlöckchenzone sich nicht bei allen Sternen gleicht. Bei einem superheißen Riesenstern wäre ein angenehmer Abstand sehr weit weg davon, während man bei einem kalten, matten Stern viel näher dran sein will, um nicht zu frieren. Die meis-

2 Im Deutschen spricht man eigentlich von der habitablen Zone (vgl. die Überschrift dieses Abschnitts). Trotzdem ist an dieser Stelle die wörtliche Übersetzung des englischen Begriffs „Goldilocks zone" nötig, weil sonst der Witz der folgenden Zeichnung genauso wenig verstanden werden kann wie die Zeichnung selbst (Anm. d. Übers.).

ten Sterne in der Galaxis (rund 70 Prozent) gehören zur kleineren Sorte (den sogenannten M-Zwergen) und sind in der Regel viel schwächer als unserer.

Überraschenderweise verringert sich die Zahl der Planeten, die wir unter Umständen besiedeln könnten, nur um etwa die Hälfte, wenn wir nur die Planeten in der habitablen Goldlöckchenzone ihrer Sterne auswählen. Das liegt daran, dass die meisten Gesteinsplaneten sowieso nah an ihrer Sonne dran sind.

Achja stimmt, eine Atmosphäre

Das klingt ja schon fast einfach, nicht wahr? Sie können es sich bereits vorstellen, wie Sie am Pool auf Ihrem neuen Planeten liegen, sich gut fühlen und einen tiefen Atemzug … wovon nochmal nehmen? Ups, wir haben vergessen zu prüfen, ob es eine Atmosphäre gibt.

Wir sind es gewohnt, die Luft hier auf der Erde atmen zu können und vergessen darüber oft, wie viel Glück wir eigentlich haben. Nicht jeder Planet verfügt über eine superdünne Schicht aus Gas, die unsere Art von Leben ermöglicht. Das liegt daran, dass Atmosphären selten sind und allzu leicht verlorengehen. Ein Großteil der Erdatmosphäre wurde durch Vulkanausbrüche in der Frühzeit unseres Planeten geschaffen. Stellen Sie sich die Luft, die Sie einatmen, einfach als das Ergebnis geologischer Verdauungsstörungen vor. Doch nicht alle Planeten durchlaufen diesen Prozess – und selbst wenn, gehen ihre ganzen Rülpser oft im Weltraum verloren. Andauernd versucht Strahlung aus dem Weltraum (meistens von der Sonne), sie vom Planeten zu wehen, so wie es der Wind mit einem billigen Toupet versucht.

Aber wie können wir erkennen, welche Gesteinsplaneten in der habitablen Zone zugleich eine Atmosphäre haben? Es wäre doch zu schade, wenn wir so weit reisen würden, nur um direkt bei der Ankunft zu ersticken. Zum Glück haben Wissenschaftler auch herausgefunden, wie man die Atmosphäre weit entfernter Planeten untersuchen kann. Man könnte meinen, es wäre unmöglich, schließlich haben wir kaum mehr als unscharfe und verpixelte Bilder von ihnen. Aber wieder einmal verbirgt sich das Geheimnis im Licht.

Wenn ein Planet vor seinem Stern steht, schirmt er einen Teil von dessen Licht ab. Ein winziger Schimmer des Lichts dringt trotzdem durch die Atmosphäre des Planeten, wodurch sich die Farbe des Lichts ändert. So wie das Sonnenlicht auf der Erde beim Sonnenauf- oder -untergang rötlicher aussieht. Wird also die Atmosphäre des fernen Planeten durchleuchtet, liefert uns dieses Licht Anhaltspunkte, ob die Atmosphäre auf ihm wunderbar und frisch wäre oder unsere Lungen sofort mit Säure verätzen würde.

Erstaunlicherweise können wir manchmal sogar etwas über das Wetter auf fernen Planeten sagen. Indem wir uns anschauen, wie sich die Atmosphäre auf dem Weg des Planeten um seinen Stern verändert, können wir daraus Dinge wie Luftströmungen und Temperaturen ableiten. Und es funktioniert wirklich! Um ferne Planeten herum wurden tatsächlich Atmosphären gesichtet und erst neulich sind Astronomen rund 120 Lichtjahre entfernt auf einen Mini-Neptun (*Neptunito*?) gestoßen, der die typischen Lichtmuster (genauer gesagt Spektrallinien) von Wasserdampf aufwies. Wasser in der Atmosphäre lässt auch auf die Möglichkeit von Wasser auf der Oberfläche schließen und sogar auf Ozeane. Also packen Sie Ihre Badesachen ein!

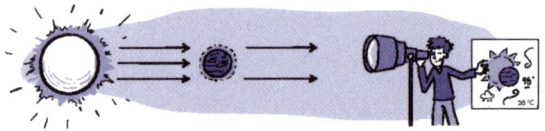

SONNIG MIT AUSSICHT
AUF MENSCHLICHE INVASION

Natürlich geht es für Sie nicht nur um die wärmende Decke einer Atmosphäre; es ist auch wichtig, dass Sie sie beim Einatmen nicht sofort umbringt. Es wäre toll, wenn die Atmosphäre unserer neuen Heimat aus den gleichen Frischluftbestandteilen bestehen würde wie unsere Atmosphäre hier auf der Erde. Doch leider ist Sauerstoff in seiner zum Atmen geeigneten O_2-Form im Universum anscheinend ziemlich selten. Auf der Erde gibt es ihn nur deshalb, weil eine riesige Zahl von Mikroben die Photosynthese entwickelt hat, die als Nebenprodukt Sauerstoff erzeugt. Dieser Prozess hat auf der Erde mehrere Milliarden Jahre gedauert und das ist deutlich länger, als wir uns bis zum Einzug in unser neues Zuhause gedulden möchten. Wenn es uns also gelingen soll, ein neues Zuhause zu finden, muss es ein Planet sein, auf dem dieser Prozess schon vor einer Milliarde Jahren eingesetzt hat. Das heißt, wir müssen einen Planeten finden, auf dem es schon Leben (und zwar mikrobakterielles Leben) gibt. Das ist fast das Gegenteil von der Art, wie wir hier nach Häusern suchen. Auf der Erde hat niemand Lust, ein Haus voller Bakterien zu kaufen, während man bei einem Zweitplaneten einen zu finden hofft, wo sie sich richtig breitgemacht haben.

Iih,
wie eklig   Wir nehmen ihn

PACKEN SIE IHRE SACHEN (SAMT ERSATZHOSEN)

Wir müssen also viel wählerischer als Goldlöckchen[3] sein, um einen guten Backup-Planeten zu finden. Wir wissen, dass es in unserer Galaxis Abermilliarden Gesteinsplaneten in wohliger Lage gibt – aber wie viele davon haben eine schützende Atmosphäre mit Sauerstoff? Die Forschung, die sich mit dem Auffinden von Atmosphären und Leben auf fremden Planeten befasst, ist noch zu jung, um verlässliche Schätzungen über die Zahl derartiger Planeten zu liefern. Die Tatsache, dass wir schon ein paar Planeten mit Atmosphäre (und sogar mit möglichen Hinweisen auf Leben) gefunden haben, sagt uns aber, dass es vielleicht nicht ganz unschaffbar ist.

Aber auch wenn es da draußen erdähnliche Planeten geben mag, stellt sich weiterhin die Frage, ob wir sie überhaupt erreichen könnten. Selbst wenn wir am anderen Ende der Galaxis eine perfekte zweite Erde fänden, müssten wir erstmal den 100.000 Lichtjahre weiten Weg dahin schaffen. Wir haben keine Ahnung, ob wir überhaupt so weit und so lange reisen können. Es wäre vorstellbar, dass die Erde, die wir genau jetzt haben, die einzige ist, die wir je kriegen werden.

Deshalb gilt: Behalten Sie Ihren Saugroboter im Auge, bis Warp-Antriebe und Wurmlöcher Wirklichkeit werden, und achten Sie um Gottes Willen darauf, Ihren Kaffee nicht zu verschütten!

---

3 Eine Figur in einem englischsprachigen Märchen, im Deutschen als „Goldlöckchen und die drei Bären" bekannt (Anm. d. Übers.).

WAS HÄLT UNS DAVON AB, ZU DEN STERNEN ZU REISEN?

Ein Flug zu den Sternen wäre *echt* aufregend. Wir sind ja schon ganz aufgeregt, wenn wir nur den Satz „Zu den Sternen!" hinschreiben. Würden wir endlich aus unserem kleinen planetarischen Gefängnis ausbrechen und den Kosmos erkunden, wäre das ein gewaltiger Meilenstein für die Menschheit.

BUCKET LIST DER MENSCHHEIT

Das Smartphone erfinden · 11 Star-Wars-Filme drehen · Zu den Sternen fliegen

Die ganze Menschheitsgeschichte über waren wir auf einen kleinen Winkel des Weltraums beschränkt. Mit Ausnahme von zwölf Astronauten, die den Mond betraten, waren all die Milliarden Menschen, die je auf Erden gewandelt sind, auf diesem winzigen, steinigen Heimatplaneten gefangen.[1] Und selbst diese zwölf, die der irdischen Schwerkraft entkommen sind, haben gerade mal unsere allernächste kosmische Nachbarschaft erkundet. Ihr kurzer Sprung auf den Mond war die galaktische Entsprechung für jemanden, der das Haus verlässt und in die Garage geht.

Und doch wissen wir, dass es dort draußen eine Menge mehr zu entdecken und zu erleben gibt.

Unsere Teleskope haben uns ein umfassendes und weitreichendes Bild des Universums geliefert. Wir können weit entfernte Sterne und Galaxien sehen und wir wissen, dass es unzählige davon gibt. Wir verfügen sogar über Bilder von anderen *Planeten*, die um diese Sterne kreisen, und haben ein paar Anhaltspunkte dafür, wie es wäre, auf diesen Planeten zu leben. Der Entdecker in jedem von uns wird vor lauter Neugier verrückt: Wie sind diese Planeten wirklich beschaffen? Könnten Sie künftig eine Heimat für die Menschheit sein? Gibt es auf ihnen Außerirdische, die uns große Geheimnisse des Universums

---

1 Während wir das hier schreiben (Stand Dezember 2022), sind nur noch vier dieser zwölf Mondwandler am Leben. Die Wahrscheinlichkeit, dass Sie, lieber Leser, schon mal die Erde hinter sich gelassen haben, liegt also bei ungefähr vier zu acht Milliarden.

verraten könnten? Reisen zu den Sternen würden uns die Antworten auf all diese und noch mehr Fragen liefern.

Und doch bleibt es eine Tatsache: Wir haben noch nicht mal unser eigenes Sonnensystem so richtig verlassen.[2] Was genau hält uns also davon ab, den Kosmos zu erkunden? Gibt es handfeste physikalische Gesetze, die es verhindern, oder müsste man nur die passende Technologie dafür entwickeln? Schauen wir doch mal auf die Herausforderungen, die das Reisen im Weltall zu so einem schwierigen Unterfangen machen.

DAS UNIVERSUM IST GROSS

Wie wir in den vorangegangenen Kapiteln gelernt haben, ist der Weltraum wirklich sehr, sehr groß. Und die Dinge in ihm liegen echt weit auseinander. Allein um zum nächstgelegenen Stern, Proxima Centauri, zu gelangen, müssten Sie 40 Billionen Kilometer zurücklegen. Das kommt der durchschnittlichen Entfernung von Sternen in unserer Galaxis recht nahe, denn die beträgt 48 Billionen Kilometer. Wir sitzen tatsächlich auf einer kleinen Insel in einem riesigen, fast unvorstellbar leeren Ozean fest.

---

2 Die Raumsonde Voyager 1 verließ das Sonnensystem – oder genauer gesagt die Heliosphäre – im Jahr 2012.

Aber das Problem mit diesen gewaltigen Räumen ist nicht, dass sie schwer zu durchqueren wären. Der Weltraum ist größtenteils leer, sodass uns nicht viel im Weg herumfliegen würde und es keine Luft gäbe, die uns abbremst. Das wirkliche Problem ist die *Zeit*, die wir brauchen, um solche Entfernungen zurückzulegen.

Würden Sie mit der höchsten Geschwindigkeit, die ein von Menschen geschaffenes Raumschiff je erreicht hat (40.000 Kilometer pro Stunde), zu Proxima Centauri reisen, würde dieser Flug trotzdem noch lange dauern – mehr als 100.000 Jahre. Wir müssen ganz eindeutig schneller reisen.

Könnten Sie Ihr Raumschiff bis auf ein Zehntel der Lichtgeschwindigkeit hochjagen (100 Millionen Kilometer pro Stunde), würde es bis Proxima Centauri nur noch gut 40 Jahre dauern. Für eine Urlaubsreise ist das immer noch ziemlich viel, aber falls Sie planen, sich dauerhaft dort niederzulassen, wäre es die Mühe vielleicht wert. Und wenn Sie sogar noch schneller fliegen könnten, zum Beispiel mit halber Lichtgeschwindigkeit, würden Sie weniger als zehn Jahre brauchen.

Aber wie sieht es *jenseits* von Proxima Centauri aus? Was, wenn wir andere Bereiche der Galaxis besuchen wollten? Die Milchstraße hat eine Ausdehnung von 1.000.000.000.000.000.000 (eine Trillion) Kilometern und das bedeutet, dass es mit halber Lichtgeschwindigkeit ungefähr 200.000 Jahre dauern würde, bis Sie am anderen Ende angelangt wären. Selbst wenn Sie mit drei viertel Lichtgeschwindigkeit reisen könnten, würden Sie immer noch 133.333 Jahre benötigen, um dorthin zu gelangen.

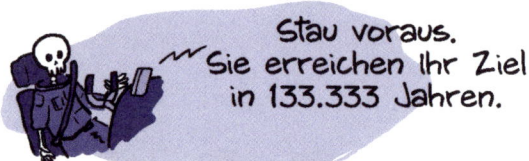

Stau voraus. Sie erreichen Ihr Ziel in 133.333 Jahren.

Haben Sie irgendwann Dreiviertellichtgeschwindigkeit erreicht, hilft Ihnen zum Glück die Physik dabei, die Zeit schneller vergehen zu lassen. Bei solchen Geschwindigkeiten machen sich allmählich relativistische Effekte bemerkbar. Wenn Sie so schnell reisen, vergeht die Zeit für Sie anders. Aus Ihrer Perspektive zieht sich der Raum vor Ihrem Raumschiff zusammen und so haben Sie das Gefühl, für die Reise weniger Zeit zu benötigen. Würden Sie es auf 99,999999 Prozent der Lichtgeschwindigkeit schaffen, nähme die Reise ans andere Ende der Galaxis aus Ihrer Sicht nur 30 Jahre in Anspruch. Gar nicht so schlecht![3]

Die Schwierigkeit liegt allerdings darin, dass Sie Ihr Raumschiff erst einmal auf so ein unglaubliches Tempo bringen müssten. Das erfordert eine gewaltige Energiemenge. Die Formel für kinetische Energie ist ungefähr proportional zu mv^2. Dabei ist m ihre Masse und v ihre Geschwindigkeit. Es ist das v^2, das hier so richtig zu Buche schlägt, denn es bedeutet, dass Sie für eine Verdopplung Ihrer Geschwindigkeit die Energiemenge vervierfachen müssen. Ein mittelgroßes Raumschiff, das genügend Passagiere und Ausrüstung auf-

---

3 Wenn Sie dort angekommen sind, wären alle Menschen, die Sie auf der Erde zurückgelassen haben, natürlich schon seit Zehntausenden Jahren tot.

nehmen kann, um eine Weltraumkolonie zu begründen, würde vermutlich einige Millionen Kilogramm wiegen und um eine solche Masse bis auf halbe Lichtgeschwindigkeit zu beschleunigen, bedürfte es wirklich einer absolut *absurden* Energiemenge: ungefähr fünf Billiarden Megajoule oder das Hundertfache dessen, was die gesamte Weltbevölkerung in einem Jahr an Energie verbraucht.

Wo bekommen Sie also diese Energie her – und wichtiger noch: Wie wollen Sie sic mit sich führen?

DAS ZAHNSTOCHER-PROBLEM

Welche Hindernisse einer Weltraumreise im Weg stehen, kann man sich zum Beispiel klarmachen, indem man über das „Zahnstocher-Problem" nachdenkt. Damit meinen wir nicht, dass zwischen der Erde und Proxima Centauri eine Brücke aus Zahnstochern errichtet werden soll, sondern vielmehr die Frage: Wie beschleunigt man einen Zahnstocher annähernd auf Lichtgeschwindigkeit? Nun, das hört sich erst mal nicht nach einem kniffligen Problem an. Ein Zahnstocher ist immerhin echt klein, wie schwer kann das also sein? Na ja, es wird vertrackt, wenn man darüber nachdenkt, *wie* man diesen Zahnstocher draußen im Weltraum beschleunigen will.

Auf zu unzähligen Sternen!

Das Zahnstocher-Problem

Unsere beliebteste Lösung für die Aufgabe, Dinge in den Weltraum zu schubsen, sind Raketen. Daher denken Sie womöglich, die Antwort sei leicht: Schießt den Zahnstocher doch einfach mit einer Rakete hoch! Die Sache hat aber einen großen Haken, denn Ihre Rakete würde nicht nur den Zahnstocher anschieben müssen, sondern auch all den Treibstoff, den Sie brauchen, um die Rakete zu versorgen. Je mehr Treibstoff Sie mitnehmen, desto schwerer wird Ihre Weltraumrakete und dann brauchen Sie sogar *noch* mehr Treibstoff. Dieser Teufelskreis dreht sich so lange, bis irgendwann der meiste Treibstoff nur noch dazu dient, den Treibstoff ins All zu befördern. Um beispielsweise einen einzigen Zahnstocher bis auf etwa zehn Prozent der Lichtgeschwindigkeit zu beschleunigen, würde man eine Rakete mit einem Treibstofftank brauchen, der größer ist als der Planet Jupiter!

Ein Teil des Problems liegt natürlich darin, dass Raketen wirklich ineffizient sind. Sie mögen Spaß machen und aufregend sein (und lassen außerdem genau die richtigen *Zisch*geräusche los), aber sie sind keine tolle Methode, um von einem Stern zum anderen zu kommen. Wenn man Raketentreibstoff verbrennt, bricht man dabei einige seiner chemischen Bindungen auf und das setzt Energie frei. Aber dabei handelt es sich nur um einen winzigen Bruchteil der Energie, die in der Masse des Treibstoffs gespeichert ist. Die Gleichung $E = mc^2$ verrät uns, wie viel Energie wir im Prinzip aus einem bestimmten Treibstoff gewinnen könnten und die chemische Verbrennung liefert uns nur etwa 0,0001 Prozent davon. Um aus Raketentreibstoff ein Joule Energie zu erzeugen, brauchen wir ungefähr eine Masse im Gegenwert von einer *Million* Joule.

EFFIZIENTERE TREIBSTOFFE

Können wir etwas Besseres machen, als Raketentreibstoff zu verbrennen (was ja im Grunde eine Technologie des 19. Jahrhunderts ist)?

Wenn wir einen effizienteren Treibstoff fänden, ließe sich das Zahnstocher-Problem leichter lösen. Treibt man etwa einen Brennstoff auf, der für das gleiche Gewicht mehr Energie liefert, würde der Zahnstocher keinen so großen Tank benötigen.

Aber der Umgang mit energiereicheren Treibstoffen ist heikel und potenziell gefährlicher. Hier lernen Sie ein paar interessante Optionen kennen, die eine Weltraumreise bedeutend einfacher machen könnten.

Atombomben

Kernkraft reicht tiefer als Raketentreibstoff, setzt sie doch nicht nur die Energie frei, die in den Bindungen zwischen Atomen gespeichert ist, sondern auch jene, die in den Atomkernen steckt. Wir meinen damit aber nicht, dass Sie einen Atomreaktor in Ihr Raumschiff einbauen sollten. Das wäre immer noch zu ineffizient. Um Langstreckenflüge im All zu ermöglichen, denken wir eher daran, *Atombomben* hinten an Ihr Raumschiff zu schnallen und sie dann hochgehen zu lassen. Atombomben sind viel effizienter bei der Freisetzung von Energie. Wenn Sie ein Raumschiff bauen, dessen Masse zu drei Vierteln aus Nuklearwaffen besteht, und dann eine nach der anderen explodieren lassen, kann Sie das locker auf zehn Prozent der Lichtgeschwindigkeit beschleunigen.

Diese Methode klingt verheißungsvoll, obwohl es auch hier ein paar Hürden gibt. Zunächst einmal gilt derzeit ein internationales Abkommen, das den Einsatz von Atomwaffen im Weltraum verbietet. Zweitens würden Sie dafür *eine Menge* Atombomben brauchen. Zum Antrieb eines stattlichen Raumschiffs, das für einen langen Interstellarflug vollgepackt ist, benötigten Sie ungefähr 200-mal so viele Nuklearwaffen, wie es gegenwärtig auf der Erde gibt.

Ionenantriebe

Falls Sie nicht erpicht darauf sind, auf einer Stoßwelle von Nuklearexplosionen durchs Weltall zu reiten, steht Ihnen eine sauberere und effizientere Option zur Verfügung: ein Teilchenbeschleuniger (alias „Ionenantrieb").

Normalerweise baut man einen Teilchenbeschleuniger, um Wissenschaft zu betreiben: Man bringt Teilchen auf hohe Geschwindigkeiten und schaut sich an, was passiert, wenn sie auf irgendwelche Dinge prallen. Man kann ihn aber auch als Antrieb im Weltall verwenden. Genau wie bei einer Gewehrkugel, die man abfeuert, gibt es beim Verschießen von Teilchen einen kleinen Rückstoß. Hier ist die Impulserhaltung am Werk. Wenn Sie einen Impuls zur einen Seite erzeugen, müssen Sie ihn mit einem Impuls in die andere Richtung ausgleichen. Eine Gewehrkugel (oder ein Teilchen) abzufeuern ist so, als würden Sie jemanden auf der rutschigen Eisfläche eines gefrorenen Sees fortzuschieben versuchen – Sie würden beide in Bewegung geraten.

Ein Ionenantrieb ist nichts anderes als ein großer Teilchenbeschleuniger, der hinten aus dem Raumschiff Teilchen abfeuert. Er benutzt elektrische Energie, um die elektrisch geladenen Teilchen fortzustoßen und ist eine sehr effiziente Methode, um diese Energie in Geschwindigkeit zu verwandeln. Die Kehrseite ist, dass er dem Raumschiff nur einen sehr sanften Schubs gibt, denn der Rückstoß, den Sie spüren, ist genauso winzig wie die Teilchen. Sie könnten den Ionenantrieb also nicht für den Start auf der Erdoberfläche verwenden, aber wenn Sie erst mal im All sind, könnte er Sie lange genug antreiben, um Sie auf ein ordentliches Tempo zu bringen.

Die knifflige Frage beim Ionenantrieb ist, woher Sie die elektrische Energie kriegen. Um genug davon für einen langen Weltraumflug zu bekommen, würden Sie einen schweren Fusionsreaktor oder riesige Sonnensegel benötigen und das addiert sich natürlich zu Ihrer übrigen Masse und verringert Ihre Effizienz. Doch zum Glück hat die Teilchenphysik auch für dieses Problem eine potenzielle Lösung parat.

Antimaterie

Um einen Ionenantrieb mit Energie zu versorgen, hätten wir gern eine Energiequelle mit höchstmöglichem Wirkungsgrad und was könnte effizienter sein als etwas, das seine *gesamte* Masse in Energie umwandelt? Genau darin liegt die Macht der Antimaterie.

Antimaterie gibt es tatsächlich; sie ist nicht nur eine Science-Fiction-Fantasie. Jede Art von Materieteilchen, die wir bisher entdeckt haben, besitzt ein entsprechendes Antiteilchen. Elektronen haben Antielektronen, Quarks haben Antiquarks, und Protonen haben Antiprotonen.[4] Es ist noch ein großes Rätsel, weshalb Antimaterie überhaupt existiert, aber für uns ist wichtig, was passiert, wenn Materie und Antimaterie einander begegnen.

WENN IHRE STERNENOPER
ZUR SEIFENOPER WIRD

Stößt Antimaterie mit normaler Materie zusammen, dann löschen sie sich gegenseitig aus und wandeln ihre gesamte Masse in Energie um. Wenn ein Elektron beispielsweise auf ein Antielektron trifft, werden sie zu einem Photon, einem Lichtteilchen. Gleiches gilt für alle anderen Paare von Materie und Antimaterie. Die Sache ist so effizient, dass sich nur eine kleine Menge Antimaterie mit einer kleinen Menge Materie zusammentun muss, um eine Menge Energie freizusetzen. Stieße eine Rosine gegen eine Antirosine (eine aus Antiteilchen bestehende Rosine), würde das mehr Energie freisetzen als eine Kernexplosion.

Obwohl diese Idee vielversprechend klingt, ist sie auch sehr gefährlich. Wenn irgendwas von dem Antimaterie-Treibstoff mit Ihrem

---

4 Wir sind allerdings noch nicht sicher, ob Neutrinos separate Antineutrinos haben oder ob sie ihr eigenes Antiteilchen sind.

Raumschiff (das aus gewöhnlicher Materie ist) in Berührung käme, dann – *wumms!* Eigentlich wollen Sie aber doch eine kontrollierte Freisetzung von Energie, um Ihr Raumschiff anzutreiben, und keine plötzliche Explosion, die Sie in Stücke reißt. Antimaterie im Zaum zu halten, ist echt *schwierig*. Man könnte sich vorstellen, Magnetfelder einzusetzen, um die Antimaterie zu bändigen, aber solche Felder wirken womöglich nicht sehr lange. Ein winziges Leck und es heißt Anti-Adios.

Ein weiteres Problem mit Treibstoff aus Antimaterie: Man muss erst mal herausfinden, woher man ihn bekommt. Auch wenn wir heute schon über die nötige Technologie verfügen, um Antimaterie durch den Zusammenprall hochenergetischer Teilchen zu erschaffen, ist das doch erstaunlich teuer. Der Large Hadron Collider am CERN erzeugt jedes Jahr Mengen von Antimaterie im Pikogramm-Bereich (das entspricht einem Billionstel Gramm), wobei die Kosten bei mehreren Hundert Billionen Euro pro Gramm liegen. Die Produktion so weit hochzufahren, dass sich ein ganzes Raumschiff damit antreiben lässt, lässt sich somit vermutlich schon aus Kostengründen ausschließen.

Die Energie eines Schwarzen Lochs

Eine andere zu 100 Prozent effiziente Möglichkeit, Ihr Raumschiff anzutreiben, wäre die Nutzung eines Schwarzen Lochs. Schwarze Löcher sind der kompakteste Energiespeicher im ganzen Universum.

Wie sich herausstellt, strahlen sie auch Energie ab. Schwarze Löcher erzeugen die sogenannte Hawking-Strahlung, die nach den Voraussagen der Wissenschaftler entsteht, wenn in der Nähe ihres Randes ein Teilchenpaar geschaffen wird. Im normalen Raum kommt es aufgrund der Quantenfluktuation ständig zu dieser Art von Teilchenerzeugung. Aber wenn sie sich am Rand eines Schwarzen Lochs ereignet, kann etwas Interessantes geschehen. Die Teilchen erhalten einen kleinen Energieschub von der Gravitation des Schwarzen Lochs;

im Prinzip borgen sie sich einen Teil von dessen Energie. Wenn eines der Teilchen entflieht, während das andere ins Schwarze Loch eingesogen wird, trägt das entflohene Teilchen etwas Energie vom Schwarzen Loch mit sich. Energie zu verlieren, bedeutet für ein Schwarzes Loch im Grunde, dass es etwas von seiner Masse einbüßt. Auf diese Weise wandelt das Schwarze Loch einen Teil seiner Energie in Strahlung um und feuert aus der unmittelbaren Umgebung seines Randes Teilchen ab. Wenn Sie diese Teilchen einfangen könnten, könnten Sie Ihr Raumschiff damit antreiben.

Bei einem großen Schwarzen Loch ist diese Strahlung sehr schwach, aber die Physiker glauben, dass sie bei kleineren Schwarzen Löchern intensiver ausfallen muss. Ein „kleines" Schwarzes Loch, das so viel wiegt wie ein paar Empire State Buildings zusammen, würde eine ganze Menge Teilchen abgeben und sehr hell sein, da es allmählich die ganze in seiner Masse gespeicherte Energie in Strahlung verwandelt.

Die Idee wäre nun, dass man so ein Schwarzes Loch in die Mitte Ihres Raumschiffs setzt und dieses so konstruiert, dass es die ganze Strahlung nach hinten raus ableitet. Dieser Impuls würde ausreichen, um das Raumschiff anzuschieben. Und wenn sich Ihr Raumschiff nach vorn bewegt, zieht seine Gravitationskraft das Schwarze Loch hinter sich her, wodurch Ihr verrückter Apparat zusammengehalten wird.

Kleine Schwarze Löcher für Antriebszwecke zu erzeugen, wäre nicht einfach, aber wenn wir es hinbekämen, könnten sie nach Ansicht der Wissenschaftler einige Jahre halten und so lange Energie aus sich herauspumpen, bis sie zu Nichts verdampfen.

IN DIE FERNE SEGELN

Ein Raumschiff steuern, das durch Nuklearexplosionen, tödliche Antimaterie oder gefährliche Schwarze Löcher angetrieben wird? Falls diese Vorstellung dazu führen sollte, dass Sie sich die Sache mit der Sternenreise noch mal überlegen, hätten wir dafür volles Verständnis.

Wenn Sie aber eisern an der Idee festhalten, allen für die Reise benötigten Treibstoff im oder am Raumschiff zu verladen, ist es leider schwierig, ein effizienteres Antriebsmittel als die drei genannten zu finden.

Aber was wäre, wenn es einen ganz anderen Weg gäbe, um die endlos weiten Ozeane des Weltalls zu durchschiffen? Was, wenn Sie buchstäblich zu einem anderen Stern oder Planeten *rübersegeln* könnten?

Immerhin waren die Menschen zunächst genau auf diese Weise auf hoher See unterwegs. Anders als heute haben wir damals nicht all unseren Treibstoff mitgeführt. Die Seefahrer ließen sich vom Wind an ihren Zielort treiben. Was, wenn uns für Weltraumreisen etwas Ähnliches zur Verfügung stünde?

Sonnensegel klingen zwar ein wenig absurd, doch sind diese Vorrichtungen eine echte Option und eine erprobte Technologie. Ihr Raumschiff müsste über eine große, ausgedehnte Fläche verfügen, die Teilchen einfangen kann – ganz wie ein Segel den Wind einfängt. Wenn die Teilchen am Segel abprallen, übertragen sie ihren Impuls darauf, was Ihrem Schiff einen Schub gibt.

Berrrreit zu neuen Entdeckungen?

Woher würden diese Teilchen kommen? Glücklicherweise haben wir eine riesige Energiequelle, die Hochgeschwindigkeitsteilchen erzeugt: die Sonne. Sie ist ein beeindruckender Fusionsball, der ständig Photonen und andere Teilchen in alle Richtungen verschießt. Um aus dem Sonnensystem hinauszusegeln, müsste man nichts weiter tun, als seinen Teilchenfänger auf die Sonne zu richten und sich von ihren Strahlen und ihrer Strahlung sanft in den Kosmos schieben zu lassen.

Ein Vorbehalt dabei ist, dass die Strahlen der Sonne nicht ausreichen, um ein Raumschiff auf die hohen Geschwindigkeiten zu bringen, die für schnelles interstellares Reisen notwendig wären. Der Sonnenwind wird ziemlich schwach, wenn man sich weiter von der Sonne entfernt. Eine mögliche Lösung für dieses Problem läge darin, hier auf der Erde einen riesigen Laser zu bauen, ihn auf Ihr abfliegendes Raumfahrzeug zu richten und es hauptsächlich auf diese Weise von uns fortzutreiben. Eine andere Lösung wäre der Bau von gewaltigen Spiegeln, welche die Sonnenenergie bündeln. Beide Ideen könnten Ihrem Raumschiff die Beschleunigung verleihen, die es braucht, um ein Zehntel der Lichtgeschwindigkeit oder noch mehr zu erreichen.

WORAUF WARTEN WIR ALSO NOCH?

Wir sehen ja ein, dass manche Ideen, die wir hier besprochen haben, ein bisschen abenteuerlich klingen. Aber aus physikalischer Sicht sind sie allesamt technisch machbar! Das bedeutet, dass uns eigentlich nichts davon abhält, andere Sterne zu besuchen. Wir wissen, wie es geht – wir müssen es einfach nur tun. Es mag kostspielig und kompliziert sein, aber die physikalischen Aspekte sind nicht das Problem. Es ist beinahe so, als würde uns das Universum herausfordern, es zu tun. Scheint es unmöglich, ein Schwarzes Loch zu erzeugen und einzuspannen? Oder Antimaterie abzufüllen, ohne sie zu berühren? Sicher! Aber denken Sie mal an all die Dinge, die die Menschen bereits erreicht haben und die wir einst für unmöglich hielten.

Wir brauchen nichts als eine Vision, um uns die Sache vorzustellen, und den Willen, sie dann auch durchzuziehen. Der Kosmos fordert uns auf, den am weitesten entfernten Horizont ins Visier zu nehmen. Wecken wir also die Entdecker in uns und schauen wir auf … zu den Sternen!

WIRD EIN ASTEROID DIE ERDE TREFFEN UND UNS ALLE UMBRINGEN?

Man sieht es nie kommen.

Mit dieser weit verbreiteten Weisheit begegnen viele Leute Ihrem Schicksal. Das Leben ist voller Überraschungen, auch bei der Frage, wie es endet.

Das mag besonders auf uns Menschen zutreffen. Immerhin ist der Weltraum ein gefährlicher Ort, und wir selbst sind weichliche Wesen, die sich verzweifelt an einem kleinen Planeten festklammern, der durch die Dunkelheit rast. Die Welt da draußen ist eine riesige, unbekannte Leere voller explodierender Sterne, supermassereicher Schwarzer Löcher und vermeintlich ruchloser außerirdischer Wesen.

Soweit wir wissen, wird es zum Glück in nächster Zeit keine Supernovae und Schwarzen Löcher (und auch keine Außerirdischen) geben. Allerdings besteht *tatsächlich* die Gefahr, dass etwas im Anmarsch sein und unser vorzeitiges Ende bedeuten könnte: Felsen. Der

Weltraum ist voll von riesigen Felsbrocken, die permanent in enorm hohem Tempo durch die Gegend flitzen und in alles reindonnern, was ihnen in die Quere kommt.

Falls es irgendwelche Zweifel gibt, dass Felsen aus dem All gefährlich sein können, müssen Sie sich nur die Oberfläche eines beliebigen Mondes oder Planeten im Sonnensystem anschauen, der keine schützende Atmosphäre hat. Dort finden Sie zig Krater, manche von ihnen Tausende Kilometer breit und jeder davon Zeugnis einer heftigen kosmischen Kollision. Bei unserem eigenen Mond sind es zum Beispiel Millionen von Kratern, das sind mehr Krater, als ein Teenager Pickel hat.

Viele Leute fragen sich deshalb: Sind wir als nächstes dran? Wie stehen die Chancen, dass ein großer Felsbrocken in die Erde kracht und uns alle umbringt? Und wo kommen diese ganzen pfeilschnellen Felsen überhaupt her?

Puh, das war schon wieder knapp!

FELSEN IM WELTRAUM

Vermutlich gehen Sie bei riesigen gefährlichen Asteroiden davon aus, dass Sie aus den Tiefen des Weltalls stammen – weit jenseits unseres Sonnensystems. Doch in Wahrheit ist es am wahrscheinlichsten, dass so ein Killerfelsen aus unserer direkten Nachbarschaft kommen wird. Das liegt daran, dass der interstellare Raum ziemlich leer ist, während es in unserem Sonnensystem von großen, tödlichen Felsbrocken nur so *wimmelt*. Drehen wir eine Runde durch die wichtigsten Ansammlungen von Weltraumfelsen in unserer Nachbarschaft.

Der Asteroidengürtel

Die erste Gruppe von Weltraumfelsen ist der Asteroidengürtel, eine Ansammlung von Felsbrocken zwischen den Planeten Mars und Jupiter. Es gibt Millionen von Felsbrocken im Asteroidengürtel. Die meisten davon sind klein, aber es gibt Hunderte, die über 100 Kilometer breit sind, und sogar ein paar bis zu 950 Kilometer große (das ist ungefähr so groß wie Deutschland). Würde einer dieser größeren Felsbrocken die Erde treffen, würde er uns wahrscheinlich alle umbringen.

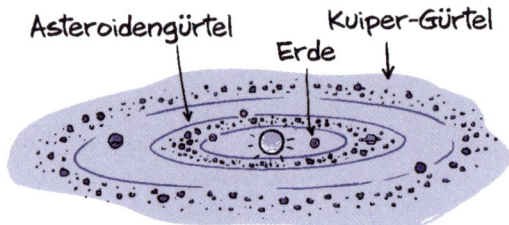

Der Kuiper-Gürtel

Die zweitgrößte Ansammlung von Asteroiden in der Nähe ist der Kuiper-Gürtel, eine riesige Scheibe aus Eisklumpen jenseits des Neptuns. Der Kuiper-Gürtel enthält etwa *100.000* Eisfelsen mit mehr als 80 Kilometern Durchmesser, und auch die sind immer noch ziemlich gefährlich.

Die Oortsche Wolke

Schließlich gibt es da noch die Oortsche Wolke, eine riesige Wolke aus Eis und Staub weit jenseits des Pluto, aus der die meisten für uns sichtbaren Kometen stammen.

Astronomen spekulieren darüber, dass die Oortsche Wolke Billionen von eisigen Weltraumfelsen enthält, die über einen Kilometer groß sind, und viele Milliarden mehr, die über 20 Kilometer groß sind.

Wie sich herausstellt, ist unsere unmittelbare kosmische Nachbarschaft also keine ganz so ordentliche und saubere Gegend, wie Sie dachten. In Wahrheit ist sie voller Müll!

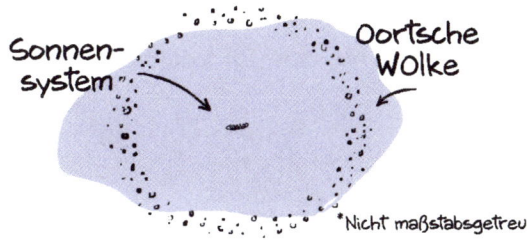

Wie kommen so viele Felsbrocken in unsere Gegend des Weltraums? Die Ursache dafür liegt ganz am Anfang. Unser Sonnensystem hat sich aus Gas, Staub und kleinen Steinchen gebildet. Einige dieser Materialien waren beim Urknall entstanden, bei anderen handelt es sich um die Überreste von Sternen, die ausgebrannt und explodiert sind. Ein Großteil des leichten Gases zog sich im Zentrum zu einem Klumpen zusammen, der so dicht war, dass die Schwerkraft in ihm das Kernbrennen entzündete und unsere Sonne hervorbrachte. Große Teile von dem, was übrigblieb, bildeten in der Umgebung Klumpen und weil die Gravitation nicht ausreichend war, um daraus Sterne zu entfachen, wurden sie unter dem Druck der Schwerkraft zu Planeten mit heißen, geschmolzenen Kernen. Doch nicht alle übriggebliebenen Trümmerteile wurden in die Sonne oder die Planeten geschleudert. Die noch immer beträchtliche Menge an Überbleibseln fand sich zu kleineren Grüppchen zusammen, die bis heute durchs Sonnensystem sausen.

Am Anfang war das Sonnensystem ein chaotischer Ort. Alles war neu und die ganzen jungen Planeten und Felsbrocken kämpften darum, sich endlich in ihrer Umlaufbahn einzurichten. Da dachte man vielleicht gerade, man hätte einen netten Planeten am Laufen, und plötzlich … *bumm*, krachte man mit einem anderen riesigen Felsbrocken zusammen. Wissenschaftler meinen, dass so unser Mond entstanden sein dürfte: Ein großer Asteroid krachte in die frischgeschlüpfte Erde, was einen großen Brocken davon in die erdnahe Umlaufbahn schleuderte.

Au, das tut bestimmt weh!

Zum Glück ist das Sonnensystem inzwischen ein alter Ort und die wilden Tage vom Anfang sind vorbei. Mittlerweile bewegen sich die meisten Dinge im Sonnensystem auf stabilen Umlaufbahnen. Alles, was es bis jetzt nicht so weit gebracht hat, dürfte inzwischen irgendwo eingeschlagen sein oder lässt sich mit den übrigen Planeten und Asteroiden treiben. Wie bei einem dieser verrückten Kreisverkehre, die es in Europa gibt, in denen alle mit extrem wenig Abstand zueinander ihre Runden drehen. Sie machen das schon seit vielen Jahren so, weshalb man ziemlich sicher sein kann, dass sie wissen, was sie da tun.

Was aber nicht heißt, dass die Gefahr gebannt wäre. Manche dieser Asteroiden oder Eisklumpen könnten trotzdem einen Kurs verfolgen, der sich zukünftig auf die Erde auswirken könnte. Oder sie könnten einen Kurs einschlagen, der unseren Weg kreuzt. Manchmal können diese Felsbrocken aus ihrer eigenen Umlaufbahn geworfen werden und Ärger machen. So kann die weit entfernte Sonne beispielsweise eine Seite eines Asteroiden leicht erwärmen, wodurch sich seine Umlaufbahn verschiebt. Er kann mit einem anderen Felsbrocken zusammenstoßen, der dann wieder mit einem anderen kollidiert und so weiter und so weiter. Und falls einer davon dann mit der Schwerkraft des Jupiters in Berührung kommt, kann er ins Innere des Sonnensystems reingezogen werden. Bevor man es mitkriegt, könnte es auf der Inneren-Sonnensystem-Autobahn zu einer Massenkarambolage von Tausenden Felsbrocken kommen und man würde die nächste Milliarde Jahre mit Haftpflichtverfahren zubringen.

WIE SCHLIMM WÄRE ES WIRKLICH?

Was würde passieren, wenn ein Asteroid die Erde trifft? Das hängt davon ab.

Bevor ein Felsbrocken wirklich auf der Erde einschlägt, muss er die Atmosphäre durchqueren, die uns einen gewissen Schutz bietet. Die Luftpartikel zerren an dem eintreffenden Felsen und bremsen ihn ab, wie ein Kissen, das seine Wucht mindert. Denken Sie an eine Kugel, die in einen Pool voll Wasser abgefeuert wird, oder an eine Bowlingkugel, die in einen Riesenbottich Götterspeise fällt.[1] Die Luftpartikel können nicht schnell genug ausweichen und die Energie des Weltraumfelsens verdichtet sie zu einer Schockwelle. Wird Luft – oder irgendwas anderes – verdichtet, wird sie heiß. In diesem Fall kann die Temperatur an der Stoßfront auf bis zu 1650 Grad Celsius steigen. Genau aus diesem Grund erhitzen sich unsere Spaceshuttles und Landemodule beim Wiedereintritt aus der Umlaufbahn und genau deshalb montieren wir an ihrer Spitze Hochleistungskeramik und Kühlsysteme, um die durch diesen Luftwiderstand erzeugte Hitze abzuleiten und zu absorbieren.

Bereit für eine heiße Landung!

Weil Weltraumfelsen in der Regel nicht mit schicken Schutzschildern ausgestattet sind, die sie kühl halten, werden sie einfach heiß. *Sehr* heiß. Je nachdem, wie heiß sie werden, dürften sie entweder in der Atmosphäre zerbrechen, in kleinere Bruchstücke gerissen werden und als Trümmerregen auf die Oberfläche fallen oder aber intakt bleiben und den Großteil ihrer Energie direkt an die Erdoberfläche abgeben.

Kleine Felsen (von bis zu einem Meter Durchmesser) treffen die Erde tatsächlich die ganze Zeit, verbrennen aber als Sternschnuppen in der Atmosphäre. Sie sind sogar schön anzusehen, wenn Sie sie in einer sternenklaren Nacht erwischen.

---

1 Ehrlich, denken Sie mal drüber nach. Das ist eine wirklich lustige Vorstellung.

Umso größer die Felsbrocken aber werden, desto gefährlicher werden sie auch und nicht mal unsere Atmosphäre kann sie mehr aufhalten. Um ein Gespür für die Größenordnung zu bekommen, stellt die Tabelle unten einen Vergleich zwischen der Energiemenge von Asteroiden unterschiedlicher Größe und der Sprengkraft der Bombe an, die im Zweiten Weltkrieg über Hiroshima abgeworfen wurde.

Ein fünf Meter breiter Felsbrocken verfügt ungefähr über die gleiche Energie wie die Bombe, die auf Hiroshima fiel. Das klingt schlimm, aber Wissenschaftler machen sich über solche Felsen keine allzu großen Sorgen. Oft schlagen sie irgendwo im Meer ein oder explodieren in der äußersten Atmosphäre, normalerweise weit von bewohnten Regionen entfernt.

Größe des Asteroiden	Sprengkraft
5 m	1 Hiroshima-Bombe
20 m	30 Hiroshima-Bomben
100 m	3000 Hiroshima-Bomben
1 km	3.000.000 Hiroshima-Bomben
5 km	100.000.000 Hiroshima-Bomben

Steigert man die Größe auf 20 Meter (circa fünf Elefanten nebeneinander), erhält man einen Felsbrocken, der die gleiche Energie mit sich führt wie *30* Hiroshima-Bomben. Das ist eine heftige Explosion.

Wenn wir wirklich Pech haben und so ein großer Felsbrocken es durch die Atmosphäre schafft und einen Ort wie Manhattan trifft, dann wäre das eine Riesenkatastrophe. Viele Millionen würden Ihr Leben lassen. Trotzdem würde es nicht zwangsläufig das Ende der Menschheit bedeuten. Erst neulich sogar ist ein 20-Meter-Asteroid in unserer Atmosphäre explodiert.

Im Jahr 2013 traf ein 20 Meter großer Felsbrocken aus dem Asteroidengürtel mit 60.000 Stundenkilometern auf unsere Atmosphäre. Es war später Vormittag in der russischen Stadt Tscheljabinsk, doch das Licht der Explosion war angeblich greller als die Sonne und noch bis zu 100 Kilometer entfernt sichtbar. Es gab etwa 1000 Verletzte. Das Ganze war spektakulär genug, um für Panik und ein weitläufiges Wiedererwachen der Religiosität zu sorgen, aber nicht ausreichend, um das Ende der Menschheit auf Erden einzuläuten.

Erst jenseits solcher Größen (im Kilometerbereich) beginnt wirklich die Gefahrenzone für unsere Spezies. Nach Meinung von Wissenschaftlern traf der letzte mehrere Kilometer große Felsbrocken vor 65 Millionen Jahren die Erde und das könnte auch der Grund für das Aussterben der Dinosaurier gewesen sein.[2]

Wir bekommen Besuch

---

2 Interessanterweise denken manche Wissenschaftler, dass der (circa zehn Kilometer breite) Felsbrocken, der alle Dinosaurier tötete, schon Jahre zuvor an der Erde vorbeigeflogen war, bevor er unseren Planeten wirklich traf. Das hätte den Dino-Wissenschaftlern eine Warnung sein sollen.

Sie fragen sich jetzt vielleicht: Wie kann ein verhältnismäßig kleiner Felsbrocken von ein paar Kilometern Durchmesser so viel Zerstörung anrichten, wo die Erde doch Tausende Kilometer groß ist (12.742 Kilometer im Durchmesser, um genau zu sein)? Werfen wir also einen Blick auf den Fall eines bescheidenen Fünf-Kilometer-Felsens.

Ein fünf Kilometer breiter, zur Erde herabstürzender Felsbrocken würde etwas in der Größenordnung von 10^{23} Joules an Energie übertragen. Zum Vergleich: Jeder durchschnittliche Deutsche verbraucht etwa $1{,}5 \cdot 10^{11}$ Joules an Energie im Jahr und für die gesamte Menschheit sind es etwa $4 \cdot 10^{20}$ Joules. Dieser eine Zusammenstoß würde also genauso viel Energie übertragen, wie die Menschheit in 1000 Jahren benötigt und das alles gebündelt und an einem einzigen Ort freisetzen. In Atomwaffen-Einheiten umgerechnet sind das zwei Milliarden Kilotonnen, oder etwa 100.000.000-mal so viel Energie wie die Bombe von Hiroshima.

Eine so große an Land freigesetzte Energiemenge würde eine explosionsartige Schockwelle erzeugen, die sich in rasendem Tempo von der Einschlagsstelle ausbreiten und genug Hitze und Wind mitführen würde, um im Umkreis von Tausenden Kilometern alles zu zerstören. Sie würde auch Erdbeben auslösen, die die ganze Landschaft ringsum verwüsten und außerdem genügend Vulkane wecken, um die ganze Gegend in heißer Lava zu ertränken.

Falls Sie sich irgendwo in der Nähe dieses Einschlags aufhalten, ist ihr Schicksal eindeutig: Sie sind Toast. Verkokelter, schwarzer Toast, der nicht mal mehr mit einem Berg Butter zu retten ist. Wie nah Sie dran sein müssen? In diesem Szenario reicht es wahrscheinlich, in Los Angeles zu stehen, wenn der Einschlag in New York stattfindet.

Hast du was gehört?

Wahrscheinlich werden Sie aber selbst dann nicht besonders lang überleben, wenn Sie weit von der Einschlagsstelle entfernt sind (etwa auf der anderen Seite der Erde). Sie dürften der unmittelbaren Explosion entgehen, würden aber dennoch unter den Erdbeben und wieder entfachten Vulkanen leiden, die der Einschlag verursacht. Ein viel größeres Problem wird allerdings die Wolke aus brennend heißem Staub, Asche und Gesteinsfragmenten sein, die hoch in die Atmosphäre geschleudert wird. Ein Teil von diesem superheißen Staub wird davontreiben und dabei die Erdoberfläche rösten und Wälder in Brand stecken. Zudem wird er sich für sehr, sehr lange Zeit am Himmel halten. Eine solche Wolke würde die Erde über Jahre, Jahrzehnte oder sogar noch länger in Dunkelheit hüllen, was vermutlich auch die Dinosaurier umgebracht hat.

Sie fragen sich jetzt vielleicht, was passieren würde, wenn der Asteroid auf Wasser trifft statt auf Land. Doch leider wird das Ganze dadurch nicht viel besser. Zuerst mal würde das Wasser einen Großteil der Ausgangsenergie absorbieren, was einen *mehrere Kilometer* hohen Mega-Tsunami hervorrufen würde. Stellen Sie sich vor, Sie schauen zu einer Welle auf, die vier- oder fünfmal so hoch ist wie der Berliner Fernsehturm. Eine Welle von dieser Größe würde die mitten in den USA gelegene Stadt Denver plötzlich zur Küstenstadt machen, während Japan und Australien komplett von der Bildfläche verschwänden.

Und das sind nur die unmittelbaren Folgen. Eine riesige Staubwolke würde vermutlich fast das gesamte Ökosystem vernichten, wodurch das Leben, wie wir es kennen, ziemlich untragbar würde. Und falls der Asteroid im Wasser landete, würde der Aufprall auch noch genügend Wasserdampf in die Atmosphäre befördern, um einen beschleunigten Treibhauseffekt zu erzeugen. Dieser würde Energie auf der Erde gefangen halten und den Planeten so stark erhitzen, dass er unbewohnbar wäre.

Und das alles würde nur bei einem Fünf-Kilometer-Felsen passieren. Stellen Sie sich mal vor, was ein *noch größerer* Asteroid alles anrichten würde!

WIE WAHRSCHEINLICH IST DAS?

Wir wollten ein Gespür dafür bekommen, wie wahrscheinlich es ist, dass uns ein großer Asteroid trifft und ob wir ihn kommen sehen würden. Deshalb haben wir mit den lieben Leuten am Center for

Near-Earth Object Studies (CNEOS)[3] der NASA gesprochen, das seinen Sitz am Jet Propulsion Laboratory im kalifornischen Pasadena hat. Eigentlich sollten sie eher den Namen „Asteroiden-Streitkräfte" tragen, da die Gruppe den Auftrag hat, die vollständige Auslöschung der Menschheit durch den Einschlag eines riesigen Felsbrockens zu verhindern. (Und Sie dachten, *Ihr* Job wäre wichtig.)

Das wichtigste Verfahren des CNEOS (und seiner internationalen Kooperationspartner) besteht darin, alle Felsbrocken im Sonnensystem aufzuspüren und im Auge zu behalten, damit wir für den Fall, dass sich einer davon auf Kollisionskurs mit uns befindet, einen gewissen Vorsprung hätten. Mithilfe von Teleskopen und nach jahrzehntelanger harter Arbeit hat das Team vom CNEOS eine ziemlich gute Datenbank der größten Felsbrocken in unserer Umgebung erstellt, die beinhaltet, wo sie sich jetzt befinden und wo sie in naher und ferner Zukunft sein werden.

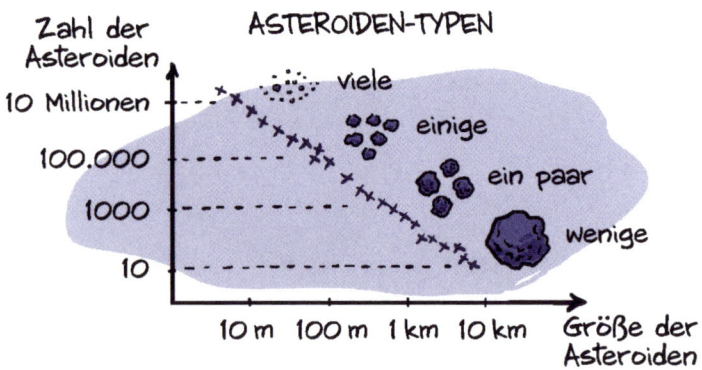

---

3 Etwa: Zentrum zur Erforschung erdnaher Objekte (Anm. d. Übers).

Eines ihrer Ergebnisse lautet, dass es einen umgekehrten Zusammenhang zwischen der Größe der Felsbrocken und ihrer Anzahl im Sonnensystem gibt. Kleine Felsen kommen in unserer Gegend massenhaft vor, aber die wirklich großen Felsbrocken sind schwer zu finden. Eine gute Nachricht, denn je seltener ein bestimmter Felsentyp ist, umso geringer ist die Wahrscheinlichkeit, dass er in uns reinkracht.

Das CNEOS schätzt zum Beispiel, dass es da draußen Hunderte Millionen Felsen von rund einem Meter Größe gibt. Das sind eine Menge Felsen und tatsächlich treffen Felsen dieser Größe die Erde andauernd, rund 500-mal im Jahr. Das heißt, dass an jedem beliebigen Tag wahrscheinlich irgendwo auf der Erde einer dieser Felsen abstürzt. Zum Glück richten sie sehr wenig Schaden an.

Mit zunehmender Größe werden die Felsbrocken seltener. So liegt die Zahl der fünf Meter breiten Exemplare im Sonnensystem irgendwo im zweistelligen Millionenbereich, wobei eines davon die Erde nur etwa alle fünf Jahre trifft. Die Zahl der 20 Meter großen Felsbrocken (wie der, der über Tscheljabinsk explodiert ist) liegt im einstelligen Millionenbereich, wobei sie die Erde im Durchschnitt nur etwa alle 50 Jahre treffen.

Aber wie sieht es mit den richtig großen Brocken aus? Selbst wenn jene seltener sind (es gibt nur 1000 einen Kilometer breite Felsbrocken und nur ein paar Dutzend über zehn Kilometer große), muss uns nur einer davon erwischen, um die Menschheit unter Umständen zu vernichten.

Glücklicherweise sind derartige Felsbrocken nicht nur selten, sondern auch relativ gut sichtbar. Bewegt sich so ein großes Exemplar auf einer regelmäßigen Umlaufbahn, ist es sehr wahrscheinlich, dass wir die Reflexion der Sonne darauf gesehen haben. Das CNEOS-Team ist deshalb ziemlich zuversichtlich zu wissen, wo sich die meisten davon aufhalten. Sie haben sie gezählt, ihre Flugbahnen aufgezeichnet und bis jetzt sieht es so aus, als ob sich keiner davon auf Kollisionskurs mit uns befindet.

Zumindest glauben wir das. Die gute Nachricht lautet, dass wir den Aufenthaltsort von 90 Prozent der großen Felsbrocken im Sonnensystem kennen. Die Schlechte, dass wir bei zehn Prozent der großen Felsbrocken im Sonnensystem nicht wissen, wo sie sich aufhalten.

Es könnte da draußen weiterhin große Felsbrocken geben, die wir noch nicht gesehen haben. Vielleicht sind Sie verborgen oder befinden sich auf einer Umlaufbahn, die sie noch nicht so nah an uns herangeführt hat, dass wir sehen können. Wie Sie wissen, leuchten Asteroiden nicht von allein und ein Durchmesser von ein paar

Kilometern ist verglichen mit der Größe des Sonnensystems nicht wirklich groß. Deshalb besteht weiterhin die Möglichkeit, dass sich ein großer Asteroid aus der Dunkelheit des Alls von hinten an uns ranschleicht.

TÖDLICHE SCHNEEBÄLLE

Die andere Art Weltraumfelsen, die uns treffen kann, finden die Wissenschaftler bei CNEOS viel beunruhigender: gigantische Schneebälle (alias Kometen). Wie sich herausstellt, sind Kometen viel schwerer zu orten, während die NASA die meisten für uns tödlichen Asteroiden im Sonnensystem gut im Griff hat.

Bei den meisten Kometen, die wir sehen, handelt es sich um riesige Kugeln aus Gestein und Eis, die von der Oortschen Wolke auf sehr langen Umlaufbahnen Richtung Sonne einbiegen. Manche dieser Orbits können Hunderte oder Tausende von Jahren um die Sonne dauern. Und das bedeutet, dass wir einen Kometen das erste Mal überhaupt sehen könnten, wenn er dem Inneren Sonnensystem (unserer Nachbarschaft) einen Besuch abstattet.

Noch schlimmer ist, dass er sich nach seiner langen Reise durch den kosmischen Speckgürtel so viel schneller fortbewegen wird als ein Asteroid, und das heißt, dass wir 1. kaum Zeit haben werden, zu reagieren (im besten Fall ein Jahr), und 2. sein Einschlag eine verheerende Wirkung hätte.

Wissenschaftler halten es für eher unwahrscheinlich, dass ein Komet mit uns zusammenstößt, aber das lässt sich schwer abschätzen. Erst kürzlich ist es einem unserer Nachbarn passiert: Im Jahr 1994 zerfiel der Komet Shoemaker-Levy 9 auf seinem Weg zur Sonne in 21 Teile und diese Bruchstücke krachten in den Jupiter. Eines davon verursachte eine gigantische Explosion, die annähernd so groß war wie die Erde.

Tatsächlich war es genau diese Kometen-Kollision, die die NASA dazu veranlasst hat, das Near-Earth-Object-Programm ins Leben zu rufen, um alle erdnahen Weltraumobjekte zu katalogisieren und ihre Bahn zu verfolgen. Denn schließlich kann es, wenn es einmal passiert ist, auch noch einmal passieren – und vielleicht auch uns treffen.

WAS KÖNNEN WIR DAGEGEN TUN?

Angenommen, ein Komet taucht plötzlich aus dem Nichts auf und befindet sich auf Kollisionskurs mit uns. Oder nehmen wir an, wir entdecken einen neuen großen Asteroiden, den wir noch nie zuvor gesehen haben, und finden heraus, dass seine Umlaufbahn unsere eigene in der Zukunft kreuzt. Oder wir sagen, dass irgendein Ereignis im Sonnensystem einen dicken Felsbrocken direkt in unsere Richtung stößt. Gibt es irgendwas, das wir dagegen tun könnten?

Im Film braucht es nicht viel mehr als eine musikalische Bildmontage von Wissenschaftlern in Laborkitteln, einen Pott Kaffee und ein vollgekritzeltes Whiteboard, um auf eine Lösung zu kommen (und natürlich hilft es, Bruce Willis dabeizuhaben). Aber ist das auch realistisch?

Verblüffenderweise denken Gruppen wie CNEOS lebhaft über so etwas nach. Ihrer Darstellung nach gehören die Strategien zum Überleben eines großen Felsbrockens zu einer von zwei Kategorien.

Option #1: Ablenken

Die erste Möglichkeit besteht darin, zu versuchen, den Asteroiden oder Kometen abzulenken – das heißt, ihn aus seiner Flugbahn zu schubsen, damit er sich nicht mehr auf Kollisionskurs mit uns befindet. Die Forschung hat ein paar gute Ideen, wie das gehen könnte:

› **Raketen**: Dieser Plan geht damit einher, eine Rakete auf den herannahenden Felsbrocken abzufeuern, die entweder mit ihm zusammenstoßen oder so viel von ihm in die Luft jagen soll, um seine Flugbahn zu verändern. Es könnte auch möglich (wenn auch weniger wahrscheinlich) sein, auf dem Felsbrocken zu landen und das Starttriebwerk dafür zu nutzen, ihn auf eine neue Flugbahn zu zwingen.

› **Bagger**: Eine andere Idee sieht vor, einen riesigen Kran oder Roboter loszuschicken, der auf dem Felsbrocken landen und sofort zu graben anfangen soll, wodurch die Trümmer raus in den Weltraum gestoßen würden. Der Impuls, der von all diesen Trümmern ausgeht, würde den Felsbrocken im Prinzip dazu bringen, seinen Kurs zu ändern.

› **Laser:** Eine weitere lustige Idee ist, hier auf der Erde einen riesigen Laser zu bauen und damit dann auf den Asteroiden oder Kometen zu schießen. Das Ziel wäre, eine Seite des Felsbrockens so zu erhitzen, dass das schmelzende Eis oder verdampfte Gestein ihn aus der Bahn der Erde schubsen würde.

› **Spiegel:** Falls Sie gern etwas richtig Ausgefallenes versuchen würden, könnten Sie eine Reihe von Linsen und Spiegeln losschicken, um das Sonnenlicht einzufangen und auf den Felsbrocken zu richten. Das würde einen Teil seines Materials verdampfen und ihn von seinem Kollisionskurs abbringen.

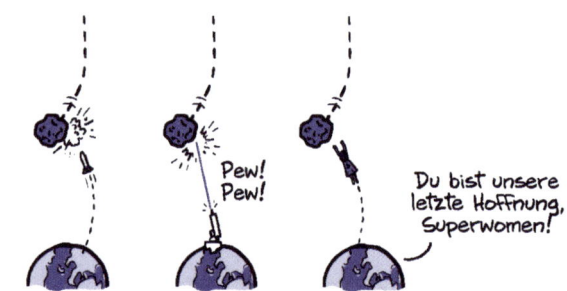

ASTEROIDEN-ABLENKUNGSVERFAHREN

Option #2: Zerstören

Die zweite Möglichkeit betrifft natürlich den Versuch, den großen Felsbrocken zu zerstören, bevor er uns erreicht. Mit anderen Worten: ihn mit Atomwaffen anzugreifen.

Eine Idee ist, eine Atomrakete abzufeuern, die den Himmelskörper abfängt und in die Luft jagt. Dabei würde sie ihn hoffentlich in kleinere Stücke zerschmettern, die dann in unserer Atmosphäre verbrennen würden. Ein paar davon würden vielleicht trotzdem auf dem Boden auftreffen, aber das wäre immer noch besser, als wenn der ganze Felsbrocken auf der Erde einschlüge.

Andererseits könnte der herannahende Asteroid überwiegend nur ein Haufen aus Schutt sein, der lose durch die Schwerkraft zusammengehalten wird. In so einem Fall würde eine einzelne Atomexplosion den Felsbrocken nicht sehr effektiv zersprengen und wir wären besser beraten, eine Reihe von kleineren Atomraketen loszuschicken. Vielleicht würden wir den Abstand der nuklearen Explosionen mit dem Ziel maximaler Zerstreuung optimieren und die Bomben vielleicht ein bisschen über der Oberfläche des Felsens zünden, damit sie ihn eher ablenken als zerstören.

Und natürlich ist der wichtigste Faktor, der darüber entscheidet, ob irgendeine dieser Strategien funktionieren wird, wie viel Zeit wir haben. Nach Einschätzung von CNEOS sind „die drei wichtigsten Dinge, die man braucht, um den Einschlag eines Asteroiden oder Kometen zu überleben: 1. frühzeitige Entdeckung, 2. die anderen beiden sind eigentlich nicht so wichtig."[4]

Zum Glück haben wir ein paar Atombomben mehr auf Lager.

---

4 Das hier ist ein echtes Zitat von Dr. Steve Chesley, dem leitenden Forscher am CNEOS, der sich freundlicherweise zu einem Interview für dieses Kapitel bereiterklärt hat.

Falls unsere Vorwarnzeit lang ist (hoffentlich ein paar Jahre), dann könnten wir genug Zeit haben, eine dieser Strategien auszubauen und anzuwenden. Und nicht nur das – mehr Zeit gibt uns auch eine größere Chance, das Resultat zu beeinflussen.

Wenn wir etwa herausfänden, dass ein bestimmter Asteroid die Erde in 100 Jahren treffen würde, hätte jeder kleine Stupser, den wir ihm heute geben, einen riesigen Einfluss auf seine künftige Flugbahn. Es ist, wie wenn man mit einem Scharfschützengewehr auf ein ein Kilometer entferntes Ziel schießt. Schon die geringste seitliche Ablenkung des Gewehrs reicht aus, um über den gesamten Kilometer, den die Kugel zurücklegt, einen großen seitlichen Versatz zu verursachen. Das Gleiche gilt für Asteroiden: Wenn man einen lange genug im Voraus kommen sieht, muss man ihm nur einen kleinen Stups geben, um ihn vom Kurs abzubringen.

Genau deshalb ist es so wichtig, die ganzen Asteroiden und Kometen im Blick zu behalten, die um uns rumfliegen – und das ist auch der Grund, warum der Gedanke, dass einer davon aus dem Nichts auftauchen könnte, so gruselig ist.

SOLLTEN SIE SICH SORGEN MACHEN?

Bevor Sie damit loslegen, einen dieser unterirdischen Bunker zu bauen oder wie wild Konserven shoppen gehen, sollten wir Ihnen vermutlich Folgendes mitteilen: Die Wahrscheinlichkeit, dass ein Asteroid auftaucht, um uns alle umzubringen, ist eigentlich nicht besonders hoch.

Auf kurze Sicht tun das Team bei der NASA und das paar Dutzend Leute, die weltweit an dieser Sache mitarbeiten, alles in ihrer Macht Stehende, um diese Felsbrocken früh zu sichten. Sie leisten im Stillen ganze Arbeit, damit Sie nicht permanent ängstlich nach oben schauen müssen. Dabei sind sie zuversichtlich, dass nahezu alle planetenzerstörenden Felsbrocken entdeckt und erfasst worden sind und ein vernachlässigbares Risiko für die Erde darstellen. Es sind sogar leistungsstärkere Teleskope in Planung, wie das Weltraumteleskop Near-Earth Object Surveyor und das Vera-C.-Rubin-Bodenteleskop, die die Fähigkeit des Menschen, solche Felsbrocken früher aufzuspüren, enorm verbessern werden. Wenn Sie über Ihr persönliches Risiko nachdenken, ist die Wahrscheinlichkeit, durch irgendwas auf der Erde (einen Autounfall, einen Sturz in der Dusche, Strangulation durch Ihre Wüstenrennmaus zuhause) umzukommen, viel höher als durch einen Felsen aus dem Weltraum.

Es kann aber auch nie schaden, sich zu erinnern, dass das Universum unvorhersehbar ist und dass auch unsere Wissenschaft ihre Grenzen hat. Vielleicht lauert irgendwo in unserem Sonnensystem ein riesiger Asteroid, der es auf uns abgesehen hat, oder es kommt ein Komet von weit her, der direkt auf uns zuhält. In einem so komplexen Sonnensystem wie dem unseren irgendetwas mit Sicherheit vorherzusagen, ist ein schwieriges Unterfangen. Sie erinnern sich an den Asteroiden, der über der Stadt Tscheljabinsk in Russland explodiert ist? Er tauchte einfach aus dem Nichts auf. Unsere einzige Warnung war, als er auf die Atmosphäre traf.

Die Wahrheit lautet: Wir leben in einer chaotischen Wolke aus Felsbrocken und Planeten, die sich in einem komplizierten Schwerkraftreigen gegenseitig anziehen und abstoßen. Jeder Zusammenstoß und jede knappe Annäherung sollten uns zu denken geben und dazu motivieren, die Wissenschaft noch weiter zu unterstützen, um mehr über unsere galaktische Nachbarschaft herauszufinden. Sie sollten uns auch dazu veranlassen, darüber nachzudenken, wie es um die Fähigkeit der Menschheit zur Zusammenarbeit bestellt ist und ob wir nicht dazu in der Lage wären, unsere Differenzen für unser aller Überleben beizulegen.

Denn wenn wir es nicht schaffen, diesen Reigen mitzutanzen, dann … na ja, denken Sie dran, was mit den Dinosauriern passiert ist.

Hat es nicht kommen sehen

SIND MENSCHEN VORHERSEHBAR?

Nehmen wir uns einen Augenblick Zeit, um über die Entscheidungen nachzudenken, die Sie treffen. Sie entscheiden sich beispielsweise dafür, dieses Buch zur Hand zu nehmen, und gerade jetzt beschließen Sie, diese Wörter hier zu lesen. Da – Sie haben es schon wieder getan. Sie haben sich dafür entschieden, auch *diese* Wörter zu lesen. *Und diese.*

Okay, inzwischen überlegen Sie vermutlich, ob Sie nicht *aufhören* sollten, diese Wörter zu lesen – einfach nur, um damit zu zeigen, dass Sie die Wahl haben und nicht unter unserer Kontrolle stehen. Immerhin haben Sie einen freien Willen, nicht wahr? Na los, schauen Sie ruhig eine Weile weg, wenn Sie sich dadurch besser fühlen. Wir warten so lange auf Sie.

Sind Sie wieder da? Gute Entscheidung! (Und wir haben das 100-prozentig vorhergesehen.)

Das Problem ist, dass wir alle gern denken, wir hätten unsere eigenen Handlungen im Griff. Im Laufe des Tages treffen wir Hunderte, wenn nicht Tausende Entscheidungen. Soll ich aufstehen oder die Schlummertaste drücken? Soll ich heute duschen? Soll ich zum Frühstück Eier mit Speck essen oder lieber eine Schüssel warmen Haferbrei? Die Welt steht Ihnen offen, und wenn Sie zum Frühstück gern Austern essen möchten, könnten Sie auch das tun. Wir empfehlen es nicht gerade, aber hey, es ist Ihre Entscheidung!

Dieses Gefühl der Kontrolle weicht einem Unbehagen, wenn jemand andeutet, dass alle unsere Entscheidungen vorherbestimmt seien oder dass man sie voraussagen könne. Wir glauben gern, dass unsere Entscheidung, irgendwas zu tun, *genau in diesem Moment* erfolgt und nicht schon vorher feststand; wir wollen glauben, dass niemand sie hätte voraussehen können.

Aber stimmt das wirklich? Sind unsere Entscheidungen tatsächlich nicht vorhersehbar? Während die Wissenschaft sich weiterentwickelt hat und unser Verständnis der physikalischen Gesetze immer umfassender wurde, begannen sich viele Leute zu fragen, ob man nicht voraussagen könne, was eine Person beschließen wird. Oder um die Frage aus dem Labor rauszuholen und ins Reich der Philosophie zu überführen: Haben wir wirklich eine Wahl, wenn wir Entscheidungen treffen? Oder lassen sich die Handlungen eines komplexen, denkenden Wesens auf eine einfache Reihe vorhersehbarer Gesetze reduzieren?

Falls Sie sich entscheiden weiterzulesen, werden Sie die Antwort auf den folgenden Seiten finden. Aber seien Sie gewarnt: Wir sagen voraus, dass sie Ihnen wahrscheinlich nicht gefallen wird.

DIE PHYSIK IN IHREM GEHIRN

Soweit wir wissen, folgt alles im Universum den Gesetzen der Physik. Bis heute haben wir kein einziges Ding gefunden, das sich nicht nach ihnen richtet. Die Gesetze, die wir entdeckt und im Laufe der Jahrhunderte perfektioniert haben, treffen offenbar auf alles und jeden zu – von Bakterien über Schmetterlinge bis hin zu Schwarzen Löchern.

Und weil auch *Sie* sich im Universum befinden, gelten die Gesetze der Physik genauso für Sie und für Ihr Gehirn, welches das Zentrum Ihres denkenden Wesens bildet. Gehirne und Schwarze Löcher bestehen aus dem gleichen Zeug (Materie und Energie), und so sind die Gesetze, die für Schwarze Löcher gelten, auch für Gehirne gültig.

Wie kann uns die Physik dabei helfen, das Gehirn zu verstehen? Existiert ein Gesetz, mit dem man voraussagen kann, wie viele Kekse Sie heute essen werden oder ob Sie stattdessen zu einer Banane greifen? Unglücklicherweise gibt es nicht direkt ein Zweites Newtonsches Keksgesetz und auch keine Einsteinsche Bananen-Hirn-Gleichung. Stattdessen kann die Physik so etwas wie ein Gehirn beschreiben, indem sie es in kleinere, einfachere Bestandteile zergliedert, die wir verstehen können. Dann fügen wir die ganzen Einzelteile wieder zusammen, um zu begreifen, wie das ganze Ding funktioniert.

Das läuft genauso wie in Ihrer Kindheit, als Sie einen Toaster auseinandergenommen haben, um zu sehen, wie er funktioniert. Hoffentlich werden wir – anders als Sie bei Ihrem Toaster damals – Ihr Gehirn später wieder zusammensetzen können.

Man kann Ihr Gehirn in Hirnlappen zergliedern und diese Hirnlappen wiederum in Neuronen. Jedes Neuron ist im Grunde ein kleiner elektrischer Schalter, der von anderen Neuronen das Signal „An" oder „Aus" bekommt. Auf Grundlage dieser Signale könnte das Neuron daraufhin ein An- oder Aus-Signal an andere Neuronen senden.

Ihr gesamtes Gehirn besteht aus solchen Neuronen. Es ist ein Gewirr von 86 Milliarden derartiger Nervenzellen, die durch mehr als 100 Billionen Verknüpfungen miteinander vernetzt sind. Zusammengenommen macht dieses riesige Netzwerk aus einfachen biologischen Schaltern das aus, was Sie sind: Ihre Erinnerungen, Fähigkeiten, Reflexe und Gedanken.

Ich denke, also bist du

Und das ist auch schon so ziemlich alles. Ihr Gehirn ist nichts weiter als ein Haufen einfacher Schalter und jede Menge Verbindungen.

Wie bei einem elektrischen Schalter wird auch der Output eines jeden Neurons davon bestimmt, welchen Input es erhält und wie der kleine biologische Schaltkreis in ihm beschaffen ist. Neuronen haben keine Gemütszustände oder Launen. Sie feuern nicht, weil sie sich gerade danach „fühlen". Jede Nervenzelle befolgt einfach die Regeln, die in ihrer genetischen Ausstattung vorprogrammiert sind.[1]

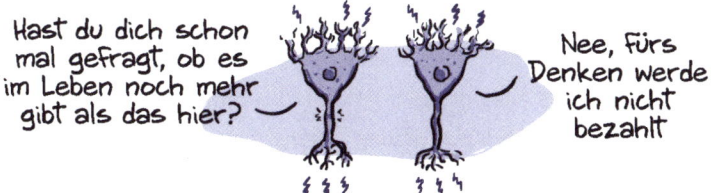

Hast du dich schon mal gefragt, ob es im Leben noch mehr gibt als das hier?

Nee, fürs Denken werde ich nicht bezahlt

Heißt das, dass Gehirne vorhersehbar sind? Wenn ein Neuron einfach nur Regeln befolgt, dann sollte man doch in der Lage sein, sein Tun vorherzusagen. Und wenn das möglich ist, dann sollte man auch im Voraus berechnen können, was ein ganzer Haufen miteinander verbundener Neuronen tun wird. Und wenn Sie *das* hinkriegen, könnten Sie theoretisch vorhersagen, was ein Mensch tun wird.

---

1 Ein bisschen komplizierter ist es natürlich trotzdem, weil sich Neuronen verändern und anpassen können. Aber selbst dann befolgt jedes Neuron Regeln, die ihm vorgeben, wie es sich verändern und wie es sich anpassen soll, weshalb es am Ende aufs Gleiche rausläuft.

Nicht so schnell! Am Gehirn gibt es einige Dinge, die es schwer berechenbar machen. Diese Dinge haben mit der Chaostheorie und der Quantenphysik zu tun.

EIN CHAOTISCHES GEHIRN

Obwohl Neuronen keine Stimmungen und Launen haben, sind sie doch ein sensibler Haufen.

Selbst wenn etwas rein mechanisch ist – etwa eine perfekt einge-stellte Maschine oder ein starres Computerprogramm –, bedeutet das nicht, dass es uns immer das gleiche Resultat liefern wird. So be-kommen wir, wenn wir eine Münze werfen, zum Beispiel nicht immer „Kopf" heraus. Obwohl die Münze den Gesetzen der Physik folgt, wenn sie von Ihnen in die Luft geworfen wird und dann auf einer Oberfläche aufschlägt, ist es trotzdem sehr schwer, sie jedes Mal auf derselben Seite landen zu lassen. Das liegt daran, dass eine Münze schon auf kleine Veränderungen sehr empfindlich reagiert: ein leich-tes Zucken Ihrer Finger, ein vorüberstreifender Luftzug oder eine winzige Unebenheit des Tisches, auf dem sie landet, können einen Einfluss darauf haben, ob die Münze auf der einen oder auf der an-deren Seite liegenbleibt.

Genauso reagieren auch Neuronen sehr empfindlich auf kleine Veränderungen in ihrem Input. Neuronen arbeiten, indem sie die An- oder Aus-Signale, die sie von anderen Neuronen erhalten, addieren und sie je nach Stärke der betreffenden Verbindung gegeneinander abwägen. Überschreitet die Summe aller Signale eine bestimmte Schwelle, wird das Neuron aktiv und sendet ein An-Signal an alle Neuronen, die mit seinem Output vernetzt sind. Erreicht die Summe aber nicht den Schwellenwert, bleibt das Neuron still. Sie können sich vorstellen, dass ein einziges Input-Signal (eins von Tausenden) oder eine kleine Änderung in der Stärke einer Verbindung darüber entscheiden können, ob ein Neuron aktiviert wird oder nicht.

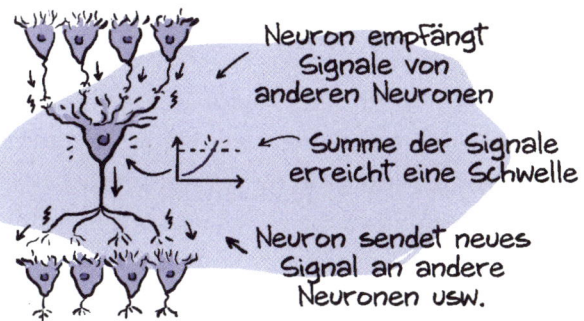

DAS NEURONENSPIEL

Neuron empfängt Signale von anderen Neuronen

Summe der Signale erreicht eine Schwelle

Neuron sendet neues Signal an andere Neuronen usw.

Diese Empfindlichkeit nimmt dramatisch zu, wenn man eine Menge Neuronen miteinander verknüpft. Eine kleine Veränderung in einem Neuron kann dann zu einer Vielzahl von Folgen führen, die dem Netzwerk einen völlig anderen Output geben. Diese kleine Veränderung kann beispielsweise darüber entscheiden, ob Sie sich für den Keks oder die Banane entscheiden.

Wenn ein System derart empfindlich auf kleine Veränderungen anspricht, nennen Physiker es „chaotisch". Aus dem gleichen Grund kann die Physik das Wetter nicht besonders gut vorhersagen. Wir können prognostizieren, was ein einzelner Regentropfen tun wird, aber das Wetter wird von einer Menge Wassertropfen und Luftmolekülen gemacht, die sehr sensibel reagieren, wenn sie von anderen ihrer Art angerempelt werden (oder auf Wind, auf ein Gebirge, Kaltluftblasen etc. treffen). Diese Effekte gleichen sich nicht aus; sie bauen vielmehr aufeinander auf und werden dabei immer stärker. Wenn Sie Zigmilliarden Tropfen haben und die Richtung von einem davon heute ein bisschen falsch berechnen, könnte das Ihre Vorhersage über die Regengüsse von morgen vollkommen verfälschen. Fügen Sie dem Szenario noch ein paar lästige Schmetterlinge hinzu, die es nicht lassen können, mit den Flügeln zu schlagen, und die ganze Sache wird dermaßen chaotisch, dass Sie nichts mehr vorhersagen können.

Genau wie Regengüsse sind auch Gehirne chaotisch. Wir könnten versuchen, das Verhalten einer einzelnen Nervenzelle vorherzusagen, und dabei richtig gute Arbeit leisten. Aber was passiert, wenn unsere Prognose nicht perfekt ist? Unser Modell des Einzelneurons könnte beispielsweise zu 99 Prozent korrekt sein, was schon ziemlich gut ist. (In einer Mathearbeit würden Sie für 99 Prozent richtige Antworten eine Eins bekommen.) Aber „zu 99 Prozent korrekt" bedeutet auch „zu einem Prozent falsch", und wenn wir dann das Verhalten der nächsten Reihe von Neuronen vorherzusagen versuchen, werden sich unsere Fehler ausbreiten und immer größer werden. Rechnen Sie das mal auf 86 Milliarden Neuronen hoch, und Sie werden sehen, warum es sehr, sehr schwer vorhersehbar ist, was Ihr Gehirn tun wird.

Letzten Endes könnte die Wissenschaft aber herausbekommen, wie sich selbst etwas so Kompliziertes wie das Wetter vorhersagen lässt. Wenn Sie über ausreichend Rechenleistung (und genügend Zeit) verfügen, können Sie theoretisch alles Mögliche bis zur Perfektion simulieren. Tatsächlich beschäftigt sich die Mehrzahl der Supercomputer weltweit heute damit, immer präzisere Wettermodelle zu erstellen. Man könnte sich also einen zukünftigen Computer vorstellen, der so groß und so leistungsstark ist, dass er bis auf Molekularebene jedes Neuron und jede Verknüpfung in Ihrem Gehirn akkurat zu simulieren vermag.

Ich sehe, du bist mächtig am Brain-stormen, wie du da rauskommst

Heißt das jetzt, dass Wissenschaftler künftig in der Lage sein könnten, so etwas wie einen neuartigen Supercomputer zu erschaffen, mit dem sich Ihr Gehirn nachmodellieren lässt und der vorhersagt, welchen Snack Sie wählen werden? Nicht, wenn Ihr Gehirn auch quanten-mechanisch ist.

IHR QUANTENHIRN

Wenn Ihr Gehirn chaotisch ist, heißt das dann, dass es unberechenbar ist? Nicht unbedingt. Nur weil ein System chaotisch ist, muss es nicht unvorhersehbar sein. Es kann schwer vorherzusehen sein, was es tun wird, aber vorhersehbar ist es trotzdem. Immerhin folgt es immer noch den Gesetzen der Physik, und die können simuliert und ihre Auswirkungen damit vorausgesagt werden.

Aber wenn es nun ausgerechnet die Gesetze der Physik selbst sind, die etwas unberechenbar machen können?

Wenn Sie von der Realität ein paar Schichten abtragen und auf die subatomaren Teilchen schauen, aus denen alles um uns herum besteht, dann werden Sie etwas Seltsames über das Universum erfahren: Die Regeln, die für perfekte Maschinen und Computerprogramme gelten, sind nicht gleichermaßen für Quantenteilchen gültig.

Wenn wir einem System die gleichen Input-Bedingungen gewäh-ren, wird es uns idealerweise den gleichen Output geben – aber auf Quantenteilchen wie Elektronen *trifft das nicht zu*. Was soll das heißen? Es bedeutet, wenn Sie ein Quantenteilchen mehrmals genau auf die gleiche Weise pieksen, wird es *nicht* immer auf die gleiche Weise reagieren. Mal springt es vielleicht zurück, mal könnte es Sie völlig ignorieren.

QUANTENUNSTETIGKEIT

Wie ist das möglich? Nun ja, auch Elektronen folgen den physikalischen Gesetzen, aber sie tun es auf spezielle Weise. Die Gesetze der Quantenphysik geben nicht genau an, was mit einem einzelnen Elektron passiert. Stattdessen beschreiben sie, was mehr oder weniger *wahrscheinlich* geschehen wird. Was dann mit dem Einzelelektron *tatsächlich* passiert, wird nach dem Zufallsprinzip aus jener Liste von Möglichkeiten gezogen. Mit anderen Worten: Auf Quantenebene verraten Ihnen die Gesetze der Physik nicht, was geschehen *wird*; sie sagen Ihnen, was geschehen *kann* und wie groß die Wahrscheinlichkeit dafür ist.

Stoßen Sie ein Elektron mehrmals auf exakt gleiche Weise an, und Sie werden trotzdem jedes Mal andere Ergebnisse erhalten.[2] Wenn Sie es oft genug schubsen, werden Sie allmählich ein Muster erkennen (so könnte es in 75 Prozent der Fälle zurückspringen und Sie in 25 Prozent der Fälle ignorieren). Dieses Muster *ist* nach den Gesetzen der Physik vorhersehbar. Aber bei jedem Einzelschubser wird die Reaktion des Elektrons *nicht* von physikalischen Gesetzen bestimmt,

---

2 Immer wieder das Gleiche zu tun und dabei andere Resultate zu erwarten, gilt manchmal als Definition von Verrücktheit. Doch im Reich der Quanten ist das total vernünftig!

sondern von einer total zufälligen Entscheidung, die das Universum trifft (und nicht das Elektron selbst).

Wenn das verrückt klingt, dann deshalb, weil es auch verrückt *ist*. Wir sind es gewohnt, dass die Dinge eine klare Ursache und Wirkung haben: Wenn ich einen Stuhl anschiebe, wird der sich in die entsprechende Richtung bewegen. Das passiert aber nur auf der Makroebene. Auf der Mikroebene passieren Dinge absolut zufällig.

Das ist für unsere Fragestellung von Belang, weil Neuronen aus Quantenteilchen bestehen. Eigentlich besteht alles, was Sie kennen, aus Quantenteilchen, die nicht berechenbar sind.

MOMENT MAL, WAS ...?

Jetzt sind Sie vielleicht ein bisschen verwirrt. Wir haben Ihnen gerade erzählt, dass Neuronen aus Quantenteilchen bestehen und dass sich Quantenteilchen nach dem Zufallsprinzip verhalten (und damit nicht vorhersehbar sind). Bedeutet das jetzt, dass auch Neuronen nicht vorhersehbar sind?

Die Antwort lautet einmal mehr: nicht unbedingt.

Wenn wir uns umsehen, bemerken wir nicht gerade viele seltsame Quanteneffekte. Wir sehen nicht, dass Kekse willkürlich aus der Packung verschwinden, indem sie einfach aus der Existenz hüpfen oder sich einen Quantentunnel in Ihren Magen bahnen. Kekse und andere große Dinge scheinen vorhersehbaren Regeln zu folgen. Aber warum sind große Dinge derart anders als kleine?

Für diesen Unterschied gibt es zwei Gründe. Erstens ist die Zufälligkeit von Quantenteilchen im Vergleich zu Ihrem Keks etwas sehr, sehr Kleines, und zweitens gleichen sich diese Zufälligkeiten bei den meisten Dingen in unserer Welt untereinander aus, sodass die Summe am Ende null ist. Lassen Sie uns diese Ideen nacheinander behandeln.

Die Zufälligkeit von Quantenteilchen ist winzig

Verglichen mit einem Keks oder einem Neuron sind Quantenteilchen extrem klein. Ein einziges Neuron besteht aus mehr als 10^{27} Teilchen. Daher sind die Quantenfluktuationen eines einzelnen Teilchens (also seine Bewegung hierhin oder dorthin) so winzig, dass sie wahrscheinlich keinen großen Unterschied machen werden. Wenn etwa eine einzelne Zelle in Ihrem Körper ein bisschen nach rechts rutschen würde, würden Sie das merken? Vermutlich nicht.

Die Quantenzufälle gleichen sich tendenziell aus

Es ist eher wahrscheinlich, dass sich die Quantenfluktuationen aller Teilchen in einem Neuron gegenseitig ausgleichen. Wenn das Neuron ein Teilchen hat, das eine seltsame Quantenbewegung nach rechts vollführt, wird dieser Effekt mit großer Wahrscheinlichkeit dadurch korrigiert, dass sich ein anderes Teilchen zufällig nach links bewegt.

Mit anderen Worten: Jedes unvorhersehbare kleine Quantenwackeln wird tendenziell durch das Gewackel aller anderen Teilchen neutralisiert.

Diese beiden Ideen gelten für alles, was wesentlich größer als ein Quantenteilchen ist. Das ist tatsächlich auch der Grund, warum Physiker so lange gebraucht haben, um die Quantenmechanik zu entdecken: Man kann sie nämlich nur an echt kleinen Dingen wahrnehmen. Wenn Basketbälle und Regentropfen plötzlich vom Kurs abdrehen oder nach dem Zufallsprinzip agieren würden, hätten wir die Quantenphysik schon viel früher entdeckt.

Aber nochmal: Bloß, weil Quanteneffekte klein sind und sich gewöhnlich gegenseitig aufheben, kann man sie dennoch nicht komplett ignorieren. Bleiben große Dinge – etwa Neuronen – von der Quantenzufälligkeit total unberührt? Die Wahrheit lautet: Wir wissen es nicht! Es ist vorstellbar, dass Neuronen *tatsächlich* in beträchtlicher Weise auf solche zufälligen Quantenfluktuationen ansprechen und dass diese Fluktuationen darauf Einfluss nehmen, ob ein Neuron aktiviert wird oder nicht. Wenn das der Fall wäre, *gäbe* es in den Schaltkreisen unseres Gehirns einen Zufallsfaktor, und das würde bedeuten, dass Sie nie wirklich vorhersagen könnten, was irgendjemand denken oder tun wird.

Leider haben wir im Moment keine Beweise dafür, dass Neuronen auf Quantenzufälligkeit reagieren. Einige berühmte Physiker unterstützen diese Idee, aber bislang gibt es keine Experimente, die zeigen würden, dass Neuronen echte Quantenzufälligkeit aufweisen. Andere Physiker versuchen, Verbindungen zwischen der Quantenzufälligkeit und philosophischen Begriffen wie „Bewusstsein" oder „freier Wille" herzustellen. Aber bisher sind diese Argumente ungefähr so überzeugend wie die Betrugsmasche mit den E-Mails von nigerianischen Prinzen.

HABEN WIR DAS RICHTIG VERSTANDEN?

Zusammenfassend lässt sich sagen, dass Sie ein Chaos- *und* auch ein Quantenhirn haben. Aber inwieweit das bedeutet, dass Sie vorhersagbar sind, ist strittig.

Wenn das Gehirn für quantenmechanische Effekte empfänglich ist, tragen Ihre Entscheidungen ein Zufallselement in sich, das sich unmöglich vorhersehen lässt. Nicht bloß *„schwer* vorhersehen" – es ist *unmöglich.* Anders gesagt: Kein Mensch weiß, was Sie als nächstes tun werden.

Doch selbst wenn Ihr Gehirn nicht empfänglich für quantenmechanische Effekte ist, macht es die Chaostheorie praktisch jedem und allem unmöglich, vorherzusehen, was Sie denken und tun werden. Während es im Prinzip möglich sein könnte, Ihre 86 Milliarden Nervenzellen und deren 100 Billionen Verknüpfungen zu simulieren, ist das in nächster Zeit praktisch so gut wie ausgeschlossen.

Damit sieht es ganz danach aus, dass Sie erst einmal beruhigt sein können: Ihr Gehirn ist nicht vorhersehbar – und Sie selbst damit auch nicht. Aber bedeutet das gleichzeitig, dass Sie selbst die Kontrolle über Ihre Entscheidungen haben?

Unvorhersehbar zu sein, ist nicht ganz das Gleiche wie „etwas in der Hand haben". Zufälligkeit ist nicht das Gleiche wie „die Kontrolle über etwas haben". Wenn Ihr Gehirn nach dem *Zufallsprinzip* funktioniert, heißt das nicht, dass *Sie* selbst irgendwelche Entscheidungen treffen; es bedeutet, dass das Universum würfelt und beschließt, was Sie tun werden. Vielleicht ist Ihre Einzigartigkeit – Ihr »Sie-Sein« – die Gleiche wie bei allen anderen Menschen: Sie (und wir) sind das Universum.

Wenn Sie nun angesichts dieser leicht esoterischen Schlussformel die Augen verdrehen, können wir Ihnen mit 100-prozentiger Sicherheit voraussagen, was Sie als Nächstes tun werden: Sie werden jetzt aufhören, dieses Kapitel zu lesen.

WO KOMMT DAS UNIVERSUM HER?

Wenn man nach oben in den anmutigen Nachthimmel blickt oder die Schönheit der mikroskopischen Welt bestaunt, kommt man um die Frage nicht herum: Wo kommt das alles her? Wieso existiert das Universum überhaupt? Was – oder wer – ist für das alles verantwortlich?

Die Menschen bestaunen das Universum schon seit sehr langer Zeit und stellen Vermutungen über seinen Ursprung an. In jedem Fall schon deutlich länger, als es Cartoons oder das Fachgebiet Physik gibt. Diese Fragen sind wichtig, denn sie können Licht in die Zusammenhänge unserer eigenen Existenz bringen. Wir möchten gern wissen, *wie* wir entstanden sind, weil es uns etwas darüber sagen könnte, *warum* wir hier sind und wie wir unsere Zeit verbringen sollten. Wenn Sie wüssten, wo das Universum herkommt, könnte es die Art, wie Sie ihr Leben führen, verändern.

Was hat also die Physik eigentlich zu all dem hier, zur wichtigsten aller Fragen, zu sagen?

AM ANFANG

Bevor wir die Frage stellen, wo das Universum herkommt oder wie es entstanden ist, müssen wir einen Schritt zurückgehen. Die erste Frage, die wir stellen sollten, lautet: Ist das Universum tatsächlich irgendwann entstanden oder war es schon immer da?

Vielleicht überrascht es Sie, zu hören, dass die Physik zu dieser Frage eine ganze Menge zu sagen hat. Unglücklicherweise ist viel von dem, was sie zu diesem Thema zu sagen hat, nicht besonders einheitlich. Tatsache ist, dass uns die beiden großen Theorien über das Universum – Quantenmechanik und Relativitätstheorie – bei diesem Thema in zwei völlig unterschiedliche Richtungen verweisen.

Das Universum kommt... aus dieser Richtung!

Das Quantenuniversum

Die Quantenmechanik erzählt uns, dass das Universum unbekannten Regeln gehorcht. Dieser Theorie zufolge legen Teilchen und Energie ein seltsames und ungewisses Verhalten an den Tag. Das Ganze kann ziemlich verwirrend sein, doch zum Glück hat dieser Teil der Quantenmechanik für die vorliegende Frage keinerlei Relevanz. Das liegt daran, dass die Quantenmechanik in Bezug auf die Vergangenheit und Zukunft des Universums tatsächlich einen *glasklaren* Standpunkt hat.

Die Quantenmechanik beschreibt Dinge im Sinne von Quantenzuständen. Diese Quantenzustände sagen einem etwas über die Wahrscheinlichkeit dessen, was passieren könnte, wenn man mit einem Quantenobjekt interagiert. Sie könnten Ihnen zum Beispiel sagen, wie wahrscheinlich die Position eines Teilchens ist. Sie wissen vielleicht nicht, wo sich ein Teilchen genau jetzt aufhält, aber Sie können erfahren, wo es sich *wahrscheinlich befindet*. Quantenzustände sind deshalb so interessant, weil Sie, wenn Sie den Zustand eines Quantenobjekts heute kennen, diesen dazu nutzen können, den Zustand dieses Objekts morgen vorherzusagen. Oder in zwei Wochen. Oder in einer Milliarde Jahren. Die berühmteste Gleichung der Quantenmechanik, die sogenannte Schrödinger-Gleichung, handelt weder von Katzen noch von Kisten. Sie sagt uns, wie man das, was man über das Universum weiß, nehmen und in die Zukunft projizieren kann. Und es funktioniert auch rückwärts: Man kann das heranziehen, was man über die Gegenwart weiß, und dadurch erfahren, wie das Universum in der Vergangenheit beschaffen war.

Schrödingers Säbelzahntiger

Dieses Vorhersagevermögen kennt der Theorie zufolge kein zeitliches Limit. Es ist ein felsenfestes Prinzip, dass Quanteninformation nicht verloren geht – sie wird lediglich in neue Quantenzustände umgewandelt. Das heißt also: Wenn man den Quantenzustand des Universums am heutigen Tag kennt, kann man seinen Quantenzustand *zu jedem beliebigen Zeitpunkt* berechnen. Die Quantenmechanik erklärt uns, dass das Universum für immer und ewig in die Vergangenheit und die Zukunft reicht.

Daraus folgt etwas sehr Einfaches: Das Universum hat schon immer existiert und wird für immer und ewig existieren. Wenn unser Verständnis der Quantenmechanik korrekt ist, hat das Universum keinen Anfang.

Das relativistische Universum

Einsteins Relativitätstheorie erzählt uns eine vollkommen andere Geschichte. Zu den Problemen der Quantenmechanik gehört, dass sie in der Regel von einem statischen Weltraum ausgeht – einer Art feststehenden Kulisse, an der sich Teilchen und Felder anbringen lassen. Doch die Relativitätstheorie sagt uns, dass das völlig verkehrt ist.

Nach der Relativitätstheorie ist der Weltraum nämlich in dem Sinne dynamisch, dass er sich krümmen, ausdehnen und zusammenziehen kann. Wir können sehen, wie er sich in der Umgebung schwerer Objekte wie Schwarzer Löcher oder der Sonne krümmt. Darüber hinaus beschreibt Einsteins Theorie auch, in welcher Weise der gesamte Weltraum expandiert. Er ist weit mehr als nur eine flache Leere; stattdessen wird er von schweren Dingen lokal verzerrt, dehnt sich permanent aus und wird immer größer.

Und während dieser verrückte Gedanke ursprünglich auf die mathematischen Modelle der Relativitätstheorie zurückging, haben wir inzwischen sogar experimentelle Belege dafür. Mithilfe von Teleskopen können wir sehen, wie sich Galaxien immer schneller von uns fortbewegen. Es hat den Anschein, dass sich alle Dinge im Universum immer weiter verteilen und immer kälter werden, wie ein Gas, das sich beim Ausdehnen abkühlt.

Was bedeutet das für den Ursprung des Universums? Na ja, unsere Beobachtungen deuten darauf hin, dass das Universum, wenn man die Zeit zurückdrehen würde, einst heißer und dichter war. Und wenn man weit genug in der Zeit zurückschaut, erreicht das Universum einen besonderen Punkt: die Singularität.

An diesem Punkt ist die Dichte des Universums so immens, dass die Berechnungen der Relativitätstheorie ein bisschen verrückt spielen. Sie sagen, dass das Universum so dicht war – und sich der Raum so stark gekrümmt hat –, dass es einen Punkt unendlicher Dichte erreichte.

Diese relativistische Sichtweise verrät uns, dass das Universum in gewisser Hinsicht einen Anfang hatte – oder zumindest einen besonderen Moment in der Zeit. Alles, was wir um uns herum sehen können (darunter der gesamte Weltraum), geht auf jenen einen Punkt zurück. Allerdings kann uns die Relativitätstheorie leider nicht sagen, was in jenem Moment passiert ist. Wir wissen nur, dass er *anders*

war als jeder Zeitpunkt danach. Es ist wie eine Wand, hinter die die Relativitätstheorie nicht blicken kann.

WER HAT RECHT?

Die beiden tragenden Säulen der modernen Physik erzählen uns also zwei grundverschiedene Geschichten über den möglichen Ursprung des Universums. Auf der einen Seite sagt uns die Quantenmechanik, dass das Universum unendlich sei und schon immer existiert habe. Auf der anderen Seite erzählt uns die Relativitätstheorie, dass das Universum aus irgendetwas hervorgegangen sei: einem Punkt unendlicher Dichte, der sich vor 14 Milliarden Jahren zugetragen hat.

Wir wissen, dass die Quantenmechanik nicht zu 100 Prozent zutreffen kann, weil es im Universum Dinge gibt, die sie nicht beschreibt. Zum Beispiel beschreibt sie weder die Schwerkraft noch die Krümmung des Raumes. Wir wissen allerdings auch, dass die Relativitätstheorie nicht völlig richtig liegen kann, weil sie an der Singularität scheitert und die Quantennatur des Universums außer Acht lässt.

Es muss also eindeutig eine neue Theorie her, um unsere Fragen zum Ursprung des Universums zu beantworten. Eine Theorie, die in der Lage ist, die Frühphase des Universums zu beschreiben und die besten Elemente sowohl der Quantenmechanik als auch der Relativitätstheorie in sich zu vereinen. Und vielleicht werden wir mit dieser neuen Theorie dann auch in der Lage sein, die größeren Fragen zu beantworten, beispielsweise wo das Universum herkommt und wie es entstanden ist.

Ich werd' mir von jedem von euch einfach das Beste nehmen

WELCHE THEORIEN KOMMEN INFRAGE?

Leider gibt es bislang noch keine funktionierende Theorie, die Quantenmechanik und Relativitätstheorie vereinen würde. Was es aber tatsächlich gibt, ist eine ganze Reihe unterschiedlicher Ideen, die noch in der Entstehung sind; von der Stringtheorie über die Loop-Quantengravitation bis hin zu noch verrückteren Ideen mit noch dämlicheren Namen (wie wär's zum Beispiel mit Geometrodynamik?).

Diese Ideen lassen sich im Allgemeinen einer von drei Kategorien zuordnen:

1. Die Quantenmechanik hat überwiegend recht.
2. Die Relativitätstheorie hat überwiegend recht.
3. Keine von beiden hat recht.

Wir wollen uns diese drei Kategorien genauer anschauen und herausfinden, was sie zum Ursprung des Universums zu sagen haben.

Die Quantenmechanik hat überwiegend recht

Eine Möglichkeit lautet, dass die Quantenmechanik größtenteils richtig liegt, das Universum also schon immer existiert hat und immer existieren wird. Natürlich besteht das größte Problem mit der Quantendarstellung des Universums darin, dass sie weder eine Erklärung dafür liefert, wie sich der Weltraum vergrößert und verändert, noch dafür, wie das Universum vor 14 Milliarden Jahren aus einem extrem heißen und dichten Zustand hervorging.

Was wäre, wenn wir an einem Großteil der Quantenphysik fest-hielten und diesen um eine quantenspezifische Erklärung dafür er-gänzen würden, wie sich der Weltraum verändern kann? Das könnte uns die Antwort liefern, nach der wir hier suchen.

Quantum wird spacey

Um das zu erreichen, haben einige Physiker den Versuch unternom-men, ein anderes Bild des Weltraums zu zeichnen. Wir sind daran gewöhnt, den Weltraum als etwas Grundlegendes zu betrachten: In ihm existieren Dinge, und er macht es möglich, dass Dinge einen Auf-enthaltsort haben und in Bewegung sind. Soweit wir wissen, ist er nicht selbst in irgendwas anderes eingebettet.

Aber was ist, wenn das gar nicht stimmt? Was wäre, wenn es etwas Tieferes und Grundlegenderes gäbe als den Weltraum? Was, wenn der Weltraum in Wirklichkeit aus kleineren Quantenbits bestünde, die sich eben manchmal zusammenfinden können und die vertrauten Eigenschaften des Weltraums aufweisen?

In der Physik sehen wir solche Dinge ständig und bezeichnen sie als „emergente Phänomene". So handelt es sich bei flüssigem Wasser, Dampf und Eis um emergente Phänomene ein und derselben Sache: um Erscheinungsformen von Wassermolekülen und ihrer Art, je nach Temperatur und Druck miteinander zu agieren. Genauso könnte es sein, dass auch der Weltraum selbst auf noch fundamentalere Bits zurückgeht, die ihn wie ein Gewebe zusammenhalten und die Grund-einheiten des Universums bilden.

Worum handelt es sich bei diesen Quantenbits des Universums? Auch wenn die Theorien hier auseinandergehen, können wir Folgendes über diese Bits sagen:

a. Jedes einzelne von ihnen steht für eine Position. An jeder dieser Positionen kann es Teilchen und Felder geben – und somit auch Sie und andere Dinge.

b. Sie gehorchen keiner Ordnung. Diese Bits bilden nirgendwo saubere Reihen, sondern liegen vielmehr als eine Art Quantenschaum vor.

c. Sie sind durch Quantenbeziehungen miteinander verbunden, die man als „Verschränkung" bezeichnet und bei denen die Wahrscheinlichkeit des einen Bits die Wahrscheinlichkeit des anderen beeinflussen kann.

Diese Theorien besagen, dass das, was wir unser Universum nennen, im Grunde nichts anderes ist als ein Netzwerk aus diesen Quantenbits, die in einer speziellen Weise miteinander verknüpft sind.

Sie besagen außerdem, dass das, was wir als „Weltraum" wahrnehmen, in Wahrheit lediglich auf die Stärke der Verbindungen zwischen den Bits im Netzwerk zurückgeht. So seien stark verschränkte Quantenbits solche Positionen, die in unserer Wahrnehmung nah beieinander liegen, und schwach verschränkte Bits solche, die aus unserer Sicht weit voneinander entfernt liegen. In diesem Sinne verkörpert der Weltraum das Gewebe, das all diese Bits zusammenhält.

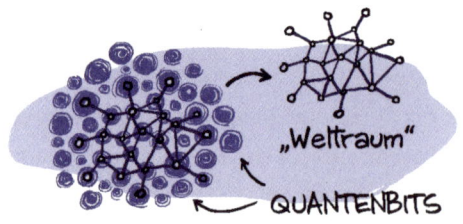

Aus einem quantenphysikalischen Blickwinkel ergibt das alles Sinn, weil es das widerspiegelt, was wir in unserem Universum sehen können. Dinge, die einander nahe (extrem verschränkt) sind, werden einander wahrscheinlich beeinflussen, während Dinge, die weiter voneinander entfernt (also weniger verschränkt) sind, sich mit einer geringeren Wahrscheinlichkeit beeinflussen werden. Wenn zum Beispiel ein Stern am anderen Ende des Universums in einer Supernova endet, können Sie das mit einem Achselzucken abtun und sich Ihrem Mittagessen zuwenden. Wenn aber ein benachbarter Stern als Supernova explodiert, dann hat sich das mit Ihrem Mittagessen (und auch mit Ihnen) erledigt.

Hi, Frau Nachbarin! Boah, wo bist du denn?

Das Ganze ergibt auch aus einem relativistischen Blickwinkel Sinn, da es dem Weltraum die Möglichkeit zur Flexibilität lässt. Es könnte die Krümmung des Raums als eine temporäre Veränderung in den Beziehungen (oder Verschränkungen) von Quantenbits untereinander erklären, die sich in der Nähe eines schweren Objekts befinden. Und es würde auch eine Erklärung dafür liefern, wie es sein kann, dass sich unser Universum ausdehnt: Neue Quantenbits werden mit dem vorhandenen Netzwerk verschränkt, was praktisch mehr Weltraum erzeugt und von uns als größer werdendes Universum gesehen wird.

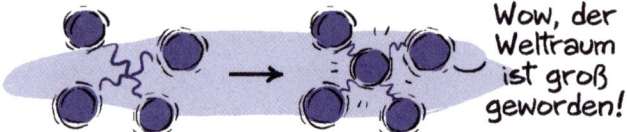

Wow, der Weltraum ist groß geworden!

Diese Idee klingt vielleicht verrückt, gibt uns aber eine klare Antwort auf die Frage „Wo kommt das Universum her?".

Nach dieser Auffassung stammt das Universum aus einem größeren, mit diesen Quantenbits gefüllten Metauniversum, während das, was wir als „Weltraum" bezeichnen, in Wahrheit nichts weiter ist als eine Blase aus jenen Quantenbits, die zufällig miteinander in Verbindung stehen.

Diese Vorstellung hat zudem ein paar interessante Konsequenzen. Falls unser Universum eine Blase miteinander verknüpfter Bits in einem Quanten-Metauniversum darstellt, dann könnte es da draußen auch andere Universen geben. Unser Blasen-Universum könnte gemeinsam mit anderen solchen Blasen-Universen existieren, und bei jedem einzelnen davon wären die Quantenbits auf andere Weise miteinander verbunden. Außerdem würde es bedeuten, dass es da draußen eine Menge Weltraum geben könnte, der *nicht* mit einem bestimmten Universum zusammenhängt. Es könnte in diesem Schaum Quantenbits geben, die gar nicht oder auf unzusammenhängende Weise miteinander verknüpft sind. Mit anderen Worten wäre es möglich, dass eine ganze Reihe von Nicht-Universen existieren.

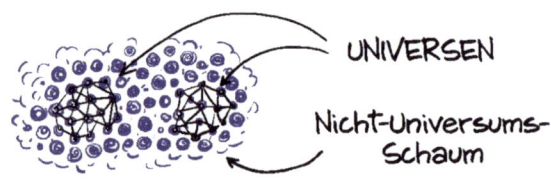

UNIVERSEN

Nicht-Universums-Schaum

Und selbst wenn diese Idee die Frage beantwortet, wo *unser* Universum herkommt, wirft sie natürlich auch weitere Fragen auf. Nämlich: Was sind diese Quantenbits? Wo kommen *sie* her? Was hat sie dazu veranlasst, unser Universum zu bilden? Und wo kommt eigentlich das größere Metauniversum her?

Die Relativitätstheorie hat überwiegend recht

Eine weitere Möglichkeit ist, dass die Relativitätstheorie größtenteils richtig liegt und unser Universum auf ein einzelnes Ereignis vor 14 Milliarden Jahren zurückgeht (die sogenannte Singularität). Doch wie passt das zur Quantenmechanik und der Vorstellung, dass das Universum schon immer existiert hat?

Darüber hinaus gibt es mit der Relativitätstheorie und ihrer Vorhersage im Hinblick auf die Singularität noch ein weiteres Problem. Aus Sicht der Quantenmechanik ist eine Singularität unmöglich. So besagt ein zentrales Konzept der Quantenmechanik, das sogenannte Heisenbergsche Unbestimmtheitsprinzip (auch Heisenbergsche Unschärferelation genannt), dass nichts auf eine derart geringe Größe reduziert werden kann. Alles in der Quantenmechanik muss über ein gewisses Maß an Unbestimmtheit verfügen, und diese Effekte werden stärker, je mehr Materie und Energie zusammengepresst werden. Wie kann das mit der Vorstellung zusammengehen, nach der das gesamte Universum im Inneren eines unendlich kleinen Punktes zusammengepfercht wird?

Einige Physiker haben in diesen Beschränkungen der Quantenmechanik ein paar Schlupflöcher entdeckt und die ein oder andere kleine Veränderung an der relativistischen Entstehungsgeschichte des Universums vorgeschlagen.

Zunächst einmal haben die Physiker die Möglichkeit einer unscharfen Singularität eingeräumt. Vielleicht kam das Universum gar nicht in Gestalt eines einzelnen Punktes zur Welt, sondern als verschwommener Bereich aus Raum und Zeit. Oder anders ausgedrückt: Vielleicht hatte das Universum schon immer, selbst am Anfang, einen Quantencharakter. Das würde das lästige mathematische Problem umgehen, einen Punkt unendlicher Dichte beschreiben zu müssen, mit dem sich die Relativitätstheorie herumschlägt.

Zweitens gelingt es den Physikern, die Relativitätstheorie mit der Voraussetzung der Quantenmechanik zu versöhnen, dass das Universum schon immer existiert habe, indem sie an der Bedeutung des Wortes „immer" drehen. Die relativistische Vorstellung einer Singularität bereitet vielen Leuten Kopfzerbrechen, weil sie eine Grenze, eine Art Rand, für die Zeit darstellt. In gewisser Weise sagt sie uns, dass die Zeit endet und jenseits dieses Punktes keine Zeit mehr existiert. Aber was ist, wenn die Zeit im gleichen Moment sowohl für immer existieren als auch zu Ende gehen kann?

Stephen Hawking und seine Kollegen hatten eine Idee, wie man das erreichen könnte. Was, wenn die Zeit selbst in jener verschwommenen Singularität entstanden wäre? Sie bezeichneten ihre Idee als „no-

DER UNSCHARFE NABEL
DES UNIVERSUMS

boundary proposal"[1], und dieser Vorschlag behandelt die Zeit eher als etwas Zirkuläres statt als gerade Linie. In diesem Zusammenhang hat es noch nicht einmal einen Sinn, über eine Zeit vor der verschwommenen Singularität zu sprechen, weil es gar keine Zeit gab.

---

1 Keine-Grenze-Vorschlag (Anm. d. Übers.)

Nach Ansicht der Theorie wirbelte die Zeit im Inneren jener verschwommenen Singularität ins Dasein und wurde von etwas Imaginärem zu etwas Realem. Um das Ganze zu erklären, bediente sich Hawking einer einfachen Analogie: Es ist, als würde man fragen, was sich nördlich des Nordpols befindet. Die verschwommene Singularität ist so etwas wie der Nordpol der Zeit, und die Frage, was es vorher gab, hat keinerlei Bedeutung.

Das alles sagt uns, dass das Universum – falls die Relativitätstheorie stimmt – aus nichts hervorgeht und von nirgendwo herkommt. Es bedeutet, dass das Universum in gewisser Weise aus sich selbst hervorgegangen ist. Zeit und Raum haben zusammen begonnen, und es hat keinen Sinn, darüber nachzudenken, was vorher da war. Der Relativitätstheorie zufolge hat das Universum in sich selbst seinen Ursprung.

Keine von beiden hat recht

Die letzte Möglichkeit ist, dass weder die Quantenmechanik noch die Relativitätstheorie stimmt. Vielleicht hat das Universum *nicht* schon immer existiert (wie es die Quantenmechanik voraussetzt) und auch niemals „angefangen" (wie die Relativitätstheorie vorschlägt).

Bisweilen liefert einem die Physik Antworten, die nicht wirklich Sinn ergeben. Das liegt daran, dass man die falsche Frage gestellt hat. So geht zum Beispiel die Frage „Wo kommt das Universum her?" davon aus, dass das Universum irgendwo hergekommen sein muss. Sie setzt auch voraus, dass es eine alternative Möglichkeit gibt, bei der das Universum unter bestimmten Bedingungen *nicht* existiert haben könnte.

Doch was wäre, wenn das Universum einfach nur ist? Was wäre, wenn es *sein musste*, während die Alternative, dass das Universum nicht existiert, keine wirklich gültige Option darstellt?

Was nach ausgefallener philosophischer Semantik klingen mag, wird tatsächlich durch ein sehr handfestes mathematisches Argument unterstützt. Ja, es handelt sich sogar um das mathematischste Argument, das man sich vorstellen kann: Was wäre, wenn das Universum selbst mathematisch ist?

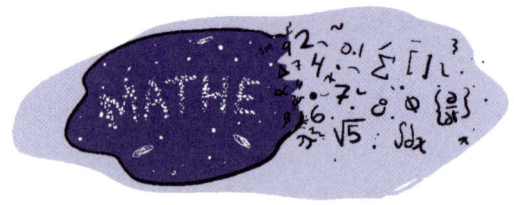

In der Physik nutzen wir die Mathematik, um die Gesetze des Universums zu beschreiben. Sie ist die Sprache der Physik. Aber was wäre, wenn die Mathematik mehr ist als nur eine praktische Art zum Sternezählen oder Lösen von physikalischen Problemen? Was, wenn die Mathematik das Universum gar nicht *beschreibt*, sondern selbst das Universum *ist*?

Aus diesem Blickwinkel stellt das Universum einen Ausdruck der Mathematik, ein unvollendetes Konzept aus Logik und Möglichkeit dar. Es existiert auf die gleiche Weise wie die Zahl 2 oder die Gleichung „3 + 7 = 10". Kein Mensch stellt die Frage „Warum gibt es die Zahl 2?" oder „Wo kommt die Zahl 2 her?". Weil sie einfach … ist. Genauso vertreten manche Physiker und Philosophen die Auffassung, dass das Universum gerade deshalb funktioniert, *weil* es mathematisch ist. Alle Gesetze der Physik zur Beschreibung unseres Universums ergeben Sinn, und deshalb sind sie auch.

Tatsächlich glauben diese Physiker sogar, dass *alle* in sich geschlossenen Gesetzessysteme der Physik, die in mathematischer Hinsicht Sinn ergeben, auch wirklich *real sein und existieren müssen*. Zum Beispiel könnte es ein anderes Gesetzessystem geben, bei dem die Schwerkraft dreimal so stark ist, oder eines, bei dem diese fundamentale Naturkraft ein Fünftel beträgt. Falls die Gleichungen stimmen und die Gesetze keine logischen Widersprüche aufweisen, muss so ein Universum nach Ansicht der Physiker auch existieren. Genau so, wie alle Zahlen oder alle logischen Gleichungen (wie „1 + 1 = 2") existieren, muss es auch jede in sich stimmige Fassung des Universums geben. Und wenn eines dieser potenziellen Gesetzessysteme nicht funktioniert, muss das darauf aufbauende Universum verpuffen und darf niemals existieren.

Kann das real sein? Es könnte. Viele Physiker sind skeptisch, weil es gegenwärtig den Anschein hat, dass es viele verschiedene Möglichkeiten gibt, wie so ein mathematisches Gesetzessystem für ein Universum aufgebaut sein könnte. So besitzt beispielsweise die Stringtheorie, eine potenzielle Theorie der Quantengravitation, 10^{500} Variationen, die allesamt mit unserem Universum vereinbar sind.

Vielleicht liegt es aber einfach daran, dass unsere Theorien unvollendet sind. Vielleicht werden wir, sobald wir die Naturgesetze vollständig begriffen haben, eine einzige gültige Theorie finden, die besagt, dass es nur ein einziges mathematisches Universum geben kann. In dem Fall wäre es nicht nur so, dass unser Universum sein *muss*; es wäre außerdem die einzige Art, wie irgendetwas überhaupt sein *kann*.

WIE KANN ETWAS AUS DEM NICHTS ENTSTEHEN?

Wenn Sie dieses Kapitel in der Hoffnung begonnen haben, eine Antwort auf diese grundlegende Frage zu erhalten, dann sind Sie damit nicht allein. Doch leider scheinen uns die meisten hier betrachteten Theorien mitzuteilen, dass das Universum nicht aus irgendetwas hervorgegangen ist. Sie sagen uns eher, dass es vielleicht schon immer existiert hat oder existieren *musste* oder dass es vielleicht gar keinen Sinn hat, überhaupt nach seinem Ursprung zu fragen.

Und vielleicht spiegelt sich darin auch der Wunsch der Physiker wider, von der Frage abzulenken. Schließlich muss man, wenn man zeigen kann, dass das Universum aus irgendetwas hervorgegangen ist, sich danach fragen: Wo kam dieses Etwas her? Das Ganze wäre ein Fass ohne Boden.

Der Frage auszuweichen, ist aber ein bisschen frustrierend, weil es einer sehr tief in uns sitzenden Vorstellung über das Universum widerspricht: dass alles aus irgendwas hervorgehen muss.

Schon früh in unserer Erziehung und durch alltägliche Erfahrungen lernen wir, dass nichts in diesem Universum umsonst ist. Man bringt uns bei, dass Energie immer erhalten bleibt und Dinge nicht einfach auf mysteriöse Weise aus dem Nichts auftauchen. Es gibt immer einen Grund, und unser menschliches Gehirn ist dafür gemacht, nach solchen Gründen zu suchen.

In Wahrheit haben wir in den letzten Jahren jedoch gelernt, dass selbst diese grundlegende Idee nicht unbedingt stimmt. Wenn wir ins Universum hineinschauen, sehen wir, dass sich der Weltraum aktiv ausdehnt und ständig neuer Weltraum erschaffen wird. Jener neuer Raum ist nicht leer, sondern voller Vakuumenergie, die ungleich null ist. Dabei können wie aus dem Nichts neue Teilchen entstehen, die neue Energie und neue Materie in unser Universum bringen.

Das bedeutet zweierlei Dinge. Erstens wird das Universum noch immer geboren (mit anderen Worten, es ist noch nicht damit fertig, von irgendwoher zu „kommen") und zweitens ist es möglich, dass Energie spontan entsteht. Es passiert überall um uns herum, in diesem Augenblick.

Vielleicht gibt es also eine bessere Frage, die wir stellen könnten, als „Wo kommt das Universum her?". Das Universum existiert, und vielleicht existiert es ja allein deshalb, damit wir es bestaunen und von ihm lernen.

Vielleicht lautet die Frage, die wir eigentlich stellen sollten, eher „Was werden wir damit anstellen?".

WIRD DIE ZEIT IRGEND-WANN ANHALTEN?

Alles im Leben scheint irgendwann an ein Ende zu gelangen.

Träge Sommernachmittage, versteckte Keksvorräte … selbst heftige Winterstürme und Liebeskummer dauern nicht ewig. Die Uhr tickt, die Zeit läuft unablässig vorwärts, Freude wie Schmerz verblassen unweigerlich und sinken in die Vergangenheit, womit sie für die Gegenwart Platz schaffen. Das Einzige, was nie an ein Ende zu kommen scheint, ist die Zeit selbst.

Es wäre schön zu wissen, ob die Zeit eines Tages endet oder ob man sie zumindest anhalten kann. Es würde Ihnen bei der Lebensplanung helfen, oder Sie könnten hin und wieder die Pausentaste drücken, um einen besonders glücklichen oder bedeutsamen Moment voll auszukosten.

Aber lässt sich die Zeit anhalten? Wird sie eines Tages aufhören oder läuft sie einfach immer weiter, einer unendlichen Zukunft entgegen? Wird der Zeit irgendwann die Zeit ausgehen?

KANN DIE ZEIT ENDEN?

Leider ist uns in Sachen Zeit vieles noch unbekannt. In der Physik wissen wir, dass sie verschiedene Konfigurationen des Universums miteinander verbindet. Wenn Sie beispielsweise hier auf der Erde einen Ball senkrecht in die Höhe werfen, wissen wir, dass er nach einiger Zeit an seine Abwurfstelle zurückkehren wird. Darum geht es in der Physik ja: Wir wollen beschreiben, wie sich das Universum im Lauf der Zeit weiterbewegt. Die physikalischen Gesetze sagen uns, was geschehen darf und was unmöglich passieren kann – immer in Bezug auf die Zeit.

Aber kann die Zeit jemals enden oder anhalten? Die Antwort dürfte davon abhängen, was wir unter „die Zeit hält an" verstehen. Schauen wir uns ein paar Möglichkeiten an.

Bedeutet es „Keine Gesetze mehr"?

Es ist die Zeit, die all die unterschiedlichen Seinsmöglichkeiten des Universums ordnet und verbindet. Wenn also die Zeit aufhört, gehen vielleicht alle Regeln den Bach runter. Da die Gesetze der Physik auf der Zeit beruhen und das bestimmen, was passieren sollte, wenn die Zeit vorwärts läuft, bedeutet das Ende der Zeit womöglich einfach den Tod aller *Ordnung*. Ursache und Wirkung hätten dann vielleicht keinerlei Bedeutung mehr, und das Universum würde in einem Zustand totaler Konfusion weiterexistieren. Der Tod aller Ordnung ist kein Thema, an das wir gerne denken.

Sie werden sich auch ohne uns benehmen

Juchhu!

Bedeutet es „Keine Veränderungen mehr"?

Oder vielleicht bedeutet ein Ende der Zeit einfach nur, dass sich das Universum nicht mehr verändern kann. Wenn Zeit das ist, was dem Universum erlaubt, sich zu verändern, könnte es, wenn die Zeit aufhört, einfach … *erstarren*. Egal in welchem Zustand alles gerade ist (Bälle, die durch die Luft fliegen; Blitze, die aus einer Wolke zucken; Sterne, die zu Schwarzen Löchern kollabieren, etc.) – dieser Zustand würde festgeschrieben werden. Und das vielleicht für immer: Wenn die Zeit anhält, könnte sie dann nur für *ein Weilchen* pausieren und hinterher wieder anspringen? Dazu würde es einer äußeren Uhr bedürfen, welche die Anzahl der „eingefrorenen" Augenblicke zählt (dazu später mehr). Wenn die Zeit einfriert, erstarren möglicherweise *alle* Uhren mit ihr, und das Universum kann sich davon vielleicht nie mehr erholen.

Bedeutet es „Das Ende"?

Es ist schwer, sich ein Universum vorzustellen, das ohne Zeit existiert. Die Relativitätstheorie lehrt uns, dass die Zeit sehr eng mit dem Raum verbunden ist und dass man sie besser im Doppelpack betrachtet – als „Raumzeit". Das heißt vielleicht, dass sie fest miteinander verbunden oder gar Teile ein und derselben Sache sind. Es könnte sogar sein, dass die bloße Existenz des Universums an die Existenz der Zeit geknüpft ist und es ohne Zeit überhaupt kein Universum gibt. Das würde bedeuten, dass die Zeit nur auf eine einzige Weise enden könnte: wenn auch das gesamte Universum endet.

All diese Möglichkeiten verweisen auf eine noch grundlegendere Frage in Bezug auf die Zeit und das Universum: Kann das Universum ohne Zeit existieren? Mit anderen Worten, kann es *keine Zeit* geben?

Um das zu beantworten, rekapitulieren wir erst einmal, was wir über die Zeit wissen.

WAS WIR ÜBER DIE ZEIT WISSEN

Als eigener Untersuchungsgegenstand ist die Zeit in der Physik noch ziemlich unverstanden. Sie ist derart in unsere Theorien über die Funktionsweise des Universums eingewoben, dass nur sehr wenige Wissenschaftler Fortschritte bei der Beantwortung der Frage gemacht haben, ob das Universum ohne Zeit existieren kann. Denken Sie mal darüber nach: Jedes Experiment, mit dem man das überprüfen könnte, benötigt grundsätzlich erst einmal Zeit. Sie müssten Ihre Versuchsanordnung vor und nach einem bestimmten Ereignis vergleichen, und ohne Zeit ergeben die Wörter „vor" und „nach" überhaupt keinen Sinn. Es kostet sogar Zeit, sich das Experiment erst mal einfallen zu lassen!

Aber mit der Zeit (Wortspiel unbeabsichtigt) haben die Physiker ein paar wichtige Hinweise gefunden, die uns über das Wesen der Zeit und über ihre Beziehung zum Universum aufklären. Insbesondere haben wir Folgendes gelernt:

a. Die Zeit hatte einen Anfang (oder sowas in der Art).

b. Zeit ist relativ.

c. Man *könnte* keine Zeit haben.

Lassen Sie uns nun jeden dieser Punkte genauer betrachten.

Die Zeit hatte einen Anfang (oder sowas in der Art)

Noch bis vor Kurzem glaubten die meisten Wissenschaftler, dass das Universum unendlich alt und stabil wäre. Das würde bedeuten, dass es schon immer im gegenwärtigen Zustand existiert hätte und dass es folglich immerfort in diesem Zustand weiterbestehen würde. Wenn wir zum nächtlichen Himmel hinaufsahen, schien sich da nicht viel zu bewegen. Die Sterne veränderten im Lauf der Jahreszeiten ein wenig ihre Position, aber sie schienen sich von einem Jahr zum anderen oder selbst von einem Jahrhundert zum nächsten nicht zu wandeln. Dass das Universum schon immer so beschaffen gewesen sein musste und die Sterne bewegungslos am Himmel herumhingen, schien uns ganz selbstverständlich.

Aber als die Astronomen genauer hinschauten, machten sie einige schockierende Entdeckungen. Mithilfe von Techniken, die es ihnen ermöglichten, den Abstand zu weit entfernten Sternen zu messen, fanden sie zu ihrer Überraschung heraus, dass manche der unscharfen Flecken, die sie für Gaswolken gehalten hatten, in Wahrheit ganze Galaxien waren. Und diese Galaxien schienen fast unvorstellbar weit entfernt zu sein. Noch erstaunlicher war, dass ihr Licht ins Rote verschoben war, was bedeutete, dass sich die Galaxien von uns fortbewegten. Es sah ganz danach aus, als wäre das Universum weitaus größer als gedacht und als würde es sich beeilen, noch größer zu werden.

Und plötzlich wurde uns klar, dass das Universum kein statisches Panorama von Sternen war, die ihren festen Platz im Weltraum hatten. Es wuchs vielmehr und veränderte sich. Weitere Entdeckungen enthüllten, dass es kälter wurde und an Dichte verlor.

Das eröffnete den Menschen eine vollkommen neue Sicht aufs Weltall und seine Geschichte. Denn wenn sich das Universum in diesem Moment ausdehnt und dabei abkühlt, wie hat es dann in der Vergangenheit ausgesehen? Wenn wir die Zeit zurückdrehen, können wir uns vorstellen, dass das Universum in seinen jüngeren Jahren dichter und heißer war. Aber wir können nicht *endlos weit* zurückgehen.

Irgendwann wird das Universum bei diesem Rückblick so klein und so heiß, dass es an eine Grenze gelangt, einen Punkt von unendlicher Dichte, den man Singularität nennt. Diese Singularität ist unsere Vorstellung von der Vergangenheit des Weltalls, und an ihr zerschellen all unsere Theorien über das Universum. Selbst die Allgemeine Relativitätstheorie, die uns sagt, wie sich der Raum in der Umgebung von Materie krümmt, kann die Singularität nicht beschreiben, weil die Krümmung hier unendlich wird. Wir wissen nicht, was unter derart extremen Bedingungen mit Zeit und Raum passiert. Aber es könnte an diesem Ende unserer Zeitleiste des Universums eine Grenze darstellen.

Einige Theorien, die versuchen, die Allgemeine Relativitätstheorie mit der Quantenmechanik zu vereinen, legen tatsächlich nahe, dass die Singularität mehr sein könnte als nur ein besonderer Moment in der Zeit. Sie schlagen vor, dass Raum und Zeit so eng miteinander verflochten sind, dass man diesen Moment als den eigentlichen *Startpunkt der Zeit selbst* betrachten könnte. Mit anderen Worten: als einen Anfang der Zeit.

Und wenn die Zeit einen Anfang hat, könnte sie dann auch ein Ende haben?

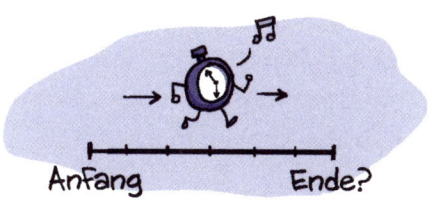

Anfang   Ende?

Zeit ist relativ

Wir wissen auch, dass die Zeit eine Menge seltsame Eigenschaften hat;
am merkwürdigsten ist dabei die Tatsache, dass sie nicht überall im
gleichen Tempo dahinfließt. An manchen Stellen des Universums
bewegt sich die Zeit schneller als anderswo. Es ist schwer zu glauben,
aber die Physik sagt uns, dass es keine zentrale kosmische Uhr gibt,
die im Universum den Takt vorgibt. Stattdessen besitzt jeder Punkt
im Weltraum seine eigene Uhr, und wie rasch oder langsam sie tickt,
hängt davon ab, wie schnell man dort unterwegs ist und wie nahe man
sich an einer riesigen Masse wie einem Schwarzen Loch aufhält. Wenn
jemand richtig schnell an Ihnen vorbeirauscht, werden Sie sehen, dass
für ihn die Zeit langsamer vergeht als für Sie. Und wenn er in der Nähe
eines Schwarzen Lochs ist, werden Sie ebenfalls wahrnehmen, dass
seine Zeit langsamer verstreicht als die Ihre.

Ein verbreitetes Missverständnis ist, dass sich die Zeit für *den Vor-
beirauschenden selbst* verlangsamt, so als würde er spüren, dass sie
träger dahinfließt. Das tut er aber nicht. Wenn er an jemandem vor-
beizischt oder sich in der Nähe eines sehr schweren Objekts befindet,
werden die anderen Leute sehen, dass seine Uhr langsamer tickt, aber
er selbst wird immer das Gefühl haben, dass die Zeit normal vergeht.

Es hängt alles davon ab, wo Sie gerade sind und wie schnell Sie sich
im Verhältnis zur Uhr fortbewegen. Wenn Sie mit einer Uhr an Bord
eines Raumschiffs sind, bewegen Sie sich – auf die Uhr bezogen –
überhaupt nicht. Und wenn Sie in der Nähe eines Schwarzen Lochs

herumfliegen, ist die Uhr ebenfalls mit Ihnen dort. In beiden Fällen würde die Uhr für Sie ganz normal laufen. Aber wenn Sie jemanden auf der Erde zurückgelassen haben, wird *der* sehen, dass Ihre Uhr langsamer läuft, weil er eben nicht bei Ihnen ist.

Heißt das also, dass die Zeit anhalten oder aufhören kann? Nicht unbedingt.

Bei halber Lichtgeschwindigkeit scheint die Zeit an Bord eines Raumschiffs für einen Außenstehenden rund 15 Prozent langsamer zu vergehen. Bei 90 Prozent der Lichtgeschwindigkeit vergeht die Zeit im Raumschiff für äußere Beobachter nur noch etwa halb so schnell, und bei 99,5 Prozent der Lichtgeschwindigkeit scheint sie fast zehnmal langsamer als gewöhnlich. Wenn auf der Erde zehn Stunden vergangen sind, würde die Raumschiffuhr nur eine einzige Stunde zu zählen scheinen. Aber obwohl wir durch immer stärkere Beschleunigung des Raumschiffs die Borduhr so langsam ticken lassen können, wie wir wollen, wird sie nie wirklich stehenbleiben. Um die Zeit auf dieser Uhr für äußere Beobachter anzuhalten, müssten wir *mit* Lichtgeschwindigkeit fliegen, und das ist für alle Dinge, die eine Masse besitzen, unmöglich.[1]

---

1 Da beginnen wir uns natürlich zu fragen, wie ein Photon die Zeit erlebt. Wenn es mit Lichtgeschwindigkeit durchs Universum fliegt, sieht es im Verhältnis zu sich selbst alles andere in Bewegung, und so kommen ihm sämtliche Uhren im Universum so vor, als wären sie stehengeblieben.

Genauso verhält es sich, wenn Sie in die Nähe eines Schwarzen Loches geraten: Für jemanden, der Sie aus der Ferne beobachtet, wird es so aussehen, als würden die Uhren in Ihrem Raumschiff langsamer gehen. Wie wir bereits im Kapitel „Was passiert, wenn mich ein Schwarzes Loch einsaugt?" (s. Seite 78) besprochen haben, würde man aus der Ferne den Eindruck bekommen, dass Sie sich in superlangsamer Zeitlupe fortbewegen. Wenn Sie den Rand des Schwarzen Loches erreichen, sähe es beinahe so aus, als wären Sie völlig in der Zeit erstarrt und würden darauf warten, dass das Schwarze Loch wächst und Sie verschluckt. Aber aus Ihrer Perspektive würde die Zeit ganz normal dahinfließen, und die Reise ins Schwarze Loch würde sich nahtlos vollziehen.

Sie können die Zeit also nicht anhalten oder enden lassen, indem Sie sich an eine Rakete schnallen und wirklich schnell fliegen oder ein Schwarzes Loch ansteuern. Aber wenn Sie ein bisschen mehr Zeit brauchen, um Ihre Physikhausaufgaben zu machen, bringen Sie Ihren Lehrer doch einfach dazu, in ein Raumschiff zu springen – seine Uhren würden dann langsamer gehen als Ihre und Sie könnten sich alle Zeit lassen.

Ein Schwarzes Loch hat Ihre Hausaufgabe geschluckt?

Ja. Sie sollten da mal nachsehen.

Man könnte keine Zeit haben

Zeit ist so grundlegend für unsere Welterfahrung, dass wir uns ein Universum ohne sie schwer vorstellen können. Das bedeutet allerdings nicht, dass sie ein zentraler Bestandteil des Universums sein muss. Es heißt erst mal nur, dass unser Denken womöglich zu eng oder zu subjektiv ist. Die Geschichte wissenschaftlicher Entdeckung lehrt uns, unsere vorgefassten Meinungen zu hinterfragen, weil unsere beschränkte Erfahrung nicht immer universell gültig ist.

Ein Fisch, der sein ganzes Leben in einem strömenden Fluss verbracht hat, kann sich Wasser nicht ohne *Strömung* vorstellen; wir wissen jedoch, dass es möglich ist. Das Dahinströmen von Wasser ist kein notwendiger Bestandteil des Universums, sondern etwas, das unter bestimmten Umständen passiert. Mit anderen Worten: Es kann auch Wasser ohne Strömung geben.

Manche Physiker glauben, dass das Gleiche auch mit der Zeit passieren könnte. Es ist möglich, dass Zeit keine grundlegende und permanente Grundausstattung ist, sondern ein spezieller Zustand – genau wie die Strömung des Flusses. Damit diese Theorie funktioniert, bräuchte man etwas anderes, aus dem unsere gewohnte Zeit entspringt – nennen wir es einfach „Meta-Zeit". Diese Meta-Zeit kann wie unsere Zeit dahinfließen ... oder auch nicht. Wenn die Meta-Zeit strömt, spüren wir die Auswirkungen der Zeit. Und wenn sie nicht strömt, spüren wir, dass die Zeit endet.

Es wäre denkbar, dass manche Grundregeln – wie die Kausalität und dass die Zeit nur vorwärts verläuft – nur Sonderfälle dieser Meta-Zeit-Strömung sind. Vielleicht kann diese Meta-Zeit noch ganz andere Dinge tun, zum Beispiel das Pendant zu Whirlpools oder Wasserfällen bilden, und wir würden dann erleben, wie sich die Zeit in Schleifen bewegt. Oder vielleicht kann sie die Kausalität aufbrechen, und Sie können Ihren Nachtisch dann vor dem Abendessen genießen.

Das heißt natürlich nicht, dass es *keine* Regeln gäbe und alles nach dem Motto „Anything goes" verlaufen würde. Diese Meta-Zeit muss immer noch eine gewisse Ähnlichkeit mit unserem Verständnis von Zeit haben, denn sonst wäre es für die Zeit überhaupt nicht möglich, dahinzufließen. Sie muss immer noch bestimmten Regeln gehorchen, und wenn sie das tut, könnten diese Regeln eine Situation festlegen, in der die Zeit, wie wir sie erleben, anhalten kann.

Das bedeutet, dass die Zeit (wie wir sie kennen) nicht unbedingt existieren *muss* und dass es ein Universum ohne die Art von Zeit geben kann, die uns vertraut ist.

Wir haben keinerlei Hinweise für die Annahme, dass das hier tatsächlich unsere Realität ist.

Aber es ist auch nicht nur *reine* Spekulation. Wir wissen, dass unser Verständnis von Raum und Zeit vor 14 Milliarden Jahren zusammenbricht, als das Universum sehr heiß und verdichtet war. Das lässt uns Raum für kreative Ideen.

WIE WÜRDE DIE ZEIT ENDEN?

An diesem Punkt haben wir die Komfortzone der Physik längst verlassen und sind in einen Bereich vorgedrungen, in dem wir einfach raten müssen. Aber genau so funktioniert Wissenschaft auch. Neue Ideen über die Funktionsweise des Universums kommen gewöhnlich nicht als voll ausgearbeitete mathematische Konzepte auf die Welt. Stattdessen entwickeln sie sich Schritt für Schritt, und die einzelnen Puzzleteile finden im Laufe von Jahren, Jahrzehnten oder sogar Jahrhunderten allmählich zueinander. Manchmal beschreiten wir wilde Pfade, bis sich ein kohärentes Bild abzeichnet, das im Experiment überprüft werden kann. Es ist, als würde man ein Kartenhaus bauen – aber nicht von unten nach oben, sondern indem man jede Karte so lange in der Luft hält, bis die Karten um sie herum angeordnet werden.

Was wir bisher wissen, legt nahe, dass die Zeit auf verschiedene Weisen enden könnte.

Der Big Crunch

Ein mögliches Ende der Zeit ist, die Bedingungen, unter denen sie begonnen hat, wie in einem Spiegel abzubilden. Wir glauben, dass die Zeit angefangen haben könnte, als das Universum heiß und dicht war und der Weltraum unvorstellbar komprimiert. Das war der *Big Bang*, der Urknall. Was wäre, wenn das Universum in einem *umgekehrten* Big Bang irgendwie in diesen Zustand zurückkehrt? Würde die Zeit dann enden?

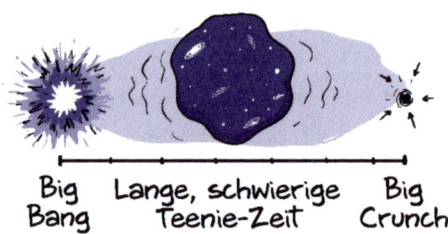

Es könnte tatsächlich so kommen. Wir wissen, dass sich das Universum in seinen ersten Momenten enorm schnell ausdehnte und dass es in den Milliarden von Jahren, die seitdem vergangen sind, immer noch größer geworden ist. Diese Ausdehnung hat sich beschleunigt, sodass die anderen Galaxien jedes Jahr schneller von uns fortstreben.

Aber wir verstehen nicht, was diese Beschleunigung bewirkt. Wir nennen es „Dunkle Energie", aber ein cool klingender Name verrät uns trotzdem nicht wirklich, was da vor sich geht. Und da wir keine Ahnung davon haben, was das Universum dazu bringt, sich auszudehnen, ist es uns so gut wie unmöglich, vorauszusagen, was dieses Etwas in Zukunft tun wird. Die Beschleunigung könnte zum Beispiel aufhören und sich danach ins Gegenteil verkehren. Statt die Geschwindigkeit, mit der andere Galaxien vor uns davonfliegen, weiter zu erhöhen, könnte die unbekannte Kraft sie bis zum Stillstand verlangsamen und ihre Bewegung umkehren. Statt den Weltraum immer weiter auszudehnen, könnte diese Kraft ihn komprimieren und die wirbelnden Galaxien in eine riesige kosmische Kollision scheuchen, die als Big Crunch bezeichnet wird.

Was würde passieren, wenn alle Materie und Energie des Universums wieder auf einen winzigen Raum zusammengedrängt wären? Die Wahrheit ist, dass niemand das weiß. Es wären genau die gleichen Bedingungen wie beim Urknall, und auch die sind für uns noch ein Geheimnis. Aber das verdirbt uns noch lange nicht den Spaß, über solche Dinge nachzudenken!

Es könnte sein, dass die Zeit mit dem übrigen Universum einfach aufhören würde. Das muss kein plötzliches Ende sein. Vielleicht wäre es ein gekrümmtes Ende, ungefähr so, wie die Richtung nach Norden am Nordpol aufhört. Die Zeit hätte an diesem Punkt einfach ihre Grenze, und darüber hinaus gäbe es keine Zeit mehr.

Es wäre auch möglich, dass Raum und Zeit weiterbestehen, selbst wenn sämtliche Materie und Energie des Universums zu einer Singularität zusammengepresst sind. Die Kausalität sowie die Spielregeln unseres Universums würden immer noch greifen, aber alles wäre seltsam und fremdartig ohne die Teilchen oder die Kräfte, die wir gewohnt sind. In diesem Falle würde die Zeit nicht enden, auch wenn das Universum nicht mehr wiederzuerkennen wäre.

Oder es könnte sein, dass die Singularität einen neuen Urknall erzeugt und dass ein völlig anderes Universum entsteht. Dieses neue Universum könnte durch einen Zeitstrang immer noch mit unserem Universum verbunden sein, was bedeuten würde, dass die Zeit nicht endet; sie startet einfach neu. Falls das stimmt, würde jener Zeitstrang eine unendliche Zahl von Universen verbinden, die sowohl in der Zukunft als auch in der Vergangenheit liegen.

Der Wärmetod

Eine andere Möglichkeit, wie die Zeit enden könnte, ist durch schiere Langeweile. Um dies zu begreifen, müssen wir zunächst mal darüber nachdenken, warum sich die Zeit eigentlich vorwärts bewegt. Es scheint so, als würde etwas an den inneren Uhren des Universums drehen, und zwar immer nur in eine Richtung.

Darüber haben sich Physiker schon sehr lang den Kopf zerbrochen – selbst als sie noch gar keine Physiker waren.[2] Es kam ihnen schon immer seltsam vor, dass die Zeit zwar zwei Richtungen hat, sich aber nur in eine bewegt. Sie behaupten, es müsse etwas geben, das die Zeit vorwärts laufen lässt und nicht rückwärts: so etwas wie einen tiefer liegenden Antrieb, an den die Zeit gekettet ist.

---

2 An die Ära „v. Ph." denken Physiker nicht so gern.

DER GROSSE HAMSTER DER ZEIT

Manche Physiker glauben auch, diesen Antrieb gefunden zu haben: Das Universum besitzt nämlich so etwas wie einen eingebauten Richtungspfeil: die Entropie.

Entropie kann man leicht missverstehen und mit allgemeiner Unordnung oder Durcheinander verwechseln. Das muss aber nicht unbedingt so sein. Wir sagen, dass etwas mehr Entropie hat, wenn es eine größere Zahl von Möglichkeiten gibt, seine inneren Teilchen zu arrangieren. Wenn zum Beispiel ein Haufen Materie in einer Ecke zusammengeklumpt herumliegt, dann wird es für ihn weniger Anordnungsmöglichkeiten geben, als wenn man die Teilchen ausschwärmen lässt, wo immer sie hinwollen. Das Gleiche gilt für die Temperatur: Es gibt weniger Möglichkeiten, einen Materieklecks anzuordnen, wenn man verlangt, dass er heiße Stellen und kalte Stellen haben soll. Wenn er jedoch eine gleichmäßige Temperatur hat, kann jedes Teilchen an jeder beliebigen Stelle sein.

Eine komische Sache an der Entropie ist, dass sie, während die Zeit vorwärts geht, stetig zunimmt. Unser Universum ist mit einer sehr geringen Entropie gestartet, war es doch in einen straff organisierten, verdichteten Zustand hineingepresst. Seitdem hat es sich immer weiter ausgedehnt und an Entropie zugenommen.

Aber die andere faszinierende Sache an Entropie ist, dass sie auch eine Grenze hat: einen Zustand *maximal möglicher Entropie*. Wenn alles abgekühlt ist und sich völlig gleichmäßig ausgebreitet hat, ist die Entropie an ihrem Höhepunkt angelangt und kann nicht mehr werden. Und was noch wichtiger ist: Sie kann auch nicht weniger werden.

Wenn in der Sanduhr der ganze Sand zu Boden gerieselt ist, kann er nicht wieder nach oben fließen, das Universum hängt fest.

Was bedeutet das für die Zeit? Dieser Zustand, der unter dem schmeichelhaften Namen „Wärmetod des Universums" bekannt ist, hat zur Folge, dass das Universum von nun an nichts Sinnvolles mehr anstellen kann. Für die meisten Sachen, die man gern tun würde (einen Planeten erschaffen, das Handy aufladen, eine Runde rennen), ist es nötig, dass Energie fließt, und das ist nur möglich, wenn die Energie an manchen Stellen ungleich verteilt oder konzentriert ist (etwa in Ihrem Handy-Akku). Doch wenn all diese Unterschiede einmal ausgeglichen sind und alles den Zustand maximaler Entropie erreicht hat, kann man nichts Sinnvolles mehr tun. Dann kann die Energie nicht mehr fließen – genau wie Wasser in einer vollkommen waagerechten und bewegungslosen Pfütze. Na toll, da haben Sie es endlich ans Ende des Universums geschafft, können dort aber nirgendwo (und mit nichts) Ihr Handy aufladen …

Manche Physiker schauen sich den Zusammenhang zwischen Zeit und Entropie an und sind versucht zu sagen, dass die Zeit vorwärts fließt, *weil* die Entropie zunimmt. Das Zweite Gesetz der Thermodynamik besagt, dass Entropie und Zeit immer gemeinsam zunehmen. Diese Physiker behaupten, dass auch die Zeit selbst anhalten wird, wenn die Entropie ein Maximum erreicht hat!

Das sieht natürlich nach einem großen Sprung ins Ungewisse aus, weil wir erstens gar nicht wissen, ob die Entropie die Zeit tatsächlich vorantreibt und zweitens maximale Entropie nicht bedeutet, dass sich das Universum nicht mehr bewegen würde. Selbst bei maximaler Entropie können noch immer Teilchen herumfliegen. Die einzige Einschränkung wäre, dass sie die Gesamtentropie nicht mehr *steigern* (und ebenso wenig verringern) könnten. Es wäre möglich, dass das Universum in diesem Zustand maximaler Entropie weitergeht und die Zeit immer noch läuft.

Allerdings würde es sich bestimmt wie das Ende der Zeit *anfühlen*. Bei maximaler Entropie liegt das Universum wie eine regungslose Pfütze da und nichts Interessantes kann oder wird jemals wieder passieren.

KINDERERZIEHUNG AM ENDE DER ZEIT

Wer weiß es schon?

Wenn die Zeit keine fundamentale Eigenschaft des Universums ist, sondern nur etwas, das unter bestimmten Bedingungen einer Meta-Zeit geschieht (wie die Strömung eines Flusses), dann ist es möglich, dass diese Bedingungen irgendwann nicht mehr vorliegen.

Es kann sein, dass wir einmal das Ende unseres Flusses in der Meta-Zeit erreichen und sich die Zeit (so wie wir sie kennen) auflöst, sodass sie nicht mehr vorwärts tickt. Das Universum könnte dann in einem zeitlosen Zustand existieren – wie ein Fluss ohne Strömung oder ein stiller See. Dieser neue Zustand würde sich extrem von allem unterscheiden, was wir bisher erlebt oder uns vorgestellt haben. Ohne Zeit und Raum wären die Ereignisse in der Physik nicht kausal miteinander verknüpft. Das Universum würde nur als aufgeschäumte Masse unverbundener Quantenzufälligkeiten existieren.

Um das zu begreifen, müssen wir wissen, wie die Quantenmechanik und der Weltraum ineinandergreifen. Nach so einer Theorie haben Physiker seit Einstein bisher erfolglos gesucht. Wir können also nicht einmal verstehen, wie es ablaufen würde oder was dazu führen könnte, dass sich all jene Bedingungen ändern. Soweit wir wissen, könnte es morgen oder übermorgen passieren. Nur jemand, der den Fluss dieser Meta-Zeit von außen betrachtet, könnte es mit Gewissheit sagen.

Aber dieses Ende der Zeit könnte auch nur vorübergehend sein. Wie ein See, der schließlich einen anderen Fluss speist, könnte sich die Meta-Zeit weiterentwickeln und all die komplexen Fäden zusammenführen, um die Zeit wieder fließen zu lassen.

Interessanterweise würden wir es vielleicht gar nicht mitbekommen, wenn die Zeit stoppt und wieder anläuft. Wir messen Zeit mit physikalischen Prozessen, die sich gleichmäßig fortbewegen: mit einer tickenden Uhr, mit Sand, der in einer Sanduhr hinabrieselt, mit Elektronen, die von einem Zustand zum anderen springen, usw. Wenn die Zeit also stoppt oder sich aufdröselt, würden auch diese Uhren anhalten. Und da auch Sie ein physisches Wesen sind, gilt das auch für Sie. Und weil Ihr Denken und Erleben nur stattfinden kann, wenn sich die Zeit vorwärts bewegt, würden Sie es gar nicht merken, wenn sich der Fluss der Zeit verlangsamt oder abreißt. Wie eine Figur in einem Film, bei dem auf Pause gedrückt wurde, hätten Sie keine Ahnung, wie oft oder für wie lange Sie eingefroren waren.

DAS ENDE UNSERER ZEIT

Es ist an der Zeit, mit der Wahrheit rausrücken: Wir verstehen die Zeit nicht wirklich. Es ist wie mit den Geheimnissen unseres eigenen Geistes – irgendwie verschafft einem die Tatsache, dass man in der Zeit lebt, nicht unbedingt ein besseres Verständnis dafür, wie sie funktioniert.

Aber wir haben zumindest ein paar rudimentäre Ideen. Es könnte sein, dass die Zeit ewig ist und die Uhren des Universums für immer in eine unendliche Zukunft weiterticken. Es könnte auch sein, dass Zeit kein fundamentaler Baustein in der Struktur des Universums ist, sondern eine spezielle Anordnung, die vielleicht nicht ewig Bestand hat. Oder es wäre denkbar, dass Zeit *doch* grundlegend für das Universum ist und dass sie nur enden kann, wenn auch das Universum zu existieren aufhört.

Genau jetzt, in diesem Augenblick, scheint die Zeit gleichmäßig zu fließen. Aber wer weiß, vielleicht werden uns besondere Umstände wie der Big Crunch oder der Wärmetod etwas ganz Neues enthüllen.

Und vielleicht werden wir uns bis ans Ende aller Zeiten den Kopf darüber zerbrechen.

IST EIN LEBEN NACH DEM TOD MÖGLICH?

So traurig es ist – jeder stirbt irgendwann.

Wir leiden alle an jener tödlichen Krankheit, die man menschliches Leben nennt und die dazu führt, dass unser Körper nicht ewig hält. Am Ende wird er aufhören zu funktionieren, und unser physisches Selbst wird Platz machen für Entropie und Verfall. Doch ist das Ende Ihres biologischen Lebens auch das Ende von *Ihnen*?

Ich schätze, ein Meteorit ist 'ne ziemlich coole Art zu sterben

Die wohl tiefgründigste und älteste aller Fragen lautet: Was passiert nach unserem Tod? Diese Frage hat eine so enorme emotionale Resonanz, dass sie im Mittelpunkt der meisten Religionen und Kulturen steht. Die Vielfalt an Ideen über das Leben nach dem Tod ist wahrlich beeindruckend und manchmal sogar ein bisschen verrückt. Zum

Beispiel, dass wir alle in einen riesigen Bankettsaal in einem gigantischen Weltenbaum gehen? Komm schon, nordische Mythologie!

Wissenschaftler überlassen dieses Thema für gewöhnlich den Philosophen und religiösen Gelehrten. Doch seit wir vor vielen Tausend Jahren erstmals über diese Frage nachdachten, haben wir viel über die Funktionsweise des Universums dazugelernt. Ist ein Leben nach dem Tod mit Blick auf das, was wir über die Gesetze des Universums wissen, möglich?

Ah, ein Physiker. Hier geht's lang.

DIE PHYSIK DES HIMMELS

Es gibt eine Menge Vorstellungen darüber, wie das Leben nach dem Tod aussehen mag. In den meisten Religionen bedeutet das, dass man in irgendeinem neuen, nicht-irdischen Kontext weiterlebt. Wie diese neue Lebenssituation aussieht, hängt ganz von der Religion ab: Manchmal bedeutet es, in den Wolken mit Engelsflügeln und Harfenkonzerten zu leben (oder das Gegenteil: in einer düsteren Unterwelt mit Mistgabeln und Feuer), und manchmal, mit der Sonne durch die Gegend zu fliegen oder mit Kriegsgöttern über Krügen voller Bier endlose Lieder zu trällern. In der Regel dauert dieses Leben nach dem Tod ewig, was alle ein bisschen nervös macht, welche Unterkunft sie bei ihrer Ankunft bekommen werden.

Außerdem sind Sie im Leben nach dem Tod meistens irgendwie immer noch *Sie selbst*. Irgendwie überleben Ihre Individualität, Ihr

Bewusstsein und Ihre Erinnerungen, was Ihnen in dieser neuen Phase Ihrer ewigen Existenz die Möglichkeit gibt, zu erleben und sich Ihrer selbst bewusst zu sein.

Ist irgendwas von alldem wissenschaftlich betrachtet möglich? Könnten Sie irgendwie in ein anderes Reich überführt werden, wo Sie als Sie selbst weiterexistieren könnten, nur diesmal in eine Toga gewickelt oder mit extrabequemen Pantoffeln an den Füßen? Nehmen wir das Ganze ernst und denken darüber nach, wie das gehen könnte. Hier sind die drei Schlüsselelemente, die aus wissenschaftlicher Sicht ein klassisches Leben nach dem Tod auszumachen scheinen:

1. Es gibt ein *Sie*, das Ihren physischen Körper überleben kann.
2. Dieses Sie wird eingefangen und an einen anderen Ort gebracht.
3. An diesem anderen Ort existieren Sie bis in alle Ewigkeit und sind dabei noch immer in der Lage, Dinge zu erleben.

Lassen Sie uns nacheinander über jedes dieser Elemente nachdenken und schauen, ob es eine Variante dieser Ideen gibt, die mit dem, was wir über das physische Universum wissen, kompatibel ist.

WAS JENSEITS VON IHNEN LIEGT

Die meisten Religionen gehen davon aus, dass ein Teil von Ihnen den Tod Ihres Körpers überleben kann. Um zu verstehen, ob irgendwas von alldem aus wissenschaftlicher Sicht Sinn ergibt, muss man zuerst herausfinden, welchen Teil von Ihnen es eigentlich zu bewahren gilt.

Die meisten von uns haben zum Beispiel keine Lust, weiter in ihren verwesenden Körpern zu leben, um wie Zombies durch die Gegend zu torkeln und alle ihre früheren Freunde abzustoßen.

Was ist es also, das wir bewahren wollen, wenn wir gewillt sind, auf unseren physischen Körper zu verzichten? Was genau macht *Sie* wirklich aus?

Das ist die Art von Frage, in die sich die Wissenschaft so richtig verbeißen kann. Die Physik agiert im Reich des Physischen (ach nee) und geht deshalb davon aus, dass alles den Gesetzen der Physik gehorcht. Und soweit wir bisher sagen können, sind es ganz einfach … Ihre Teilchen, die *Sie* wirklich ausmachen. Genauer gesagt, die *Anordnung* Ihrer Teilchen.

Sie müssen wissen, dass alles, was wir in unserer Welt sehen können, aus den gleichen Bausteinen besteht. Die ganze Materie, mit der wir interagieren, setzt sich aus zwei Arten von Quarks (einem *up*-Quark und einem *down*-Quark) und Elektronen zusammen. Und das war's. Die beiden Quarkarten können sich auf unterschiedliche Weise zusammentun und dadurch Neutronen (ein *up*-Quark + zwei *down*-Quarks) oder Protonen (zwei *up*-Quarks + ein *down*-Quark) hervorbringen. Und diese beiden verbinden sich dann zu unterschiedlichen Anteilen mit Elektronen, um so jedes Element im Periodensystem zu erschaffen. Aus jenen Elementen setzt sich einfach alles zusammen, von Lamas über Boote bis hin zu Mikroben.

Mit anderen Worten: Der Unterschied zwischen Ihnen und jedem anderen Ding (oder jedem anderen Menschen) auf dieser Welt besteht einzig und allein darin, wie jene Elemente und Teilchen untereinander angeordnet sind. Ein Kilogramm von Ihnen enthält so ziemlich die gleiche Teilchenmenge wie ein Kilo Lava, Eiscreme oder Elefant. Wenn Sie ein Kochbuch darüber schreiben würden, wie man einfach alles auf dieser Welt zubereitet, hätte jedes Rezept die gleiche Zutatenliste: Quarks und Elektronen im Verhältnis 3:1.

EIN PHYSIKALISCHES KOCHBUCH

Doch ein Rezept ist mehr als nur eine Liste mit Zutaten, wie jeder, der schon mal in der Küche gescheitert ist, weiß. Wenn Sie das Rohmaterial falsch zusammenmischen, landen Sie am Ende womöglich bei etwas, das nicht mal mehr Ihr Hund essen würde. Im Fall von Ihnen selbst liegt der entscheidende Unterschied zwischen Ihnen und Lava, Eiscreme oder Elefanten in der *Anordnung* Ihrer Teilchen, nicht in den Teilchen selbst.

Ja, tatsächlich ist noch nicht mal an der genauen Art der Teilchen, aus denen Sie bestehen, etwas Besonderes. Aus physikalischer Sicht sind alle Elektronen gleich. Würden Sie Ihre Quarks oder Elektronen einmal komplett gegen einen neuen Satz tauschen und die Neuen wieder an exakt dieselben Stellen platzieren wie die Alten, würde sich nichts ändern.

Das bedeutet, dass Sie selbst nichts weiter sind als die *Information* über die Anordnung jener Teilchen, und das heißt, Sie *können* selbst dann überleben, wenn Ihr Körper stirbt. Alles, was Sie tun müssen, ist, jene Information irgendwie zu kopieren und irgendwo anders weiterleben zu lassen.

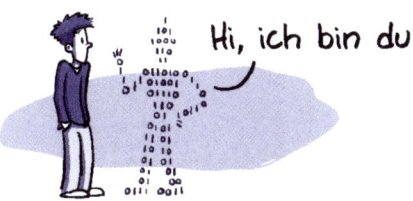

Wie Sie an einen anderen Ort gebracht werden

In den meisten Leben-nach-dem-Tod-Szenarien besteht der nächste Schritt darin, dass Sie (was auch immer es ist, das *Sie* ausmacht) irgendwie an einen anderen Ort oder in andere Gefilde gebracht werden. Das bedeutet aus physikalischer Sicht, dass Ihre Information auf irgendeine Weise kopiert oder von Ihrem Körper losgelöst und an einen anderen Ort gebracht wird. Was jedoch mehrere wichtige Fragen aufwirft:

› Wie wird diese Information ausgelesen oder eingefangen (oder losgelöst)?
› Werden all Ihre Informationen kopiert oder nur ein Teil davon?
› Welche Version von Ihnen erhält den Vortritt?

Die erste Frage – „Wie wird diese Information ausgelesen oder eingefangen?" – ist in Wahrheit vor allem eine Verfahrensfrage. Wie auch immer der Mechanismus aussieht, der Sie in das Leben nach dem Tod bringt – wenn er in einem logischen Universum funktionieren soll, muss er auf irgendeinem physikalischen Prinzip beruhen. Und tatsächlich verfügen wir zum jetzigen Zeitpunkt über Technologien wie MRT oder CT, die Ihren Körper scannen können. Wir haben auch Technologien, die einzelne Atome aufspüren können. Diese beiden Technologieformen werden mit jedem Tag besser, sodass es nicht unvorstellbar ist, dass in naher Zukunft ein Verfahren existieren könnte, mit dem man Ihren Körper bis auf Atom- oder Teilchenebene scannen kann.

Stillhalten Oh, oh!

Aus physikalischer Sicht stößt man dabei allerdings auf zwei Probleme. Zuerst wäre es für jeden Scan erforderlich, dass Energie auf Ihren Körper übertragen wird. Um einzelne Teilchen aufzuspüren, müsste man sie irgendwie sehen, was im Normalfall bedeutet, sie mit einem Photon oder einem anderen Teilchen zu treffen. Darüber hinaus lässt das Universum das Kopieren von Quanteninformationen nicht ungestraft zu. Dieses Grundprinzip der Quantenmechanik, das sogenannte No-Cloning-Theorem, besagt, dass Quanteninformationen nicht kopiert werden können, ohne das Original dabei zu zerstören. Bis jetzt haben wir aber noch keinen Beweis dafür gesehen, dass die Körper von Menschen gescannt oder ihre Teilchen auf Quantenebene zerstört werden, wenn sie sterben.

Zudem sind wir uns nicht sicher, ob es überhaupt *möglich* ist, all Ihre Teilchen auf der Quantenebene zu kopieren. Alle Quantenzustände eines menschlichen Körpers zu scannen, ist eine beachtliche Leistung. Schließlich gibt es 10^{28} Teilchen, was den gesamten Computerspeicher der menschlichen Zivilisation – gegenwärtig rund 10^{21} Bytes – in den Schatten stellt. Wenn wir jeden einzelnen Computer verwenden würden, den es heute auf der Welt gibt, könnten wir vielleicht gerade mal die Informationen speichern, die in einem Ihrer Zehennägel enthalten sind.

Denk dran, auf „speichern" zu drücken!

Natürlich besteht die Möglichkeit, dass diese Informationen einfach dem Ding zur Verfügung stehen, das Ihren Übergang ins Leben nach dem Tod vollzieht – was auch immer das sein mag. Vielleicht ist unser Universum so etwas wie eine Simulation, die in einem anderen Universum abläuft, sodass Ihre Informationen einfach irgendwo auf einer Festplatte rumliegen und nur darauf warten, gelesen und kopiert zu werden.

Die zweite Frage – „Werden all Ihre Informationen kopiert oder nur ein Teil davon?" – ist eher philosophischer Natur. Werden zum Beispiel wirklich *alle* Informationen in Ihrem Körper für das Leben nach dem Tod benötigt? Ist es zum Beispiel wirklich wichtig, zu wissen, was im Augenblick Ihres Todes jedes einzelne Quark in Ihrem Zehennagel tut?

Oder wäre es möglich, dass für das Leben nach dem Tod nur ein Teil Ihrer Informationen gebraucht wird? Und wenn ja, welche Teile sind das?

Wie wir wissen, ist die Anordnung all Ihrer Teilchen das, was Sie einzigartig macht. Es könnte aber auch nützlich sein, darüber nachzudenken, was jene Anordnung bewirkt. Die Anordnung Ihrer Teilchen bestimmt die Funktionsweise einer biologischen Maschine in Ihnen. Dabei handelt es sich um ein Ensemble von mechanischen Prozessen auf Zellniveau, das Informationen aus der Welt aufnimmt und darauf mit bestimmten Aktionen reagiert. Ist die Anordnung der Quantenteilchen in Ihren Zehen oder auch Ihren Gliedmaßen dafür nötig? Und was ist mit Ihrem Bauch? Brauchen Sie Ihr Bauchgefühl im Leben nach dem Tod überhaupt noch?

Es wäre denkbar, dass es gar nicht die Anordnung jedes einzelnen Teilchens in Ihrem Körper ist, die Sie für Ihr Leben nach dem Tod brauchen, sondern einfach nur das *Design* Ihrer biologischen Maschine. Vielleicht ist es gar nicht die Quanteninformation jeder einzelnen Zelle, die weiterlebt, sondern das Wissen, wie diese Zellen miteinander verbunden sind und welche Informationen sie in den Schaltkreisen Ihres Gehirns gespeichert haben. Das würde Ihnen definitiv beim Einsparen von Speicherplatz helfen.

Und Sie können sich ausmalen: Wenn Sie Ihre Ich-Informationen sogar noch weiter komprimieren und dabei wie bei einem unscharfen JPEG-Foto von Ihnen mehr und mehr Einzelheiten weglassen – wären das dann immer noch Sie? Oder wäre es bloß eine Vereinfachung, eine Art „Essenz" von Ihnen?

Bei der letzten Frage – „Welche Version von Ihnen erhält den Vortritt?" – geht es vor allem ums Timing. Unser Körper und unser Geist verändern sich im Lauf unseres Lebens sehr. Während unsere bewusste Erfahrung und unser Wissen mit zunehmendem Alter größer werden, erreichen unser Körper und unsere geistige Kapazität irgendwann ihren Höhepunkt, um dann wieder nachzulassen. Welche Version von Ihnen geht in das Leben nach dem Tod über? Oder anders ausgedrückt: Wann findet der Copy-and-paste-Vorgang statt?

Falls es im Augenblick Ihres Todes passiert, haben Sie vielleicht Anlass zu Beschwerden. Was, wenn Sie nicht in Höchstform sind, wenn der Zeitpunkt gekommen ist? Oder wenn es Dinge gibt, die unmittelbar mit Ihrem Tod zusammenhängen und die Sie lieber nicht in die Ewigkeit mitschleppen würden? Wer entscheidet das – und wie?

Oder vielleicht gleicht der Vorgang, bei dem Sie für das Leben nach dem Tod erfasst werden, auch eher einer Kurve. Vielleicht ist das Kopierte eine Art Durchschnitt von Ihnen, oder es ist die Gesamtsumme von dem, was Ihr JPEG-Foto einzigartig macht. Wenn wir nichts weiter sind als Information, kann Ihnen die Wissenschaft jede Menge Tricks an die Hand geben, um für jene Information den Durchschnitt zu ermitteln, sie zu komprimieren oder ihre wichtigsten Merkmale ausfindig zu machen.

Wie Sie für immer an einem anderen Ort existieren

Das letzte Teil des Puzzles über das Leben nach dem Tod ist die Vorstellung, dass Ihre „Ich-heit" irgendwie bis in alle Ewigkeit an einem anderen Ort weiterlebt. In einigen Fällen liegt dieser Ort in den Wolken (oder tief unter der Erde), in anderen existiert er einfach als separates Gefilde, losgelöst von der Ebene unseres Daseins.

Diese Vorstellung klingt abenteuerlich, wenngleich die Physik das Konzept multipler Universen durchaus in Betracht zieht. Inwiefern das überhaupt plausibel scheint, hängt stark davon ab, wo dieses Leben nach dem Tod angesiedelt ist.

Es wäre möglich, dass unser Universum in Wahrheit eine Teilmenge eines größeren Metauniversums darstellt. Diese Idee haben sich Physiker als Erklärungsversuch für den Ursprung unseres Universums ausgedacht. Die Physik hat gewisse Fortschritte darin gemacht, die Gesetze unseres Universums zu verstehen. Aber bei der Frage, *warum* unser Universum existiert, sind wir nicht viel weitergekommen. Ein Konzept lautet, dass unser Universum vielleicht nichts anderes als eine Blase in einem noch tieferen und größeren Universum (dem Metauniversum) ist und unsere Raumzeit ein bloßer Zufall, der aus besonderen Bedingungen hervorgegangen, aber an sich nicht fundamental ist. In diesem Fall bedeutet der Übergang ins Leben nach dem Tod, dass unsere Informationen irgendwie gescannt und in jenes äußere Universum reinkopiert werden.

Willkommen zur Afterparty!

Unser Universum

DAS ECHTE UNIVERSUM

Eine andere Möglichkeit lautet, dass das Leben nach dem Tod in einem Paralleluniversum stattfindet. Die Idee eines „Multiversums" in der Physik besagt, dass unser Universum vielleicht nicht das einzige ist und es irgendwo noch andere Raumzeitinseln geben könnte. Manche Theorien beschreiben diese anderen Universen als alternative Versionen unseres eigenen, die zum Beispiel durch Quantenentscheidungen, durch unterschiedliche Ausgangsbedingungen oder sogar durch unterschiedliche physikalische Gesetze abgespalten wurden. In so einem Fall *könnte* es eine idealere oder utopischere Version unseres Universums (eine Art Garten Eden) geben. Zugleich wäre es aber auch möglich, dass es schlimmere Versionen unseres Universums gibt, die voller Zorn und Feuer sind (nach Art des Hades). Irgendwie müsste es die Information von uns schaffen, den Weg in diese anderen Universen zu finden – etwas, das Physiker gegenwärtig nicht für möglich halten.

Jedenfalls ist es ein interessanter Gedanke, dass die Gesetze jener anderen Universen völlig anders wären als unsere. Welche Anpassung müssten Sie an Ihrer *Ich*-Information vornehmen, um in diesen Universen zu existieren? Würden Zeit und Kausalität dort überhaupt genauso funktionieren? Und in welcher Art von Gefäß oder Maschine (biologischer oder anderer Natur) wäre Ihre Information enthalten? Immerhin wollen Sie in Ihrem neuen Heimatuniversum auch denken und Sachen erleben und verändern können, falls das Leben nach dem Tod wirklich ewig dauert. Sie wollen ein *Leben* nach dem Tod, nicht ewig reglos rumsitzen. Also müsste das Metauniversum in der Lage sein, Ihre Software aufzurufen, sei es durch Zustände von Quantenobjekten oder irgendwas anderes, das wir uns momentan noch nicht vorstellen können. Sie können es sich ungefähr so vorstellen, wie ein menschliches Programm auf einen neuartigen außerirdischen Computer zu übertragen.

DER HIMMEL AUF ERDEN

Die letzte Möglichkeit sieht so aus, dass unser Universum *selbst* das Metauniversum ist. Es könnte sein, dass das Leben nach dem Tod in unserem Universum stattfinden kann, nicht daneben oder außerhalb.

Es könnte zum Beispiel sein, dass eine benachbarte außerirdische Lebensform ein Walhalla für uns erschaffen hat und nur darauf wartet, uns mit ihren Scannern nach dem Tod dort reinzukopieren. Oder was noch spannender wäre: Es könnte sein, dass *wir selbst* uns unser Leben nach dem Tod bauen.

Wie würde das funktionieren? Nun ja, wir könnten die gleiche Art von Technologie entwickeln, von der wir uns vorstellen, dass sie irgendeine himmlische Macht verwenden würde, um uns ins Jenseits zu befördern.

Wir könnten beispielsweise die Technologie entwickeln, einen ganzen Körper bis runter auf die Ebene von Molekülen oder Teilchen zu scannen (oder zumindest bis auf die Ebene der menschlichen Essenz). Und vielleicht erfinden wir auch eine Technologie im Bereich Biotechnik oder 3D-Druck, mit der wir uns neue Körper bauen können. Beides könnte dazu genutzt werden, neue Kopien von uns zu erstellen, die jünger oder gesünder sind als wir und die man losschicken könnte, um an einem anderen Ort zu leben. Vielleicht könnten wir sie an einem idealeren Ort unterbringen – oder an einem schlimmeren, je nachdem, weshalb man das Leben nach dem Tod erschaffen hat.

Natürlich sind wir von derartigen Technologien noch sehr weit entfernt, und wie schon erwähnt, spielen dabei auch ein paar knifflige quantenmechanische Probleme eine Rolle. In dem Fall wäre es vielleicht einfacher, gar keinen physischen Körper zu haben!

Anstatt sich die Mühe zu machen, Ihren physischen Körper nachzubauen, könnten Sie die Tatsache ausnutzen, dass Sie nichts als Information sind, und in einem *simulierten* Leben nach dem Tod leben.

Dazu könnte man all die wesentlichen Informationen, die *Sie* ausmachen, auf einen Computer hochladen, der dann eine Simulation für Ihr digitales Selbst erzeugen würde. Ihre Digitalkopie würde in dieser Umgebung existieren und sogar wachsen und sich verändern. Und weil das alles nur erfunden ist, könnte dieses digitale Jenseits speziell auf Sie zugeschnitten sein. Sie wollen jeden Tag 50 Bananensplits zum Frühstück? Kein Problem! Sie wollen Ihre Fantasien aus den Achtzigern ausleben oder wie in „Inception" mit Leonardo DiCaprio durch die Gegend rennen? In einer digitalen Welt ist alles möglich.

Würde das ewig währen? Na ja, es würde so lange funktionieren, wie jemand die Computer am Laufen hält. Interessanterweise hätten Sie die Möglichkeit, die Abspielgeschwindigkeit im Inneren der Simulation nach Ihren Wünschen festzulegen. Je nachdem, wie schnell die Computerprozessoren sind, könnten Sie in Ihrem digitalen Jenseits viele Millionen Menschenleben verbringen, während sich der Computertechniker in dieser Zeit gerade mal eine Tasse Kaffee holen kann.

Unsere heutigen Computer sind noch nicht schnell genug, um Ihre gesamte Information zu speichern oder eine perfekte Imitation der Welt zu liefern. Sie werden aber schnell besser, und es scheint möglich, dass sie in naher Zukunft ein ziemlich tolles Leben nach dem Tod hinbekommen werden.

Regenbögen laden …

AUF WOGEN DURCH DIE ZEIT

Wie Sie sehen, ist der Himmel nicht auf die leichte Schulter zu nehmen. Um ein Leben nach dem Tod auf die Beine zu stellen, muss man nicht weniger tun, als ganze Universen zu errichten, sich spontane ferngesteuerte Scanmethoden für unzählige Quantenteilchen auszudenken und außerdem einen Weg zu finden, wie man all diese Informationen durch die Gegend transportiert, ohne dass irgendjemand etwas davon mitkriegt. Und obwohl wir das alles im Prinzip nicht ausschließen können, scheint es aus physikalischer Sicht dennoch ziemlich hochgegriffen.

Die Physik kann letztlich nichts weiter tun, als sich die Welt um uns herum anzusehen und aus dem, was wir untersuchen und beobachten können, Schlüsse zu ziehen. Bis jetzt sieht unser gegenwärtiges Bild des Universums so aus, dass es sich an strenge Regeln hält. Es scheint keine Ausnahmen zu geben, egal, wie sehr sich unser Verstand gern etwas anderes wünschen würde. Soweit wir wissen, gibt es keinen Beweis dafür, dass sich nach unserem Tod irgendwas anderes ereignet als Entropie.

Heißt das, dass die Physik einem Leben nach dem Tod in unserem Universum eine Absage erteilt? Dass mit unserem Tod für immer verloren geht, wer wir sind?

Nicht ganz.

Der Quantenmechanik zufolge kann Quanteninformation in diesem Universum nicht zerstört werden. Das heißt also: Wenn Ihr Körper stirbt, werden sich vielleicht die Teilchen, aus denen er besteht, trennen und verteilen, aber ihre Quanteninformation wird nicht verschwinden. Jene Quanteninformation wird wahrscheinlich absorbiert oder in andere Teilchen verwandelt werden, aber sie wird niemals weggehen. Vielmehr wird sie, wie ein Abdruck oder eine Spur, für immer in den Quantenzustand des Universums eingeschrieben bleiben. Im Prinzip könnte jemand in ferner Zukunft jenen Abdruck untersuchen und daraus ableiten, wer Sie waren und was Sie getan haben. So mächtig ist die Quantenmechanik.

Und diese Idee erstreckt sich auch auf Ihre Handlungen. Jede Handlung, die Sie tätigen, führt zu Wechselwirkungen mit anderen Teilchen und verändert deren Quantenzustand auf so einzigartige Weise, dass dadurch im Grunde die Information jener Wechselwirkung gespeichert wird. Unsere Handlungen schlagen buchstäblich

Wellen durch die Zeit, unverloren und allgegenwärtig in der Quantengeschichte des Universums.

Auf diese Weise sind alle, die jemals gelebt haben, noch immer bei uns – durch die schwache, aber unauslöschliche Spur, die wir alle auf den Dingen um uns herum hinterlassen. Vielleicht werden eines Tages auch Sie sterben und selbst zu einem Teil der Aufzeichnungen des Universums werden. Ein altes Sprichwort besagt, dass wir in den Herzen und Köpfen derer, die uns kannten, weiterleben. Aus Sicht der Quantenmechanik ist das nicht nur wahr; es ist eine mathematische Tatsache.

DAS UNIVERSUM VERGISST NICHT

LEBEN WIR IN EINER COMPUTERSIMULATION?

Passiert das hier wirklich? In echt?

Das ist eine Frage, die sich Menschen oft selbst stellen, wenn sie etwas Großartiges (oder nicht ganz so Großartiges) erleben und manchmal sogar, wenn sie die Nachrichten dieser Tage lesen. Die Welt, in der wir leben, kann so haarsträubend oder unfassbar wirken, dass man nur mit Mühe glauben kann, dass sie wirklich echt ist.

Andererseits, … vielleicht ist sie es ja gar nicht!

Seit vielen Tausend Jahren kursiert die Idee, dass das Universum, in dem wir leben und das wir mit all unseren Sinnen wahrnehmen, vielleicht eigentlich gar nicht real ist. Antike Religionen reden viel davon, dass unsere Welt nichts als eine Illusion sei, und Sokrates fragte sich, ob wir überhaupt den Unterschied feststellen könnten. In jüngerer Zeit hat Keanu Reeves das Ganze im Film „Matrix" auf ein einziges Wort gebracht: „Wow!"

Wir wachsen in der Annahme auf, dass das, was wir sehen und fühlen, das ist, was auch wirklich da draußen ist. Wir glauben, dass das Universum voller physischer Dinge ist, die sich von da nach dort bewegen und ineinander krachen und auf diese Weise die sichtbaren Erscheinungen und Geräusche erzeugen, die wir mit unseren Sinnen aufnehmen. Auf jeden Fall *fühlt sich* das alles wirklich an. Dabei ist sich wirklich *anfühlen* und wirklich *sein* nicht unbedingt das Gleiche. So können sich Träume zum Beispiel wirklich anfühlen, wenn man mittendrin ist, was aber nicht heißt, dass Sie wirklich von einem haushohen Keks durch die Straßen gejagt wurden.

Überraschenderweise befasst sich inzwischen auch die moderne Physik mit der Frage, ob unser Universum real ist. Könnte es sein, dass unsere Welt gar nicht wirklich stattfindet? Ist es möglich, dass es sich bei allem, was wir erleben, nur um ein aufwändig simuliertes Universum handelt – eine Simulation, die in einem übertrieben riesigen und leistungsfähigen Computer zusammengebraut wurde? Und am allerwichtigsten: Wie würden wir dahinterkommen?

WIESO ÜBERHAUPT DARÜBER NACHDENKEN?

Die Vorstellung, dass die Welt nicht real ist und wir in Wahrheit in einer Simulation leben, mag in Ihren Ohren verrückt klingen. Wie könnte etwas so Chaotisches und unvorstellbar Detailreiches wie unsere Welt allen Ernstes durch einen Computer generiert werden?

Wo selbst schon etwas derart Simples wie eine Fliege, die in Ihrem Wohnzimmer umherschwirrt, nur so vor Details strotzt, von ihren winzigen Flügeln, die wie wild gegen Milliarden von Luftmolekülen schlagen, bis hin zu ihren schillernden Augen, die Ihr Gesicht in jeder einzelnen ihrer Facetten widerspiegeln. Könnte ein Computer das alles simulieren?

Tatsächlich ja. Computergrafiken sind unheimlich realistisch geworden. Vergleichen Sie mal die Einfachheit des ursprünglichen „Toy Story"-Films mit seiner jüngsten Fortsetzung („Toy Story 4") und Ihnen wird klar, welche enormen Sprünge man innerhalb weniger Jahre in der Computertechnologie gemacht hat. Mittlerweile sind auch Videospiele und die Virtuelle Realität verglichen mit den klobigen Vielecken früherer Versionen erschreckend weit entwickelt. Die neuesten Computerspiele im Bereich Sport sind so überzeugend, dass sich ohne genaueres Hinsehen kaum sagen lässt, ob man ein simuliertes Spiel oder das echte Material eines Live-Ereignisses vor sich hat. Der Jubel, der Frust und die Wutausbrüche, alles ist da! Bei einer solchen Fortschrittsrate kann man sich leicht vorstellen, dass es eines Tages schwer sein dürfte, den Unterschied zwischen der virtuellen und der echten Realität auszumachen – oder sogar unmöglich.

Es gibt bekanntlich sogar einige Leute, die behaupten, dass wir *wahrscheinlich* in einer Simulation leben. Und während wir sehen, wie unsere Technologie immer besser wird, können wir uns immer deutlicher eine Zukunft ausmalen, in der jeder ein simuliertes Universum zuhause auf dem Computer hat. Manche stellen sich sogar vor, es könnte in derartigen Simulationen simulierte Menschen geben, die ihrerseits weitere Simulationen laufen lassen (eine Simulation in der Simulation!). Wenn Sie das ganze weiterspinnen, würden in unserem Universum schon bald mehr Simulationen existieren als irgendwas sonst, und das wirft die Frage auf: Wie stehen die Chancen, dass wir in dem *einzig* wahren Universum leben und nicht in einem dieser unzähligen simulierten? Statistisch gesehen müssten Sie Ihr Geld auf die Idee setzen, dass wir in einem Computerspiel leben.

Aus philosophischer Sicht gibt es noch einen anderen Grund zu vermuten, dass wir in einer Simulation leben könnten: Es scheint, als ob unser Universum *wie* eine Simulation funktioniert.

Wissen Sie, unser Universum hat viel mit den Computerprogrammen gemeinsam, die wir benutzen, um virtuelle Spiele zu kreieren und virtuelle Welten zu erschaffen: Es scheint sich an Regeln zu halten.

Die ganze Aufgabe der Physik besteht darin, die Regeln des Universums offenzulegen. Und das Universum scheint sie auch tatsächlich zu befolgen. Von der Quantenmechanik bis zur Relativitätstheorie scheint es, dass wir näher und näher dran sind, den Quellcode des Universums zu entdecken. Doch es gibt da eine oft übersehene Frage: Warum hält sich das Universum überhaupt an Regeln? Wieso ist es so stimmig und regelmäßig?

Die Gesetze der Physik scheinen immer und überall zu gelten, und zwar in genau derselben Weise. Das Ganze erinnert an … ein Computerprogramm. Das Universum, in dem wir leben, scheint genau wie eine Software vor sich hinzutuckern, während es blind eine Reihe von Befehlen umsetzt, die von einem Meisterprogrammierer vorgegeben wurden.

Dass unser Universum unheimlich viel mit der Funktionsweise gemeinsam hat, die man von einem simulierten Universum erwarten würde, ist ein ziemlich starkes Argument dafür, dass es genau das sein könnte.

ABER IST ES ÜBERHAUPT MÖGLICH?

Was wäre nötig, um wirklich ein ganzes Universum zu simulieren?

Es steht außer Frage, dass Programmierer in jüngster Zeit Erstaunliches geleistet haben. Das heißt aber nicht, dass es jetzt einfach wäre, ein virtuelles Universum zu bauen. Der Weg von der Beschreibung einer einfachen Fliege an einem einzelnen Ort zur Beschreibung von *allem* ist weit. Es klingt nach einer überwältigend unmöglichen Aufgabe, weil „alles" ganz schön viel Zeugs ist. In Fliegen und Grashalmen stecken nicht nur jede Menge Einzelheiten, sondern es gibt auch verdammt viele Fliegen und unendlich viele Grashalme. Und da reden wir nur von unserem Planeten!

Malen wir uns also aus, wie so ein simuliertes Universum funktionieren könnte, um ein Gespür zu bekommen, was dafür nötig wäre. Aus unserer Sicht gibt es drei grundlegende Möglichkeiten, wie das aussehen könnte.

Gehirn in einem Gefäß

In einem Szenario führt ein Computer die Simulation aus und füttert ein echtes menschliches Gehirn mit Nachrichten. Jenes Gehirn baut sich aus dem, was es mithilfe seiner Sinne wahrnimmt, seine eigene Vorstellung von der Welt. Diese Signale werden aber nicht von den Sinnesorganen in einem echten Körper ausgelöst, sondern von der Computersimulation. Im Inneren des Computers befindet sich ein Modell eines ganzen künstlichen Universums, das mit dem Gehirn im Austausch steht. Wenn das Gehirn ein Signal wie „einen Schritt vorwärts" sendet, simuliert der Computer den Akt des Vorwärtsgehens und berechnet, wie sich die Welt verändern würde und welche neuen Informationen er dem Gehirn übermitteln muss.

Außerirdisches Gehirn in einem Gefäß

In einem etwas durchgeknallteren Szenario könnte ein Computer die Simulation für ein außerirdisches Gehirn ausführen und dann vortäuschen, dass es sich um ein menschliches Gehirn handelt. Das außerirdische Wesen in der Simulation könnte denken, dass sein Gehirn ein Klecks aus Gelee mit Milliarden von Neuronen sei, die sich gegenseitig befeuern, während es in Wahrheit alles Mögliche sein könnte. Sein echtes Gehirn könnte viel größer oder kleiner sein oder auf ganz anderen Prinzipien wie etwa einem riesigen Netz aus hydraulischen Pumpen oder winzigen Quantencomputern oder etwas noch Verrückterem beruhen.

Sie sind ein Software-Programm

Machen Sie sich bereit für die tiefste Metaebene: Was wäre, wenn wir gar kein echtes Gehirn hätten? Was wäre, wenn die ganzen Hirne in der Simulation *auch simuliert* wären? In diesem Szenario ist jeder lebendige bewusste Geist Bestandteil des größeren Programms. In den letzten paar Jahrzehnten hat es riesige Fortschritte bei der Künstlichen Intelligenz gegeben. Inzwischen sind wir in der Lage, Computersysteme zu erstellen, die die Funktionsweisen des Gehirns beim Lernen und Erinnern und bei der Lösung von Problemen imitieren können. Und während diese künstlichen Köpfe immer komplexer werden, vollbringen sie Dinge, von denen die Menschen selbstsicher annahmen, dass eine KI sowas nie tun könnte: den menschlichen Schachweltmeister schlagen, ein Auto durch den Verkehr lenken, Gesichter erkennen oder ein sachliches Gespräch führen. Die Vorstellung, eine virtuelle Welt zu erschaffen, in der intelligente virtuelle Wesen herumrennen, fällt deshalb nicht schwer.

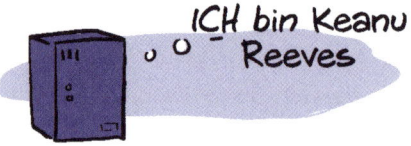

Aber egal wie das simulierte Universum aussieht, das man erschafft – um es zum Laufen zu bringen, braucht man natürlich trotzdem einen gigantischen Computer. Um ein Universum zu simulieren, muss man mit der Anfangskonfiguration beginnen: Wo befinden sich alle Objekte und wie schnell bewegen sie sich? Danach wenden wir die Gesetze des Universums an: Was passiert im ersten Moment mit diesen Objekten? Prallen sie voneinander ab oder gehen sie durcheinander hindurch? Beschleunigen oder verlangsamen sie oder biegen sie nach links ab? Jedes einzelne Objekt wird nach den gültigen Regeln aktualisiert, und die Zeit bewegt sich einen Tick vorwärts. Dann heißt es wiederholen und schauen, was passiert.

Bei vielen Objekten kann das eine Menge Rechenleistung kosten. Zum Beispiel verlangt jedes Objekt eine gewisse Menge an Arbeitsspeicher, damit man verfolgen kann, wo es ist und was es tut. Stellen Sie sich jetzt vor, wie viel Speicher man für ein ganzes Universum bräuchte und wie viel Rechenleistung nötig wäre, um sich durch diese ganzen Daten zu wühlen. Man müsste jedes einzelne Teilchen und jeden Planeten im Universum auf derselben, unvorstellbar detaillierten Ebene simulieren. Wäre das nicht unmöglich?

Vielleicht nicht. Um überzeugend zu wirken, muss ein simuliertes Universum nur den Wesen wirklich erscheinen, die die Simulation erleben. Hier sind ein paar Möglichkeiten, wie man mit weniger Rechenleistung auskommen kann, als Sie vielleicht denken.

Abkürzung #1

Die erste gangbare Abkürzung besteht darin, Ihr simuliertes Universum wie eine einfachere Variante des eigentlichen Universums zu gestalten. Sie könnten es beispielsweise mit weniger Dimensionen ausstatten als das echte Universum, oder mit einfacheren Regeln oder einer geringeren Auflösung. Nur weil ein simuliertes Universum einfacher ist, heißt das noch lange nicht, dass es den in ihm lebenden simulierten Wesen nicht trotzdem real vorkommen würde. Es könnte sein, dass unser Universum verglichen mit dem echten Universum sehr simpel ist, aber weil wir es nicht anders kennen, sind wir zufrieden mit dem Realismus, den es bietet. Wir könnten beispielsweise so etwas wie empfindsame Figuren in einem Super-Mario-Spiel sein und davon ausgehen, dass dieses Universum so komplex ist, wie es nur irgendwie geht.

Abkürzung #2

Sie können auch Rechenleistung einsparen, indem Ihre Simulation nicht in Echtzeit abläuft. Es gibt keine Regeln, die besagen, dass eine Simulation in der gleichen Geschwindigkeit ablaufen muss wie die Echtzeit außerhalb der Simulation.

Sie könnten Ihre Simulation beispielsweise langsamer ausführen, sodass ein Jahr innerhalb der Simulation in Wahrheit 1000 Jahre im echten Universum dauert. In dem Fall hätte Ihr Computer genügend Zeit, so viele Details wie nötig zu rendern, um die Wesen im Inneren von der Echtheit ihrer Welt zu überzeugen. Sie würden keinen Unterschied feststellen, weil es die einzige Geschwindigkeit ist, die sie kennen. Es wäre sogar möglich, die Simulation anzuhalten, nicht mehr dran zu denken und sie erst am nächsten Tag wieder zu starten, ohne dass irgendwas oder -wer in der Simulation etwas davon mitbekäme. Oder merken es die Figuren in einem Videospiel etwa, wenn Sie Pause drücken, um aufs Klo zu gehen? Nein, weil sie sich *im* Spiel befinden.

Abkürzung #3

Die dritte Möglichkeit, ein simuliertes Universum zu ermöglichen, ist ein cleveres Vorgehen bei der Programmierung. Müssen Sie wirklich *alle* einzelnen Teilchen im Universum simulieren, um seine Bewohner in dem Glauben zu wiegen, dass es echt wäre? Ein verbreiteter Trick bei der Entwicklung von Simulationen sieht so aus, nur dann heranzuzoomen, wenn man es wirklich braucht. So verwenden Ingenieure, die Verkehrsbewegungen simulieren, dafür Autos als Bausteine und nicht die Teilchen im Inneren jedes Autos. Und genauso fangen Meteorologen, die eine Hurrikansimulation entwickeln, bei Wolken oder Wassertröpfchen an, aber nicht bei Protonen.

Auf dieselbe Art könnten Sie eine Simulation des Universums programmieren, die – wie eine Rohfassung – aus großen Blöcken besteht, und nur bei Bedarf auf Details auf der Teilchenebene eingehen. Weit entfernte Planeten würden nur dann simuliert, wenn jemand in der Simulation ein Teleskop herstellte, das stark genug wäre, um sie zu sehen, während einzelne Teilchen nur dann simuliert würden, wenn irgendwelche lästigen simulierten Teilchenphysiker einen Teilchenbeschleuniger errichteten, um sie zu erforschen.

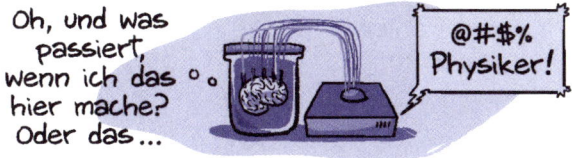

KÖNNTEN SIE ES MERKEN?

Das alles sagt uns, dass es absolut möglich ist, dass wir (oder zumindest Sie)[1] in einer Simulation leben könnten. Technologische Entwicklungen deuten auf die Möglichkeit des Ganzen hin, während die

---

1 Schließlich ist es möglich, dass wir gar nicht echt sind.

Philosophie uns mitteilt, dass ein simuliertes Universum für uns genauso schlüssig wäre wie ein echtes. Soll das heißen, dass wir in diesem Schwebezustand des Nichtwissens gefangen sind? Gibt es irgendeinen Weg, den Unterschied zwischen einem echten und einem künstlichen Universum zu erkennen?

Das hängt davon ab, wie gut der Computer programmiert worden ist. Wenn das Ganze fehlerfrei läuft, dürfte es per definitionem unmöglich sein, die Simulation von der Realität zu unterscheiden. Es könnte sein, dass das echte Universum außerhalb von diesem hier unheimlich viel komplizierter und es zudem möglich ist, einen Computer zu bauen, der leistungsstark genug ist, jedes einzelne von uns wahrgenommene Detail zu simulieren. In so einem Fall werden wir den Unterschied vielleicht nie merken.

Doch wenn Computerprogrammierung im echten Universum auch nur *annähernd* so ist wie in unserem, dann gibt es *immer* irgendwo ein Bug. Unsere beste Chance herauszufinden, ob unser Universum eine Simulation darstellt, ist also: Wir müssen einen Glitch finden, einen Fehler.

Wie würde so ein Fehler aussehen? Das würde davon abhängen, wie die Simulation programmiert ist, was eine Vorhersage schwierig macht. Aber wir können es mit Raten versuchen!

Es könnte sein, dass die Simulation in ihrer Rechenleistung begrenzt ist. Sie könnte etwa Schwierigkeiten damit haben, Dinge über weite Entfernungen im Weltraum zu simulieren. Wenn wir Simulationen von großen und komplexen Objekten entwickeln, neigen wir dazu, sie dadurch zu vereinfachen, dass wir sie in kleinere Häppchen unterteilen. Es lässt sich einfacher handhaben, jedes Häppchen separat zu simulieren und die Ergebnisse zum Schluss wieder zusammenzuflicken. Vielleicht könnte eine künstliche Version unseres Universums jede Galaxie als separates Objekt simulieren, damit das, was in einer Galaxie geschieht, von dem, was in einer anderen Galaxie passiert, unabhängig ist. Als würde man eine Abkürzung nehmen und hoffen, dass es keinen Unterschied macht, weil es unwahrscheinlich ist, dass die Wesen in beiden Galaxien miteinander kommunizieren.

Das funktioniert aber nur, wenn das, was in der Andromeda-Galaxie passiert, auch wirklich in Andromeda bleibt. Falls irgendwas in Andromeda tatsächlich darauf einwirken kann, was in unserer Galaxis passiert, dann könnten wir das ausnutzen, um nach so einem Fehler zu suchen. Was wäre zum Beispiel, wenn uns das supermassereiche Schwarze Loch im Zentrum der Andromeda mit Teilchen beschießen würde, die wir in unserer Atmosphäre detektieren könnten? Das würde beide Galaxien direkt miteinander verbinden, während die Simulation es unter Umständen nicht richtig hinkriegen würde. Vielleicht gäbe es Unregelmäßigkeiten in der Flugbahn, der die Teilchen hierher gefolgt sind, oder Unstimmigkeiten bei ihren Energien. So etwas könnte uns sagen, dass irgendwas in diesem Universum nicht stimmt.[2]

Was war das denn gerade?

---

2 Und tatsächlich beobachten Physiker energiereiche Teilchen, die auf unsere Atmosphäre treffen und bislang durch keine astrophysikalische Quelle zu erklären sind.

Eine weitere Möglichkeit wäre, dass das simulierte Universum in seiner Auflösung begrenzt ist. So wie die alten x86-Computer nur blockartige verpixelte Bilder auf jenen schwarz-grünen Videobildschirmen wiedergeben konnten, kann es eine Untergrenze bei der Auflösung geben, die ein künstliches Universum simulieren kann. Wenn wir bis in die Tiefe von Raum und Materie vordringen und feststellen würden, dass das Universum in einem durch die Naturgesetze nicht erklärbaren Maß verpixelt ist, könnte das ein Hinweis darauf sein, dass wir in einer Simulation leben.

Eine letzte Möglichkeit ist, dass die Simulation, in der wir uns befinden, einfach nicht gut konzipiert sein könnte. Beim Programmieren hier in unserem Universum passiert das ständig. So sorgfältig die Programmierer auch vorgehen oder so gut ihre Absichten auch sein mögen, es scheint, als würden ihre Simulationen an einem gewissen Punkt immer zusammenbrechen. Es gibt vielleicht Fälle, die die Programmierer unseres Universums nicht bedacht, oder Lücken, die sie nicht vorausgesehen haben. Das Gleiche könnte auch passieren, wenn wir immer mehr über unser eigenes Universum lernen. Zum Beispiel haben wir zwei miteinander konkurrierende Theorien über das Wesen der Realität (die Quantenmechanik und die Allgemeine Relativitätstheorie). Beide Theorien haben nicht viel gemeinsam, sodass sie noch immer für sich allein zu funktionieren scheinen. Es gibt allerdings auch Situationen, in denen sie sich völlig widersprechen. Eine davon ist im Inneren eines Schwarzen Lochs, wo die eine Theorie eine Singularität und die andere einen Fleck aus Unbestimmtheit vorhersagt. Es wäre denkbar, dass derjenige, der unser simuliertes Universum erstellt hat (wer auch immer das war), dessen Regeln nicht bis zum Ende durchgedacht hat und bei seiner Entwicklung entweder schludrig oder faul (oder in Eile) war. Das Aufdecken von Ungereimtheiten könnte uns darauf hinweisen, dass irgendwas an dieser Realität nicht ganz hinhaut.

WIESO SOLLTE MAN ES BAUEN?

Die entscheidende Frage bei dieser ganzen durchgeknallten Vorstellung eines simulierten Universums lautet natürlich „Warum?".

Wieso würde sich irgendjemand (oder irgendwas?) die ganze Mühe machen, ein komplettes künstliches Universum zu erschaffen und es dann entweder mit verkabelten Hirnen oder empfindsamen künstlichen Wesen zu bevölkern? Könnte es sein, dass jemand uns zur Energiegewinnung ausbeutet oder zu einem merkwürdigen Zweck als Sklaven hält?

Es wäre vorstellbar, dass unser Universum eine Art Experiment ist. Vielleicht hat jemand unser Universum entwickelt, um eine wissenschaftliche Frage zu beantworten (etwa „In wie vielen Universen entwickeln sich Bananen?") oder womöglich eine psychologische („In wie vielen dieser Universen sind die Leute schlau genug, sie zu essen?"). Oder wir sind ein Experiment für einen bestimmten Universumstypus, sodass es neben uns noch unzählige andere simulierte Universen mit unterschiedlichen physikalischen Gesetzen oder gar einer anderen Realitätsform gibt (die Super-Mario-Welt von eben könnte im Universum gleich nebenan total real sein).

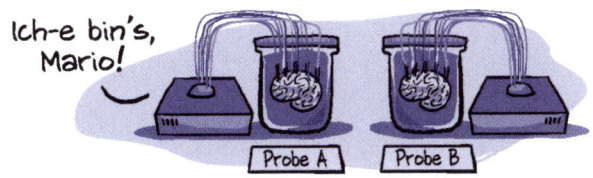

Andererseits, vielleicht machen sie es einfach nur zum Spaß. Was ist, wenn wir das Pendant zum Goldfischglas in deren Universum sind oder ein Spielzeug für ihre Kinder? Oder noch schlimmer: Was, wenn wir der Bildschirmschoner auf ihren ultrakomplexen Laptops sind? Wer weiß schon, was irgendjemand oder irgendetwas unterhaltsam findet, der oder das intelligent genug ist, eine so komplexe Simulation wie unser Universum zu erstellen?

Vielleicht besteht die wahre Illusion ja auch darin, dass es einen Unterschied zwischen einem simulierten und einem echten Universum gibt. Hätte es aus praktischer Sicht wirklich Auswirkungen auf Ihr Erleben oder Ihr Selbstgefühl? Vielleicht sollten wir froh sein, dass wir – ob simuliert oder nicht – überhaupt existieren und uns mit der Mission zufriedengeben, alle Grundsätze unserer Existenz aufzudecken, und zwar unabhängig davon, ob wir die Antworten jemals finden werden. Falls das *tatsächlich* passiert (wenn auch in einer Simulation): Macht es das nicht schon real?

WARUM IST E = MC²?

Wenn es eine physikalische Gleichung gibt, die die meisten Leute kennen, dann ist es wahrscheinlich $E = mc^2$.

Es handelt sich um die berühmteste Gleichung in der Physik, vermutlich, weil sie so leicht zu merken ist. Ihre Form ist schlicht und elegant, fast so wie das „Swoosh"-Logo von Nike. Verglichen mit anderen physikalischen Formeln, die eher aussehen wie ägyptische Hieroglyphen[1], hat diese hier definitiv Markencharakter. Und natürlich schadet es

---

1 Eine Variante der Schrödinger-Gleichung sieht zum Beispiel so aus:

$$i\hbar \frac{\partial}{\partial t} \Psi(\mathbf{r}, t) = \left[\frac{-\hbar^2}{2\mu} \nabla^2 + V(\mathbf{r}, t) \right] \Psi(\mathbf{r}, t)$$

nicht, dass sie von Einstein stammt, dessen Genialität (und berühmte Frisur) seit dem vergangenen Jahrhundert fester Bestandteil der Populärkultur sind.

Aber physikalische Formeln sind nicht nur Mathematik; sie sollen etwas in Bezug auf das physische Universum beschreiben. Und das ist noch ein Grund, warum die Gleichung $E = mc^2$ in den Köpfen der Leute hängenbleibt. Hier steht E für Energie, m für Masse und c für die Geschwindigkeit des Lichts in einem Vakuum, oder auch 299.792.458 Meter pro Sekunde. Sie alle in einer einfachen, eingängigen Formel versammelt zu haben, setzt voraus, dass sie auf tiefe und nachhaltige Weise miteinander verbunden sind.

Doch was genau bedeutet das eigentlich? Wie hängen Masse und Energie und Licht tatsächlich miteinander zusammen? Und was sagt diese Beziehung über die grundlegende Beschaffenheit von uns Menschen und des Universums aus?

MASSE UND ENERGIE

Für die meisten von uns ist Masse das Zeug, aus dem wir gemacht sind.

Wenn etwas Masse hat, bedeutet das in der Regel, dass es schwer, kräftig und solide ist, während wir Dinge mit einer geringeren Masse tendenziell als leichter, ätherischer oder kaum vorhanden betrachten.

Das ist etwas, für das wir schon früh ein Gespür entwickeln und das von den Newtonschen Gesetzen erfasst wurde. Jahrhundertelang belegte $F = ma$ die Spitzenposition als wichtigste physikalische Gleichung der Welt. In dieser Formel ist F die Kraft, die man auf ein Objekt anwendet, m die Masse des Objekts und a die Beschleunigung – mit anderen Worten, wie schnell das Objekt in Gang kommt. Wenn das Objekt viel Masse besitzt, ist ein sehr großes F nötig, um es in Bewegung zu versetzen. Ist m klein, reicht dagegen schon ein sanfter Schubser, um es in Gang zu bringen.

Die Masse ist in unseren Augen das Maß für die *Substanz* von etwas. Dinge wie Berge und Planeten, die über mehr Masse verfügen, fühlen sich echter und solider an.

Dagegen stellen wir uns unter Energie tendenziell etwas völlig anderes vor. Wir bringen Energie mit Hitze, Licht, Feuer und Bewegung in Verbindung. Wir betrachten sie als etwas Vergängliches, das fließen oder übertragen werden kann. Sie gibt uns die Kraft, Dinge zu tun oder Dinge zu verbrennen. Und man kann sie wie eine magische Größe speichern und bei Bedarf freisetzen kann.

Dieses intuitive Verständnis von Masse und Energie hat lange Zeit nahtlos mit den Newtonschen Gesetzen und unserem Grundverständnis des Universums übereingestimmt. Masse und Energie waren zwei Paar Schuhe, obwohl klar war, dass sie sich gegenseitig beeinflussen konnten.

Wenn man einer Sache, etwa einer Tasse Wasser, Energie zuführte, konnte man sich beispielsweise vorstellen, wie es die kleinen Wassermoleküle in der Tasse ein wenig beschleunigte, die Masse des Wassers dabei aber nicht veränderte. Schließlich änderte die Zufuhr von Wärme nichts an der Zahl der H_2O-Moleküle – es ließ sie einfach nur schneller wackeln. Das dachten wir zumindest.

Ende der 1880er-Jahre begannen Physiker damit, lästige Fragen wie „Wo kommt Masse eigentlich her?" und „Was *ist* das überhaupt?" zu stellen. Anfangs schauten sie sich das Elektron an, das gerade erst entdeckt worden war. Sie stellten fest, dass ein geladenes Teilchen (wie ein Elektron) ein Magnetfeld erzeugt, wenn es sich bewegt. Dieses Magnetfeld wirkt auf das Teilchen zurück, wodurch es schwieriger wird, das Teilchen schneller zu bewegen. Es ist, als hätte das Elektron irgendein schwer anzuschiebendes Masseding an sich, was Physiker auf die Idee brachte, dass Masse und Energie (in diesem Fall die Energie des magnetischen Feldes) mehr sein könnten als zwei verschiedene Paar Schuhe.

Dann meldete sich Einstein mit einem schlauen Einwand zu Wort, mit dem er der Debatte ein Ende setzte.

Zum damaligen Zeitpunkt war Einstein mit der Idee der *Relativität* beschäftigt, der wissenschaftlichen Untersuchung dessen, wie sich die Gesetze der Physik auf Dinge anwenden lassen, die sich relativ zueinander bewegen. Man wusste damals, dass sich nichts schneller als mit Lichtgeschwindigkeit bewegen kann und dass dieses Tempolimit unabhängig davon gilt, wie schnell man sich selbst bewegt. Würde man sich richtig schnell fortbewegen, sähe man trotzdem, wie sich das Licht mit Lichtgeschwindigkeit bewegt. Wenn man vergleicht, wie etwas für jemanden aussieht, der auf der Erde steht, und jemanden, der richtig schnell in einem Raumschiff durch die Gegend fliegt, führt diese grundlegende Beschränkung zu ein paar wirklich seltsamen Effekten.

Einstein betrachtete etwa den Fall eines Felsens im Weltraum, der Wärme abgibt. Jene Wärme geht in Form von Infrarotphotonen vom Felsen aus. Wenn Sie neben dem Felsen im Weltraum schweben, werden Sie vermutlich nichts Seltsames bemerken. Sie würden detektieren, wie von dem Felsen Photonen ausgehen und messen, dass diese Photonen eine bestimmte Energie haben (wie alle Photonen).

Wenn Sie dagegen in einer rasenden Rakete an der Erde vorbeiflögen, dann würden Sie etwas anderes sehen. Anhand der Gleichungen der Speziellen Relativitätstheorie schlussfolgerte Einstein, dass Sie die vom Felsen ausgehenden Photonen in einer anderen Lichtfrequenz wahrnehmen würden. Es handelt sich hierbei um den sogenannten relativistischen Dopplereffekt. Dieser hat zum Beispiel Ähnlichkeit damit, wie sich der Klang einer Polizeisirene ändert, wenn sich das Polizeiauto auf Sie zu- oder von Ihnen wegbewegt. Im vorliegenden Fall ist die Verschiebung aufgrund der Regeln der Relativität jedoch ein bisschen seltsamer (was daran liegt, dass Sie nicht sehen können, wie sich das Photon schneller oder langsamer fortbewegt als mit Lichtgeschwindigkeit). Das Endergebnis ist, dass Sie im Raumschiff eine andere Energie des Photons messen würden, als wenn Sie neben dem Felsen im Weltraum schwebten. Doch weil es dasselbe Photon ist, muss sich etwas anderes verändert haben.

Was sich Einstein zufolge außerdem verändert hatte, war die kinetische Energie des Felsens, doch Bewegungsenergie geht auf die Masse und die Geschwindigkeit eines Objekts zurück. Und da sich die Geschwindigkeit des Felsens bei der Photonenabgabe nicht änderte, schloss Einstein darauf, dass sich die Masse verändert haben musste. Tatsächlich fand er heraus, dass sich die Masse des Felsens um einen Wert änderte, der mit der Energie der Photonen identisch war, wenn man ihn mit der Lichtgeschwindigkeit zum Quadrat multiplizierte. Mit anderen Worten stieß er auf Folgendes:

Energie des Photons =
(Masseänderung des Felsens) · (Lichtgeschwindigkeit)²

Das bedeutet: Wenn ein Photon den Felsen verlässt, verändert das tatsächlich die Masse des Felsens. Diese Masseänderung ist dasselbe (sofern mit Lichtgeschwindigkeit hoch zwei multipliziert) wie die

Energie des abgegebenen Photons. Wie es scheint, wurde ein kleines bisschen der Masse des Felsens in Energie umgewandelt, die sich dann in Form eines Photons davonmachte (bedenken Sie dabei, dass Photonen keinerlei Masse haben; sie sind reine Energie).

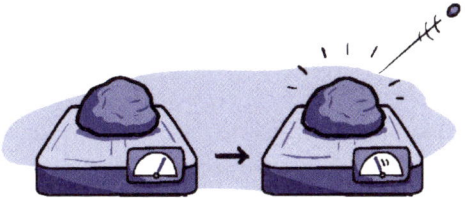

Das war gelinde gesagt ein ziemlich bahnbrechendes Ergebnis. Es warf Tausende Jahre menschlicher Intuition über Bord, die uns sagte, dass Masse und Energie zwei völlig verschiedenen Dinge wären. Stattdessen besagt Einsteins Gleichung, dass beide miteinander zusammenhängen und sich eins irgendwie ins andere umwandeln lässt; als ginge man in ein Wechselbüro und tauschte Dollar gegen Euro.

An diesem Punkt fragen Sie sich womöglich: Was bedeutet das alles? Wie genau kann etwas wie Masse, das Substanz hat, in reine Energie umgewandelt werden und umgekehrt?

Man könnte zunächst vielleicht vermuten, dass sich einige der Atome des Felsens irgendwie zersetzt hätten und zu diesen Photonen wurden. Das wäre eine Möglichkeit, wie die Masse des gesamten Felsens abnehmen könnte. Aber das ist ganz und gar nicht, was passiert. Der Felsen hat vor und nach der Entstehung des Photons dieselbe Anzahl an Atomen, doch irgendwie verringert sich seine Masse.

Das Ganze kommt uns sehr komisch vor, weil wir es nicht gewohnt sind, dass sich die Masse von Dingen ändert. Wenn auf Ihrem Schreibtisch ein Metallgewicht steht, erwarten Sie nicht, dass dieses Gewicht leichter oder schwerer wird, nur weil Sie die Klimaanlage an- oder ausschalten. Ein Kilo Zucker ist ein Kilo Zucker, egal, ob Sie es in den Kühlschrank stellen oder nicht, richtig?

Ich behalt' dich im Auge!

Um zu verstehen, was hier wirklich vor sich geht, müssen wir ein bisschen genauer darauf eingehen, was es bedeutet, dass etwas Masse besitzt. Es gibt vor allem zwei wichtige Anhaltspunkte, die uns dabei helfen werden, dieses Puzzle zusammenzusetzen.

DER GROSSTEIL IHRER MASSE IST NICHTS

Wahrscheinlich gehen Sie davon aus, dass Sie selbst aus etwas Festem bestehen. Man ist schließlich, was man isst, und Sie essen mehr oder weniger festes Zeug – keine Blitze oder Sonnenstrahlen. Und wenn Sie sich mit dem Finger in den Arm pieksen, fühlt der sich auch ziemlich fest an.

Doch wenn Sie genauer hinschauen und in die Teilchen reinzoomen, aus denen Sie bestehen, werden Sie sehen, dass da in Wirklichkeit gar nicht viel ist. Welches Atom Ihres Körpers Sie auch betrachten, sehr viel davon ist leerer Raum. Fast die gesamte Masse des Atoms findet sich im Kern, weil Protonen und Neutronen jeweils 2000-mal so viel wiegen wie Elektronen. Und wenn man ein Proton oder Neutron aufbricht, wird es sogar noch faszinierender. Denn wie wir im Kapitel „Ist ein Leben nach dem Tod möglich?" (siehe S. 224) gesehen haben, bestehen sie eigentlich aus „*up*-Quarks" und „*down*-Quarks". Beim Proton sind es zwei *up*-Quarks und ein *down*-Quark, beim Neutron zwei *down*-Quarks und ein *up*-Quark.

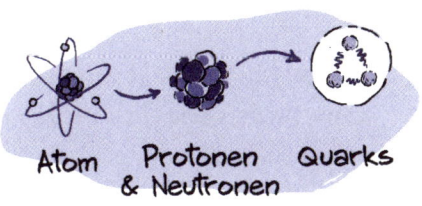

Atom → Protonen & Neutronen → Quarks

Tatsächlich beruht ein Großteil der Masse in Ihrem Körper also auf diesen Arten von Quarks. Aber so richtig interessant wird es erst, wenn Sie diese Quarks voneinander trennen.

Misst man die Masse der drei Quarks zusammen (zum Beispiel im Proton), stellt man fest, dass sie eine Masse von etwa 938 MeV/c² haben.[2]

Wenn man jenes Proton aber aufbricht und die drei Quarks voneinander trennt, dann findet man heraus, dass jedes *up*-Quark nur eine Masse von rund 2 MeV/c² hat und jedes down-Quark nur 4,8 MeV/c² auf die Waage bringt. Die Quarks selbst haben so gut wie gar keine Masse! Jedes davon wiegt weniger als ein Prozent der Masse des Protons.

Und trotzdem erhöht sich ihre Masse irgendwie um den Faktor 100, wenn man sie zusammenbringt. Das ist so, als würde man drei Legosteine zusammenstecken und anschließend feststellen, dass sie plötzlich so viel wie *300* Legosteine wiegen. Was ist da los? Wo kommt diese ganze Masse her?

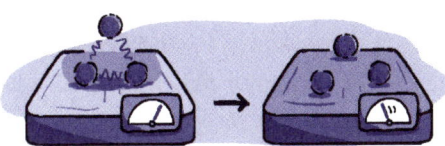

---

2 Wobei „MeV" für Megaelektronvolt und „c²" für die quadrierte Lichtgeschwindigkeit steht; ein MeV/c² entspricht etwa $1{,}7 \cdot 10^{-30}$ Kilogramm. (Anm. d. Übers.)

Die überraschende Antwort lautet, dass die Masse aus der Energie stammt, die die Quarks aneinanderbindet.

Sehen Sie, eine erstaunliche Sache, die wir gelernt haben, ist, dass sich Energie wie Masse verhält. Wenn ein bisschen Energie an einem Ort gebündelt – sagen wir, in den Bindungen zwischen zwei Teilchen eingesperrt – ist, wird sich dieses bisschen Energie genauso schwer wegdrücken oder -ziehen lassen, wie sich Masse nur schwer wegdrücken oder -ziehen lässt. Wenn man die beiden Teilchen dagegen voneinander trennt und zulässt, dass sich die Energie ausbreitet, dann werden sich die Teilchen leichter bewegen lassen. Mit anderen Worten: Die Energie selbst hat eine Trägheit.

Und nicht nur das – Energie verspürt auch Gravitation. Jedes bisschen eingesperrte Energie krümmt ebenso den Raum und wird zu anderen Objekten hingezogen, wie Dinge mit Masse es tun.

Im Fall des Protons ist dessen Masse also die Summe der einzelnen Massen der drei Quarks *plus* die Energie der Bindungen, die sie zusammenhalten (bei Quarks ist es die starke Kernkraft, die sie aneinanderbindet).

Das gilt für alle Dinge in der Natur, nicht nur für Protonen. Die Masse eines Lamas zum Beispiel ist gleich der Masse all seiner Teilchen plus der Energie, die nötig ist, um all jene Teilchen zusammenzuhalten (darunter die regulären chemischen Bindungen zwischen den Molekülen). Würde man das Lama in zwei Hälften aufspalten (Sorry, liebes Lama), wäre die Summe der Massen jener beiden Hälften geringer als die Masse des ursprünglichen Lamas.

Lass' mal
lieber

Und wie finden wir heraus, was die entsprechende Energie jener verlorenen Masse ist? Richtig geraten: $E = mc^2$.

Zum Teil meint $E = mc^2$ genau das: dass Masse äquivalent zu Energie ist. Und es stellt sich heraus, dass das meiste von dem, was wir für unsere Masse halten (circa 99 Prozent davon), in Wirklichkeit nur Energie ist.

DAS RESTLICHE EINE PROZENT

Was ist mit dem anderen einen Prozent von uns? Das ist trotzdem noch *Zeug*, oder? Na ja, eigentlich nicht so richtig.

In den letzten 100 Jahren haben wir auch viel über das Wesen der Masse der Elementarteilchen gelernt. Wir haben so genau wie möglich hingeschaut und bis jetzt nicht den Eindruck, dass Teilchen wie Quarks und das Elektron aus kleineren Stücken bestehen. Das sagt uns, dass ihre Masse nicht von der Energie des Zusammenhaltens kleinerer Stückchen stammt. Also wo kommt ihre Masse her?

Der ursprüngliche Gedanke aus den 1880ern war eigentlich schon auf der richtigen Spur. Elektronen sind aufgrund des Magnetfeldes, das sie erzeugen, schwerer zu bewegen. Doch es gibt da draußen noch ein anderes Feld, das auch auf sie zurückwirkt: das Higgs-Feld. Dieses das gesamte Universum ausfüllende Quantenfeld zieht an jeder Art von Materieteilchen und führt dazu, dass sie schwerer zu bewegen sind. Hier kommt die Masse jedes einzelnen Teilchens her: aus der Interaktion des Teilchens mit dem Higgs-Feld. Aber das ist nur die halbe Wahrheit.

Die vollständige Erklärung lautet, dass die Masse von der *Energie* des Higgs-Feldes stammt. Manche Teilchen stehen in einer starken Wechselwirkung mit der Energie, die im Higgs-Feld gespeichert ist, wodurch sie schwerer zu bewegen sind. Bei anderen Teilchen ist die Wechselwirkung schwächer, sodass sie leichter zu bewegen sind. Das heißt also, dass die Masse jedes einzelnen Teilchens in Wahrheit nichts anderes ist als die Stärke seiner Verbindung mit der Energie des Higgs-Feldes.

Und wir können noch einen Schritt weiter gehen. Laut Quantentheorie sind Quarks und Elektronen selbst nichts weiter als sich kräuselnde kleine Energiewellen auf den Quantenfeldern, die das Universum durchdringen. Ein Teilchen ist genauso nur ein Ausbruch von Energie, wie ein Schrei nur eine Kräuselung in der Luft und eine Ozeanwelle nur eine Kräuselung im Wasser darstellt. Mit anderen Worten: Sogar die Teilchen selbst sind einfach nur Energie!

EINE MASSIVE SCHLUSSFOLGERUNG

Diese beiden Anhaltspunkte – erstens, dass ein Großteil der Masse eines Objekts auf die Energie der Bindungen zurückgeht, die das Objekt zusammenhalten, und zweitens, dass sogar die Masse jedes einzelnen Teilchens nichts weiter als Energie ist – führen uns zu einer verblüffenden und irgendwie schockierenden Schlussfolgerung: Das, was wir uns unter „Masse" vorgestellt haben, existiert gar nicht wirklich. Alles ist nur Energie.

Auf diese Weise kann der Felsen im Weltraum Masse verlieren, wenn er ein Photon abstrahlt. Es ist nicht so, dass er Masse verliert, weil sie in Energie umgewandelt wurde. Die gesamte Materie ist von vornherein Energie – und der Felsen hat diese Energie lediglich von einer Form in eine andere umgewandelt. In diesem Fall hat er die Energie, die in der Bewegung oder Vibration der Moleküle besteht, in ein Photon verwandelt.

Stellen Sie sich beim Gedanken an den Felsen im Weltraum also nicht vor, dass er Masse *und* Energie besitzt. Stellen Sie sich einfach einen großen Haufen aus gesammelter Energie vor. Ein Teil jener Energie steckt in den Teilchen, ein Teil in den Bindungen zwischen den Teilchen und noch ein bisschen in der Bewegung der Teilchen, aber es ist alles nur ein einziger Pool aus Energie.

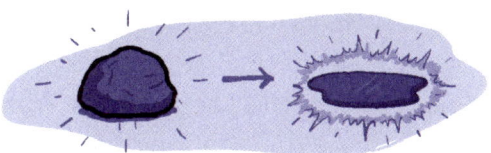

Auch das Gegenteil kann passieren: Wenn der Felsen einen Sonnenstrahl absorbiert und sich erwärmt, addiert sich das zu diesem Energiepool. Mehr Energie bedeutet, dass der Felsen schwerer zu bewegen sein wird und mehr Masse besitzt. Und das heißt: Heiße Felsen *sind* wirklich massereicher als kalte Felsen! Der Unterschied ist natürlich gering: Denken Sie daran, dass man zur Berechnung der äquivalenten Masseänderung die Energie des Photons durch die Lichtgeschwindigkeit hoch zwei dividieren muss, und das ist eine verdammt große Zahl.

Das ist es also, was $E = mc^2$ enthüllt: dass Masse äquivalent ist zu Energie. In der Physik sagt man heutzutage, dass Masse eine *Form* von Energie ist. Das liegt daran, dass es auch andere Formen von Energie gibt. So können Photonen zum Beispiel Energie besitzen, aber keine Masse.

JUST DO IT

Die berühmte Gleichung sagt uns, dass es zwischen Masse und Energie eine tiefe Verbindung gibt. Was aber nicht heißt, dass Masse etwas ist, das in Energie umgewandelt werden kann. Vielmehr haben wir gelernt, dass jede Masse einfach Energie ist. Sie ist die Energie der Teilchen eines Objekts, und zwar entweder in deren Bindungen miteinander oder deren Wechselwirkung mit dem Higgs-Feld.

Die Vorstellung, dass Energie Trägheit besitzt oder etwas wiegt, fühlt sich seltsam an und widerspricht unserer Intuition. Das liegt aber bloß daran, dass wir uns unter Masse jahrhundertelang das Falsche vorgestellt haben. So etwas wie „Zeug", aus dem Dinge bestehen, gibt es nicht; alles, was es gibt, ist Energie und die Wirkung, die sie auf die Form des Raumes (Gravitation) und auf die Art hat, wie sich Dinge bewegen (Trägheit). Das sind die zwei Seiten von Einsteins zweiteiligem Relativitätstango.

Das alles verändert unsere Sicht auf das Universum grundlegend. Wir betrachten das Universum nicht länger als etwas, das voller Materie und Energie ist. Das gesamte Universum ist nichts als Energie – das gilt auch für uns. Wir sind im wahrsten Sinne des Wortes Lichtgestalten aus purer Energie.

Sie dürfen nur nicht erwarten, dass Ihnen in nächster Zeit Laserstrahlen aus den Augen schießen.

WO LIEGT DAS ZENTRUM DES UNIVERSUMS?

Das Zentrum von etwas ist ein wichtiger Ort.

Das Zentrum Ihrer Stadt ist zum Beispiel ein Orientierungspunkt. Es ist der Ort, an dem am meisten los ist, es die besten Bäckereien gibt und wichtige Entscheidungen getroffen werden. Außerdem ist das Stadtzentrum normalerweise auch der älteste Teil der Stadt, der Ort, an dem der erste Brotlaib gebacken und das erste Haus gebaut wurde.

ZUR ALTEN BÄCKEREI

Das Gleiche trifft in wirklich großem Maßstab auf viele Dinge im Universum zu. Unser Sonnensystem hat ein Zentrum: die Sonne! Sie ist das Erste, das sich aus der Wolke aus Gas und Staub, die uns hervorbrachte, gebildet hat, und bis heute der dichteste Punkt. Außerdem ist sie die beste Quelle von Licht und Energie und definitiv der geschäftigste Ort im Sonnensystem: Bei der Sonne gehen die Lichter nie aus. Selbst unsere Galaxis hat ein Zentrum, und zwar ein supermassereiches Schwarzes Loch mit vielen Millionen Sonnenmassen, dessen Gravitation dazu beiträgt, dass alles an Ort und Stelle bleibt.

Aber Zentren sind auch deshalb wichtig, weil sie einem ein Gefühl für einen Ort verleihen. Sie helfen einem dabei, sich zu orientieren, und liefern einen Anhaltspunkt, wo man sich in Bezug auf alles andere gerade befindet. Ohne dieses Wissen könnte man sich ein bisschen haltlos oder verloren fühlen, so, als wenn man ohne Kompass auf offener See unterwegs ist oder sich bei IKEA verirrt.

Wie sieht das also im Hinblick auf das ganze Universum aus? Hat es ein Zentrum, wo alles angefangen hat und die ganzen wichtigen Universumsgeschäfte stattfinden? Und falls ja, wie weit sind wir davon entfernt? Sind wir nah am Zentrum des Geschehens dran oder leben wir irgendwo im kosmischen Nirgendwo?

Schauen wir uns doch mal um und sehen, ob wir genau bestimmen können, wo das Zentrum von, ähm na ja, im Grunde von *allem* liegt. Und wer weiß, vielleicht ist dort dann ja sogar was los?

WAS KÖNNEN WIR SEHEN?

Im Normalfall können Sie das Stadtzentrum finden, indem Sie einen Blick auf eine Karte werfen. Doch leider haben wir keine Karte des ganzen Universums, weil wir nicht alles davon sehen können. Was nicht daran liegt, dass uns irgendwas die Sicht versperren würde oder das Universum zu groß wäre – der Grund ist, dass die Geschwindigkeit des Lichts einfach zu verflixt langsam ist.

Obwohl das Licht im Vergleich zu wettkampforientierten IKEA-Besuchern und Flugzeugen ziemlich schnell ist, ist es trotzdem nicht unendlich schnell. Es braucht Zeit, um die Millionen und Abermillionen Kilometer von Weltraum zu durchqueren und uns Bilder aus den entferntesten Winkeln des Universums zu liefern. Und leider ist das Universum zu jung, als dass wir alles davon sehen könnten. Physiker glauben, dass das Universum vor 14 Milliarden Jahren begonnen hat, was die für uns sichtbaren Photonen einschränkt. Falls etwas so weit weg ist, dass sein Licht mehr als 14 Milliarden Jahre bräuchte, um uns zu erreichen, dann können wir es nicht sehen. Das bedeutet, dass die entfernteste Sache, die wir sehen können, etwas ist, von dem sich Licht kurz nach der Entstehung des Universums zu uns aufmachte. Bei allen weiter entfernt liegenden Dingen ist noch nicht genügend Zeit vergangen, damit ihr Licht, obwohl es sich auf dem Weg befindet, hier ankommen konnte.

14 Milliarden Jahre

Wir nennen diesen Ausschnitt des Weltraums, den wir sehen können, das „beobachtbare Universum". Und weil sich das Licht mit derselben Geschwindigkeit in alle Richtungen ausbreitet, stellt dieser Ausschnitt eine Kugel mit Ihnen selbst (oder besser gesagt Ihren Augäpfeln) in der Mitte dar.

Das beobachtbare Universum ist ohne Zweifel riesig. Und weil sich das Universum ausdehnt, ist es in allen Richtungen eigentlich größer als 14 Milliarden Lichtjahre. Objekte, deren Licht jetzt nach 14 Milliarden Jahren bei uns eintrifft, sind in Wirklichkeit noch weiter weg, weil der Weltraum inzwischen gewachsen ist. Diese Expansion des Weltraums hat unser Sichtfeld auf rund 46,5 Milliarden Lichtjahre ausgedehnt, was das beobachtbare Universum etwa 93 Milliarden Lichtjahre breit macht. Und falls wir an dieser Stelle nach dem Zentrum des beobachtbaren Universums suchen würden, wäre die Antwort einfach: Das sind Sie. Wir stehen alle im Mittelpunkt unseres eigenen beobachtbaren Universums, weil wir Photonen von einem leicht unterschiedlichen Standort aus empfangen.

Und das beobachtbare Universum jedes Menschen wächst sogar jedes Jahr. Nicht nur, weil sich der Weltraum permanent ausdehnt, sondern auch, weil uns mit der Zeit immer mehr Photonen erreichen können, was uns immer weiter entfernte Dinge sehen lässt.

Aber natürlich ist das beobachtbare Universum nicht dasselbe wie das eigentliche Universum. Unser begrenzter Blick verrät uns nicht unbedingt, ob das Universum ein Zentrum besitzt. Es wäre möglich, dass das beobachtbare Universum fast genauso groß ist wie das tatsächliche Universum, und in diesem Fall könnten wir schon bald ein Gespür dafür bekommen, wo sein Zentrum liegt. Es könnte aber auch sein, dass das Universum viel größer ist als das, was wir sehen können, und unsere kleine sichtbare Blase in irgendeiner traurigen Ecke liegt und den ganzen Spaß verpasst.

Schätze mal, im Universum ist nicht wirklich viel los

ANHALTSPUNKTE IN DER STRUKTUR DES UNIVERSUMS

Auch wenn unser Blick theoretisch bis zum Rand des beobachtbaren Universums reicht, haben wir gerade erst damit begonnen, uns umzusehen und zu erfahren, was in unserer eigenen Nachbarschaft passiert. Erst in jüngster Zeit ist es uns gelungen, Teleskope zu bauen, die leistungsfähig genug sind, um jene entfernten und schummrigen Galaxien genauer ins Visier zu nehmen.

Das Erste, was uns beim Umsehen auffällt, ist, dass Sterne und Galaxien nicht gleichmäßig im Universum verteilt sind – anders als Schokoladenstückchen in einem gut gemachten Muffin. Stattdessen sind sie in großräumigen Strukturen angeordnet, die die Schwerkraft in 14 Milliarden Jahren geduldiger Arbeit auf die Beine stellen konnte.

Unsere Galaxis gehört zu einem kleinen Haufen benachbarter Galaxien, den man als „Lokale Gruppe" bezeichnet. Die Galaxien kreisen auf Umlaufbahnen um einen zentralen Punkt, während sie durch den Weltraum rauschen und gelegentlich zusammenstoßen. In etwa fünf Milliarden Jahren wird unsere Nachbargalaxie, Andromeda, in unsere Galaxis hineinkrachen. In der Nähe gibt es noch weitere ähnliche Galaxienhaufen, und alle zusammen bilden wir einen Supergalaxienhaufen mit einem Durchmesser von vielen Millionen Lichtjahren.

Solche Superhaufen wie unser eigener sind aber nicht die größten Objekte im Universum. In den letzten Jahrzehnten haben unsere Teleskope enthüllt, dass Superhaufen sogar noch größere Strukturen bilden: die Wände von gigantischen Blasen, die Milliarden Kubiklichtjahre aus *nichts* umschließen. Wir sind immer noch dabei, das ganze Bild zusammenzusetzen, doch soweit wir wissen, sind jene Blasen die größten Strukturen im Universum.

Können wir dadurch herausfinden, wo das Zentrum des Universums liegt? Es wäre fantastisch, wenn uns die Struktur, die wir sehen, etwas darüber verraten könnte, wo sich dieses Zentrum womöglich befindet. Vielleicht könnten wir ein Muster erkennen, so, wie die Gebäude, die auf dem Weg nach Downtown normalerweise größer werden, oder so, wie es zur Mitte von Galaxien hin immer enger zugeht.

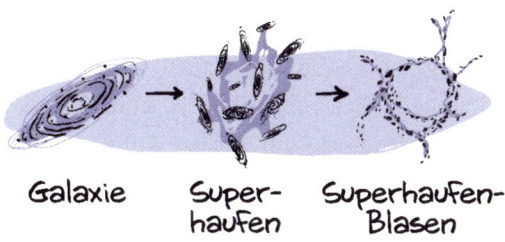

Galaxie   Super-   Superhaufen-
             haufen   Blasen

Doch leider können uns nicht mal diese gigantischen Blasen viel darüber sagen, wo so ein Zentrum vielleicht liegt. Es scheint, dass sie sich ziemlich gleichmäßig immer weiter in alle Richtungen bewegen. Das Ganze wird an keiner einzigen Seite dichter oder deutet auf irgendein Muster hin, um das Zentrum finden zu können.

ANHALTSPUNKTE IN DEN BEWEGUNGEN VON GALAXIEN

Vielleicht könnten wir das Zentrum des Universums auch finden, indem wir uns die Bewegungen all jener Galaxien und Superhaufen anschauen. Schließlich können wir allein durch einen Blick auf die Bahnkurven aller Planeten sagen, wo sich das Zentrum des Sonnensystems befindet. Auf die gleiche Weise lässt sich das Zentrum einer Galaxie zurückverfolgen, indem man die Bahnen aller Sterne darin betrachtet.

Zufällig befindet sich alles, was wir im Universum sehen, auch in Bewegung. Und tatsächlich gehen wir sogar davon aus, dass vom allerersten Moment an – seit dem Urknall – Dinge durch den Weltraum fliegen. Könnte uns also die Bewegung all dieser Dinge im Universum verraten, wo das Zentrum des Universums liegt?

Die meisten Leute stellen sich den Urknall als Explosion vor. Sie denken, dass das ganze Zeug im Universum auf einen winzigen Punkt zusammengepresst war, bevor dann alles hinaus in den Weltraum explodierte. Wenn wir uns also anschauen, in welche Richtung alles unterwegs ist, und die Zeit zurückdrehen, würde uns das sagen, wo sich das Zentrum der Explosion befand? Können wir den Urknall durch Triangulation bestimmen, um das Zentrum des Universums zu finden?

Um das herauszufinden, haben Astronomen die Geschwindigkeit von vielen für uns sichtbaren Galaxien gemessen. Das tun sie, indem sie die Farbe des Lichts betrachten, mit dem uns die Galaxien anstrahlen. Und genau wie eine Polizeisirene anders klingt, wenn sie sich auf Sie zu oder von Ihnen wegbewegt, verändert auch das Licht der Galaxien seine Frequenz, wenn diese sich bewegen. Galaxien, die auf uns zukommen, sehen blauer aus, während Galaxien, die sich von uns entfernen, röter wirken.

Und was sehen wir dadurch? Wir können sehen, dass sich Galaxien tatsächlich bewegen, und zwar in unterschiedlichem Tempo.

Doch irgendwann machten wir dabei eine überraschende Entdeckung: Die Bewegung aller Galaxien sagt uns, dass sie sich alle bewegen – und zwar weg von uns!

Heißt das also, dass *wir* das Zentrum des Universums sind? Hat sich der Urknall *an dieser Stelle hier* ereignet, und jetzt fliegt alles davon?

Nicht wirklich. Sie müssen wissen, dass der Urknall keine richtige Explosion war, sondern eher so etwas wie eine *Expansion* des Raumes.

Wo liegt der Unterschied? Wenn eine Bombe explodiert, stößt sie alles vom Zentrum weg. Die ganzen Trümmerteile bewegen sich von einem einzigen Punkt nach außen, sodass sie, falls man ihre Bahn umkehrte, auf den Ausgangspunkt zurückdeuten würden. Genau aus diesem Grund lässt sich leicht herausfinden, wo eine Bombe explodiert ist. Man muss nichts weiter tun, als den Weg der ganzen Trümmer zurückzuverfolgen.

Im Gegensatz dazu vollzieht sich eine Expansion nicht von einem Zentrum aus, sondern *in jedem Punkt*. Man kann sie eher mit einem Laib Brot vergleichen, der im Ofen aufgeht. Er wächst nicht nur von der Mitte aus, indem er nach draußen drückt. Die ganzen kleinen Luftbläschen im Teig wachsen alle zur selben Zeit und plustern den Laib gleichmäßig auf. Würden Sie selbst im Inneren des expandierenden Laibs stecken, dann würden Sie sehen, wie sich jeder Teil des Brots von Ihnen wegbewegt – und zwar unabhängig von Ihrer genauen Position. Das erklärt auch, warum wir sehen, dass sich die Dinge in alle Richtungen von uns entfernen: Das Gleiche würde man von jedem anderen Punkt eines expandierenden Universums aus beobachten.

DAS UNIVERSUM GEHT AUF

Das bedeutet leider aber auch, dass wir die Expansion des Universums nicht dazu nutzen können, das Zentrum von allem zu bestimmen. Wir wissen nur, dass das Universum (genau wie ein aufgehender Brotlaib) überall wächst, weshalb sich das Zentrum hier oder überall sonst befinden könnte.

Und leider können wir aus der Bewegung der Blasen und Superhaufen genauso wenig ablesen, wo das Zentrum liegt. Es wäre toll, wenn sie alle um einen zentralen Punkt herum kreisen würden, wonach es bislang aber nicht aussieht.

AUF DER SUCHE NACH DER KRUSTE DES UNIVERSUMS

Bedeutet das alles, dass wir das Zentrum des Universums niemals finden werden? Nicht unbedingt.

Einige von Ihnen mögen jetzt vielleicht denken: „Auch wenn sich ein Brot überall ausdehnt, kann es trotzdem ein Zentrum haben." Und Sie hätten recht. Ein Brotlaib kann sich sowohl in jedem Punkt ausdehnen *und* trotzdem ein Zentrum besitzen. Das hängt allerdings von der Form des Brotes ab.

Eine Möglichkeit, einen Mittelpunkt zu bestimmen, ist mithilfe der Geometrie. Beim Brot ist das die Stelle im Laib, an der es in alle Richtungen die gleiche Menge an Brot gibt. Sie können das herausfinden, indem Sie überall den Rand des Brotes (d. h. die Kruste) ausmachen und dann den Mittelpunkt davon bestimmen.

BROTWITZE WERDEN
NIEMALS ALT

Könnten wir auf die gleiche Weise auch das Zentrum des Universums finden? Bestimmt, aber das hängt davon ab, ob das Universum überhaupt eine Form *hat*!

Das Problem ist, dass wir einfach nicht wissen, ob das Universum ähnlich wie ein Brot eine Kruste hat. Wir können nicht sagen, was hinter dem Rand des beobachtbaren Universums liegt, weil wir nicht so weit sehen können. Es gibt allerdings ein paar theoretische Ansätze.

Das Universum hat eine klecksartige Form

Falls das Universum eine Form hat, *könnte* es so aussehen wie ein Laib Brot – und dann hätte es auch ein Zentrum. Dieses Zentrum könnte wichtig sein, etwa in dem Sinn, dass es einen Teil der ältesten, beim Urknall entstandenen Materie enthält oder faktisch vielleicht den Platz einnimmt, wo der Rest des Universums herkam. Es könnte aber auch sein, dass dieses Zentrum gar nicht so besonders ist. Vielleicht handelt es sich einfach um den Ort, der zufällig genau in der Mitte liegt. Nehmen wir den US-Bundesstaat Oklahoma zum Beispiel: Er liegt genau in der Mitte der Vereinigten Staaten, doch nur wenige würden Oklahoma für besonders wichtig halten (sorry, Oklahoma).

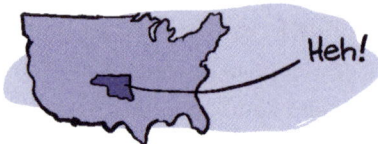

Das Universum ist unendlich

Es wäre auch denkbar, dass das Universum einfach immer weiter sein Ding macht und den Weltraum bis in alle Ewigkeit mit Blasen aus Supergalaxienhaufen füllt. Ewigkeit ist eine Vorstellung, die man nur schwer fassen kann, aber es bedeutet, dass man in jede erdenkliche Richtung aufbrechen kann und einem das Universum niemals ausgeht. Das klingt vielleicht seltsam, doch viele Physiker sagen, dass ein unendliches Universum mehr Sinn ergibt als ein endliches. Und falls das Universum wirklich unendlich ist, würde das etwas Schreckliches bedeuten: *Das Universum hat überhaupt kein Zentrum.* Wenn man das Zentrum als den Punkt definiert, von dem aus es in alle Richtungen die gleiche Menge Zeug gibt, würde jeder Punkt in einem unendlichen Universum dieser Definition gerecht werden, weil es in jeder Richtung unendlich viel Zeug gibt.

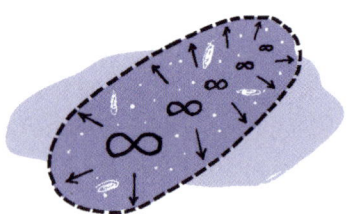

Das Universum hat eine lustige Form

Die letzte Möglichkeit ist, dass das Universum eine endliche Form hat, die jedoch das Vorhandensein eines Zentrums ausschließt. Wie ist das möglich? Nun ja, wie sich herausstellt, kann sich der Weltraum krümmen und bewegt sich deshalb nicht immer auf einer Geraden. Das bedeutet, dass sich der Weltraum auf allerlei interessante Arten formen lässt. Es könnte zum Beispiel sein, dass sich das Universum so weit krümmt, dass es sich auf sich selbst zurückwölbt, genau so, wie die Erdoberfläche die Erde einmal in alle Richtungen umrundet. Wo befindet sich in so einem Fall das Zentrum? So wie die Erdoberfläche kein Zentrum hat (nein, Oklahoma, noch immer nicht), könnte sich auch das Universum einem Zentrum verweigern. Es wäre auch denkbar, dass sich das Universum auf eine ulkige Weise krümmt, etwa in Form eines Donuts. In so einem Fall hätte das Universum zwar ein Zentrum, aber jenes Zentrum läge außerhalb des Universums.

Das Heilige Zentrum

Zugegeben, die Wahrscheinlichkeit ist gering, dass wir je weit genug reisen werden, um persönlich nach der Kruste des Universums zu suchen oder zu klären, ob es unendlich ist oder die Form eines Donuts hat. Trotzdem dürfte man herausfinden können, welche dieser Möglichkeiten zutrifft. Indem wir die Beschaffenheit des Weltraums untersuchen und uns anschauen, wie er sich um uns herum krümmt, könnten wir vielleicht eines Tages daraus ableiten, welche Form der Weltraum insgesamt hat. Es könnte uns verraten, ob er ewig weitergeht oder sich um sich selbst schlingt, oder es könnte uns die grobe Richtung eines geometrischen Zentrums zeigen.

DER ZENTRALE PUNKT

Unglücklicherweise wissen wir im Moment nicht, wo sich das Zentrum des Universums befindet – und vielleicht werden wir es auch nie wissen. Wir wissen noch nicht einmal, ob das Universum *überhaupt* ein Zentrum hat!

Es gibt jedoch einen Hoffnungsschimmer, der von der Existenz eines Zentrums unabhängig ist. Wir wissen mit Sicherheit, dass sich das Universum überallhin ausdehnt. Wir wissen außerdem, dass der Urknall keine Explosion in einen leeren Raum hinaus war, sondern eine Expansion des Raumes selbst. Das sagt uns in gewisser Weise, dass jeder Ort im Universum gleichermaßen wichtig und kein Ort besonderer als irgendein anderer ist. Wie bei unserem Brotlaib ist jeder Punkt des Universums zugleich Schauplatz für die Entstehung neuen Weltraums, und das bedeutet, dass jeder Punkt das Zentrum seines eigenen kleinen Universums darstellt.

Dieses Szenario fühlt sich aus Sicht eines Physikers natürlicher an, weil die Gesetze der Physik keinen Punkt gegenüber einem anderen bevorzugen sollten. Falls es ein Zentrum des Universums gäbe, würden die Physiker sich fragen „Warum genau dieser Punkt?" und „Wieso nicht irgendein anderer Punkt?". Es ist viel einfacher, ein demokratisches Universum vorauszusetzen.

Also müssen wir am Ende vielleicht gar nicht wissen, wo das Zentrum des Universums liegt. Wir könnten alle einfach damit zufrieden sein, dass jeder der Mittelpunkt seines eigenen beobachtbaren Universums ist – und dabei hin und wieder an der Weltanschauung anderer Menschen andocken und unser Bewusstsein für dieses Universum und unsere Wahrnehmung desselben erweitern, während es immer weiter (und vielleicht sogar für immer) in alle Richtungen aufgeht.

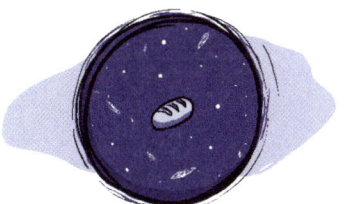

DAS UNIVERSUM: MAN MUSS ES EINFACH LAIBHABEN

P.S.: Eine kleine Zusatzaufgabe: Gehen Sie auf Google Maps, suchen Sie nach „center of the universe" und zoomen Sie heraus, um zu sehen, wo es sich befindet.

KÖNNEN WIR AUS DEM MARS EINE NEUE ERDE MACHEN?

Die Erde ist ziemlich toll, nicht wahr? Sie hat atemberaubende Aussichten, leckeres Street Food und gute Schulen zu bieten. So lange wir uns gut um sie kümmern, sollten wir Menschen auf lange Sicht bequem auf ihr leben können.

Doch ist die Erde der einzige Planet, auf dem wir leben können? Wenn wir uns in unserem Sonnensystem umsehen, gibt es leider keine anderen Optionen, die über dieselben luxurösen Annehmlichkeiten verfügen oder selbst so grundlegende Dinge wie vernünftige Temperaturen, eine Atmosphäre zum Atmen oder flüssiges Oberflächenwasser aufweisen.

Aber selbst wenn wir da draußen einen anderen Planeten wie die Erde fänden, würde die Reise dorthin Dutzende, Hunderte oder gar Tausende Jahre dauern – es sei denn, wir erfinden den Warp-Antrieb oder stoßen auf eine Möglichkeit, wie man Wurmlöcher manipuliert. Doch was wäre, wenn wir stattdessen ein renovierungsbedürftiges Zuhause in der Nähe fänden? Eines, das zwar vielleicht ein bisschen Arbeit und einen neuen Anstrich nötig hätte, das wir aber erreichen könnten, ohne jahrzehntelang im Bauch von muffigen Kolonieschiffen zusammengepfercht zu sein?

Nun, dann ist der Planet, der buchstäblich nebenan liegt, genau das Richtige: der Mars! Er braucht zwar ein bisschen Arbeit und ein paar neue Armaturen, aber er hat wirklich Potential. Außerdem kann er in den drei wichtigsten Kategorien richtig punkten: Lage, Lage und nochmals Lage.

Was wäre nötig, um dem Mars einen neuen Look zu verpassen? Und können wir ihn so schön machen wie die Erde?

EIN LEBEN AUF DEM MARS

Wenn wir sagen, dass wir den Mars gern bewohnbar machen würden, dann meinen wir damit, dass wir es am liebsten hätten, wenn er der Erde so ähnlich wie möglich wäre. Um dort zu leben, könnten wir theoretisch Raumstationen errichten, auf denen man, um vor die Tür zu gehen, einen schicken Anzug tragen muss. Man könnte auch gigantische Kuppeln konstruieren, um damit ganze Städte zu umschließen und die ganze Zeit drinnen zu bleiben. Doch was für ein Leben wäre das?

Um uns irgendwo wirklich zuhause zu fühlen, wollen wir uns frei bewegen, frische Luft in grünen Parks atmen und die Landschaft genießen können. Wir wollen keinen Raumanzug tragen müssen, um spazieren zu gehen, oder uns mit Lichtschutzfaktor 1000 einschmieren müssen, um uns vor kosmischer Strahlung zu schützen.

Das Problem ist, dass sich der Mars nicht wirklich in bezugsfertigem Zustand befindet. Um ihn der Erde ähnlicher zu machen, müssten wir ein paar Sachen an ihm verändern, die ihn momentan zu einem nicht so schönen Ort zum Leben machen.

› Es gibt auf der Oberfläche kein flüssiges Wasser.
› Es ist sehr kalt dort (man stelle sich ein Leben in der Antarktis vor).
› Es gibt keine Atmosphäre zum Atmen.
› Die Oberfläche wird von schädlicher kosmischer Strahlung bombardiert.

Gehen wir nacheinander jede einzelne davon durch.

Wasser, überall Wasser

Jeder weiß, dass Wasser mit Leben in Verbindung steht. Nicht nur, dass jede Form von Leben (wie wir es kennen) Wasser braucht, um zu überleben, sondern wir denken auch, dass das Leben im Wasser begonnen hat. Wenn wir im Sonnensystem nach Möglichkeiten von außerirdischem Leben Ausschau halten, lautet eine der ersten Fragen, die wir stellen: Wo gibt es flüssiges Wasser? Bis jetzt ist die Erde im Sonnensystem der einzige Ort, wo wir flüssiges Wasser an der Oberfläche gefunden haben. Und das ist es, was wir wollen: Leicht zugängliches, flüssiges Wasser, am liebsten in Form von wunderschönen Seen und Fließgewässern.

Natürlich ist „flüssig" hier der Schlüsselbegriff, weil Wassermoleküle im Sonnensystem in Wahrheit gar nicht so selten sind. Tatsächlich werden der Uranus und der Neptun „Eisriesen" genannt, weil es so viel festes Wasser auf ihnen gibt. Beim Zwergplaneten Ceres schätzt man, dass er zur Hälfte aus Eis besteht, und viele der Felsbrocken im Asteroidengürtel sind im Prinzip nichts anderes als riesige schmutzige Schneebälle. Manche Wissenschaftler gehen tatsächlich davon aus, dass das Wasser auf der Erde aus den entlegensten Winkeln des Sonnensystems stammt. Die noch junge und heiße Erde ließ einen Großteil ihres ursprünglichen Wassers in den Weltraum verkochen, während ihre Wasservorräte später durch den Einschlag von Kometen und anderen eisigen Weltraumfelsen wieder aufgefüllt wurden. Sie lesen richtig, unsere Ozeane sind *gefüllt* mit geschmolzenen kosmischen Schneebällen. Erinnern Sie sich bei Ihrem nächsten Glas Wasser daran, dass Sie ein kühles und erfrischendes Glas geschmolzenen Kometen genießen.

DIE NEUE GESCHÄFTSIDEE

Der Mars hat definitiv keine oberflächlichen Ozeane, aber trotzdem noch jede Menge gefrorenes Wasser auf und flüssiges Wasser tief unter der Oberfläche. Er ist an seinem Nord- und Südpol kälter als am Äquator, genau wie die Erde, und seine Pole sind mit Eis bedeckt, genau wie auf der Erde. Einer Menge Eis. So viel, dass der Mars von einer mehr als 30 Meter tiefen Wasserschicht bedeckt wäre, wenn man alles davon schmelzen würde. Das ist eine Menge Wasser für künftige Generationen von Marsmenschen, um es zu trinken, darin herumzuschwimmen und Wasserrutschen für ihre Freizeitparks zu bauen.

Damit unser neues Zuhause Ozeane und Flüsse bekommt, müssen wir es nur schmelzen und dafür sorgen, dass geschmolzen bleibt. Was allerdings schwierig ist, weil der Mars an der Oberfläche sehr, sehr kalt ist und eine sehr dünne Atmosphäre besitzt. Jede Art von flüssigem Wasser, die sich im Freien befindet, wird mit ziemlicher Wahrscheinlichkeit gefrieren oder im Vakuum des Alls zu Dampf verkochen.

Die gute Nachricht lautet: Falls wir einen Weg finden, den Mars aufzuwärmen und ihm außerdem eine Atmosphäre zu verpassen, kann es auf ihm auch flüssige Seen und Ozeane geben und wäre er unserem geliebten Planeten Erde ein Stück ähnlicher.

Wie man den Mars angenehm warm macht

Von außen betrachtet würde man meinen, dass die Oberfläche des Mars wohlig und warm wäre. Schließlich leuchtet er rot und sieht überwiegend aus wie eine Wüste. In Wirklichkeit ist der Mars aber sehr kalt und seine rote Farbe stammt von dem ganzen oxidierten Eisen im Boden. Die Durchschnittstemperatur auf dem Mars liegt bei knapp −63 Grad Celsius, was viel kälter ist als die Temperatur am Südpol der Erde.

Wenn wir die Heizung auf dem Mars hochdrehen und aus ihm einen gemütlicheren Ort zum Leben machen wollen, müssen wir darüber nachdenken, was die Temperatur eines Planeten ausmacht. Die Oberflächentemperatur eines Planeten wird vor allem von zwei einfachen Dingen bestimmt:

1. Wie viel Wärme er von der Sonne abbekommt
2. Wie viel von jener Wärme er festhalten kann

Ein Großteil der Wärme im Sonnensystem stammt von der Sonne, sodass die Wärmemenge, die ein Planet abbekommt, davon abhängt, wo er sich im Sonnensystem befindet. Je näher ein Planet der Sonne ist, desto mehr Wärme bekommt er ab. Der Mars bekommt eine ordentliche Menge Wärme ab, weil er der viertnächste Planet an der Sonne ist. Er bekommt allerdings nicht so viel ab wie die Erde, die einen Planeten näher dran ist.

Eine mögliche Lösung sieht so aus, den Abstand zwischen Mars und Sonne zu verändern. Wir könnten riesige, planetengroße Raketen bauen und am Mars festschnallen, um ihn in eine engere Umlaufbahn zu steuern. Eine günstigere, aber gefährlichere Idee wäre, einen anderen schweren Felsen als Schwerkraft-Schlepper zu verwenden. Wenn wir einen großen Asteroiden klauen und in der Nähe des Mars in eine Umlaufbahn bringen könnten, würden die Gravitationseffekte den Mars in die richtige Richtung ziehen. Vorausgesetzt natürlich, dass wir mit dem Asteroiden nicht den Planeten rammen.

Falls das ein bisschen verrückt klingt, sollten wir vielleicht andere vielversprechende Lösungen in Betracht ziehen. Zum Beispiel könnten wir die Temperatur auf dem Mars dadurch erhöhen, dass wir ihm helfen, mehr von der Energie zu speichern, die er von der Sonne erhält. Zwar tragen Planeten keine aufgeplusterten Daunenwesten oder Parkas, um sich warm zu halten, aber sie haben Atmosphären. Atmosphären sind nicht nur großartig zum Atmen und für schöne Sonnenuntergänge; sie können einem Planeten dank des Treibhauseffekts auch als Jacke dienen.

ATMOSPHÄREN: EIN ZEITLOS HEISSES ACCESSOIRE

Wenn das Licht der Sonne auf einen Planeten trifft, erwärmt es die Felsen und Berge und alle anderen Dinge auf dessen Oberfläche. Wenn sich diese Dinge erwärmen, strahlen sie im Infrarotbereich.[1] Im

---

1 Das liegt nur daran, dass Erde und Mars kühler sind als die Sonne. Alle Dinge im Universum strahlen in einem bestimmten Wellenlängenbereich, der durch ihre Temperatur bestimmt wird. Die Sonne leuchtet im sichtbaren Spektrum, während Planeten wie die Erde im Infrarotbereich strahlen.

Normalfall würde diese Energie einfach ins Weltall abstrahlen und verlorengehen, doch wenn es eine Atmosphäre gibt, kann diese Strahlung darin festgehalten werden. Der Schlüssel ist, Kohlendioxid (CO_2) in seiner Atmosphäre zu haben.

Das CO_2 fungiert wie ein einseitiger Spiegel, weil es nur Licht einer ganz bestimmten Art absorbiert: Infrarotlicht. Sichtbares Sonnenlicht durchdringt das CO_2 auf seinem Weg nach drinnen, doch wenn jenes Licht als Infrarotstrahlung von der Oberfläche reflektiert wird, hält es die CO_2-Schicht zurück, sodass es den Planeten nicht verlassen kann. Auf diese Weise wird die Energie zwischen Oberfläche und Atmosphäre festgehalten und der Planet erwärmt. Sie können sich natürlich vorstellen, wie zu viel CO_2 auch dazu führen kann, dass sich der eigene Planet überhitzt.

Der Mars hat tatsächlich eine Atmosphäre, und das meiste davon (circa 95 Prozent) ist CO_2. Doch leider ist diese Atmosphäre ziemlich dünn. Was den Druck angeht, hat die Marsatmosphäre weniger als ein Hundertstel des Drucks der Erdatmosphäre. Deshalb wird das meiste Sonnenlicht, das den Mars erreicht, einfach wieder ins All zurückgestrahlt.

Wir könnten den Mars auf eine höhere Temperatur bringen, indem wir massive Änderungen an seiner Atmosphäre vornähmen und die CO_2-Menge darin erhöhten. Doch weil er weniger Sonnenlicht abbekommt als wir, bräuchte der Mars eigentlich mehr CO_2, als wir selbst in unserer Atmosphäre haben, um so einen vollwertigen Treibhauseffekt zu erlangen. Wo kriegen wir also mehr CO_2 her?

Bis vor kurzem stammte das meiste CO_2 auf der Erde von Vulkanausbrüchen. Doch der Mars hat keine aktiven Vulkane, die CO_2 ausspucken können. Sein Inneres ist kalt und hart und verfügt nicht über die flüssigen Ströme aus geschmolzener Lava, aus der sich Vulkane speisen. Wissenschaftler gehen davon aus, dass das auf dem Mars vor Millionen von Jahren ganz anders aussah und er in seinem Inneren heiß und geschmolzen war. Doch weil der Mars kleiner ist als die Erde – er hat etwa die Hälfte ihres Durchmessers – ist er auch schneller abgekühlt und ausgehärtet als sie, wie eine kleinere Tasse Kaffee an einem Wintermorgen.

Eine kleine gute Nachricht gibt es allerdings: Der Mars hat bereits eine kleine CO_2-Quelle, die wir nutzen könnten. Die bereits erwähnten Eisschichten an den Polen bestehen nicht vollständig aus gefrorenem Wasser. Vieles davon ist in Wahrheit gefrorenes CO_2. Perfekt! Das ist genau, was wir brauchen. Wenn wir es irgendwie hinbekämen, die Polkappen zu schmelzen, würden wir eine ganze Menge Wasser erschließen und ein kleines bisschen CO_2 freisetzen, um es warmzuhalten.

Doch leider bekäme man, selbst wenn man *das gesamte* CO_2 an den Polen freisetzen würde, nur etwa ein Fünfzigstel des CO_2, das nötig wäre, um den Planeten kuschelig warm zu halten.

Könnten wir noch andere CO_2-Quellen finden? Tatsächlich enthalten die Asteroiden und Kometen im Sonnensystem jede Menge gefrorenes CO_2. Eine potenzielle Lösung besteht darin, Raumschiffe loszuschicken, die ein paar Kometen anschubsen und sie dazu bewegen, auf der Oberfläche des Mars einzuschlagen.[2] Dazu bräuchte man *viele* Kometen, wahrscheinlich Tausende oder Millionen von ihnen.

Bevor Sie aber damit loslegen, Ihre Flotte von kometenschubsenden Raumschiffen zu bauen, gibt es noch ein weiteres Problem. Die CO_2-Menge, die man braucht, um den Mars warmzuhalten, würde dummerweise auch dazu führen, dass die Luft für Menschen giftig zum Atmen wäre. Wir kommen mit einem bisschen CO_2 in unseren Lungen klar, doch wenn man zu viel davon einatmet, wird einem irgendwann schwindlig, man bekommt Kopfschmerzen, erleidet einen Hirnschaden und stirbt am Ende. Traurig aber wahr, der Versuch, den Mars in eine dickere CO_2-Decke zu hüllen, hat leider kein Happy End.

Es gibt jedoch einen anderen Weg, den Planeten aufzuheizen. Wir könnten riesige Weltraumspiegel einsetzen, um damit mehr Sonnenstrahlen einzufangen und auf die Marsoberfläche zu lenken. Wie riesig? Um genügend Licht zum Aufheizen des Mars einzufangen, bräuchten wir Spiegel *von der Größe des Mars*. Das ist nicht gerade ein kleines Unterfangen. Aber es würde uns die Wärme liefern, die wir brauchen, um das CO_2 und Wasser an den Polen freizusetzen und den Mars nicht nur wärmer zu machen, sondern auch nasser.

---

2 Was wir wahrscheinlich am besten tun sollten, bevor wir Leute rüberschicken.

Ach ja, Sauerstoff

Auch wenn wir es schaffen, genau die richtige Lufttemperatur hinzubekommen und das Eis in den Polarregionen des Mars zu schmelzen, um neue Flüsse und Seen entstehen zu lassen, haben wir noch jede Menge Arbeit vor uns, um aus dem Mars einen geeigneten Ersatz für die Erde zu machen. Wir müssen in der Lage sein, die Luft zu atmen. Genauer gesagt: Wir brauchen Sauerstoff! Kein Mensch will jedes Mal eine Atemmaske aufsetzen, wenn er einen Picknickausflug macht oder sich beim Nachbarn einen Becher Mehl ausborgt.

Doch obwohl Sauerstoff im Sonnensystem sehr häufig vorkommt, ist die Form, die wir zum Atmen brauchen, erstaunlich schwer zu finden. Die menschliche Lunge benötigt das Sauerstoffmolekül O_2, das aus einem Paar von miteinander verbundenen Sauerstoffatomen besteht. Im Universum gibt es jede Menge Sauerstoff; er gehört zu den leichteren Elementen, weshalb er durch die Fusion im Inneren von Sternen in riesigen Mengen erzeugt wird. Sauerstoff ist aber auch ein sehr kontaktfreudiges Atom, das sich gern mit so ziemlich allem in seiner Umgebung verbindet. Auf dem Mars gibt es Sauerstoff in Form von Wasser (H_2O) und Kohlendioxid (CO_2), aber kaum als reines O_2.

Bei uns auf der Erde besteht die Luft zu rund einem Fünftel aus O_2. In unserem Fall wurde es nicht durch geologische Prozesse, sondern als Nebenprodukt frühen Lebens erzeugt. Das meiste ursprüngliche O_2 auf der Erde wurde von winzig kleinen Organismen im Meer produziert. Diese frühen Bakterien betrieben, lange bevor es überhaupt Pflanzen gab, Photosynthese. Vor rund 2,5 Milliarden Jahren tranken jene kleinen Lebewesen Wasser und Sonnenlicht und CO_2 und rülpsten dabei O_2 aus. Und weil es damals noch kein sauerstoffatmendes Leben gab, nahm die Sauerstoffmenge über Millionen (und vielleicht sogar eine Milliarde) Jahre stetig zu. Irgendwann später wurden diese Organismen in Pflanzen integriert, die bis heute das O_2 in die Luft pumpen, das wir zum Atmen brauchen.

Na toll, erst Kometen-
wasser und jetzt
Bakterienpupse?

Könnten wir das irgendwie auf dem Mars hinkriegen? Die Sache klingt vielversprechend: eine kleine biologische Maschine, die den Sonnenschein, das frisch geschmolzene Wasser und die CO_2-haltige Atmosphäre dazu nutzt, um für uns O_2 zu erzeugen. Noch besser wäre, wenn sich diese Organismen von allein vermehren. Das heißt, wir müssten nur ein paar Ladungen davon auf den Mars verpflanzen und sie würden dann selbstständig mehr von sich machen. Es ist wie Crowdsourcing auf einem ganz neuen Level – und wir bezahlen dafür mit Sonnenschein.

Doch die Sache hat wie immer einen Haken. Dieser Prozess hat auf der Erde sehr lange gedauert, womöglich eine Milliarde Jahre. Das kam für uns nicht ungelegen, weil er, lange bevor es Menschen gab, eingesetzt hatte. Hätten wir dieses Projekt vor einer Milliarde Jahren auf dem Mars gestartet, wäre es ziemlich genau jetzt für uns bereit. Sind wir also – sofern wir keine Zeitmaschine bauen – dazu verdammt, eine Milliarde Jahre zu warten, ehe der Mars eine zum Atmen geeignete Atmosphäre hat? Mikrobiologen kennen eine Menge Tricks, damit Bakterien schneller wachsen und härter arbeiten (und kürzere Mittagspausen nehmen). Aber es bleibt eine sehr große Aufgabe für winzig kleine Lebewesen. Und außerdem ist es wahrscheinlich, dass selbst die beschleunigte Variante dieses Prozesses viele Tausend oder gar Millionen Jahre dauern wird.

Wie sonst können wir den Mars mit Sauerstoff füllen? Eine Möglichkeit ist der Bau von Sauerstofffabriken, die O_2 auf chemischem Weg produzieren statt auf biologischem. Das klingt im ersten Moment vielleicht nach Science-Fiction. Aber tatsächlich ist ein früher Proto-typ dieser Apparatur als Teil der Mission *Mars 2020* erst neulich auf dem Mars gelandet. Die NASA hat diese Apparate hauptsächlich her-gestellt, um O_2 als Raketentreibstoff für Missionen zu produzieren, die Proben vom Mars zurückbringen sollen. Aber im Prinzip könnte man dasselbe Konzept auch nutzen, um Sauerstoff zum Atmen zu erzeugen.

Fast wie Umwelt-verschmutzung, aber gut.

Magnetfeld

Nachdem man viele Milliarden Euro für die Produktion einer schi-cken Atmosphäre ausgegeben hat (oder Abermillionen Bakterien ver-sklavt hat, um das für einen zu übernehmen), würde man sie vermut-lich auch behalten wollen. Es wäre ein totaler Reinfall, wenn die eige-ne Atmosphäre wie Pusteblumenflaum einfach weggeblasen würde.

Falls Sie jetzt denken, dass das unmöglich ist, weil es im Weltraum gar keinen Wind gibt, der die Atmosphäre davonwehen könnte, ma-chen wir Sie jetzt mit einer ganz anderen Art von Wind bekannt. Dem „Sonnenwind", der aus schnellfliegenden Teilchen von der Sonne be-steht. Er setzt sich hauptsächlich aus Protonen und Elektronen zu-sammen, die bei denselben Reaktionen erzeugt werden wie das gan-ze schöne Sonnenlicht. Darüber hinaus gibt es Teilchen, die aus den Tiefen des Alls stammen und als kosmische Strahlung bezeichnet werden. Weder die einen noch die anderen Teilchen sind harmlos. Im Prinzip stimmt genau das Gegenteil, denn sie sind ziemlich töd-lich. Um sich vor dieser schädlichen Strahlung zu schützen, müssen

Astronauten im Weltraum schwere Schutzkleidung tragen. Dieser Strom aus winziger Hochgeschwindigkeitsmunition zieht jedem Planeten die Atmosphäre aus, wenn man ihm genug Zeit lässt.

Zum Glück haben wir hier auf der Erde ein hervorragendes planetares Schutzsystem: unser Magnetfeld. Wenn Elektronen oder Protonen auf ein Magnetfeld treffen, werden sie abgelenkt. Unser Magnetfeld lenkt viele der schädlichen Sonnenteilchen ab, indem es sie an der Erde vorbeifliegen oder hinauf zu den Polen wirbeln lässt, wo sie die überwältigenden Nord- und Südlichter erzeugen. Ohne unser Magnetfeld würden wir von schädlicher Sonnenstrahlung bombardiert werden, die uns noch dazu unsere Atmosphäre abreißen würde.

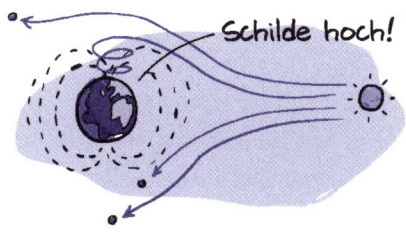

Schilde hoch!

Unglücklicherweise hat der Mars kein planetares Magnetfeld wie das der Erde. Unser Magnetfeld auf der Erde wird durch Ströme aus geschmolzenem Metall generiert, die durch das Innere unseres Planeten fließen. Doch der Mars ist ein kleinerer Planet und hat sich früher abgekühlt als die Erde, was seinen inneren Kern erstarren ließ und sein Magnetfeld zerstörte. Ohne jenes Magnetfeld werden alle, die sich auf der Marsoberfläche aufhalten, ernsthaften Schutz vor Strahlung brauchen – das heißt dicke Anzüge, die mit Blei gefüttert sind. So etwas wollen Sie nicht jedes Mal anlegen müssen, wenn Sie mit Ihren kleinen Marslingen draußen eine Runde Fußball spielen („Mama, ich muss mal …"). Und ohne jenes Magnetfeld wird auch jede Atmosphäre, die Sie erzeugen, irgendwann schließlich davongeblasen werden. Das ist auf dem Mars ein größeres Problem als auf der Erde, weil der Mars über eine geringere Schwerkraft verfügt und es somit schwieriger ist, die Luftmoleküle an seiner Oberfläche zu halten.

Indem wir seinen Kern erhitzen und jene Metalle wieder zum Fließen bringen, könnten wir das Magnetfeld des Mars möglicherweise von Neuem hochfahren. Doch einem ganzen Planeten Starthilfe zu geben, spielt technisch gesehen in einer Liga, die nicht mal wir uns vorstellen können.

Es gibt jedoch Hoffnung. Vielleicht können wir etwas bauen, das die gleiche Aufgabe erledigt. Ingenieure der NASA hatten die schlaue Idee, einen künstlichen Magnetschild zu bauen – aber statt den ganzen Planeten damit einzuhüllen, schlugen sie vor, einen kleineren Schild in der Nähe der Sonne zu bauen. Diese Nähe zur Sonne sorgt dafür, dass der Schild einen größeren magnetischen „Schatten" wirft. Platziert würde dieser Schild im Weltraum zwischen Sonne und Mars, wo er den meisten Sonnenwind ablenken würde, um die Atmosphäre davor zu bewahren, weggeblasen zu werden.

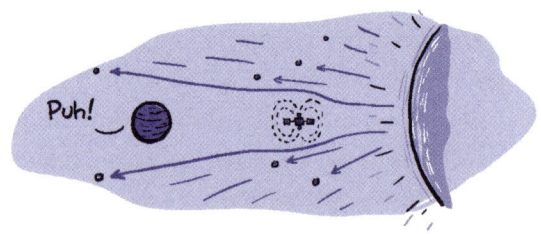

ODER DOCH WOANDERS HIN?

Das alles klingt für Sie vielleicht nach einer Menge Arbeit. Fassen wir nochmal zusammen: Um den Mars in einen erdähnlichen Planeten zu verwandeln, bräuchte es …

> › ein gewaltiges Sortiment an Sonnenspiegeln, um Sonnenlicht zu konzentrieren und den Planeten zu erwärmen;
> › eine riesige Ansammlung von planetaren Fabriken, um Sauerstoff zum Atmen zu produzieren;
> › einen im Weltraum stationierten Magnetschild, um die neuen Marsbewohner mitsamt ihrer Atmosphäre vor Sonnenstrahlung zu schützen.

Vielleicht denken Sie jetzt, dass die Venus oder der Mond bessere Kandidaten wären, immerhin liegen beide auch ganz in der Nähe.

Dummerweise hat die Venus das umgekehrte Problem wie der Mars. Ihre Oberfläche ist in riesige CO_2-Mengen gehüllt, die die Luft vergiften und die Hitze auf der Oberfläche gefangen halten. Und weil die Venus der Sonne näher ist als die Erde, bekommt sie mehr Sonnenlicht ab, was ihre Oberflächentemperatur auf angenehme 240 Grad Celsius steigert. So viel eingesperrte Energie macht den atmosphärischen Druck an der Planetenoberfläche so groß, dass jede Landefähre, die wir bisher zur Venus geschickt haben, nur ein paar Minuten durchhielt, bevor sie völlig zerquetscht wurde.

Das hat manche wild fantasierenden Wissenschaftler natürlich nicht davon abgehalten, ein paar schräge Ideen vorzuschlagen: Was wäre, wenn man das CO_2 aus der Venus (mit riesigen Löffeln?) herauslöffeln und Weltraumspiegel benutzen würde, um einen Teil des Sonnenlichts abzulenken? Würde das die Venus bewohnbar machen? Andere haben vorgeschlagen, Wolkenstädte zu errichten, die in 50 Kilometern Höhe über der Venusoberfläche schweben. Und tatsächlich ähneln Temperatur und Druck auf diesem Niveau der Erde. Doch leider bestehen jene Wolken aus Schwefelsäure, was das Verfassen der Anzeige für die Immobilienbroschüren ein bisschen knifflig macht („Wohnen auf der Venus! Die Aussicht wird Ihnen den Atem rauben … buchstäblich!").

MEINE GENIALE IDEE

Der Mond ist sogar noch näher – aber ehrlich gesagt ist er einfach nicht groß genug. Seine Masse beträgt etwa ein Prozent der Masse der Erde, was ihm eine so geringe Schwerkraft beschert, dass er keine Atmosphäre festhalten kann. Die einzelnen Luftteilchen würden regelmäßig in den Weltraum davonzischen, und das heißt: Selbst wenn wir die Zutaten von der Erde importieren würden, wäre innerhalb von 100 Jahren alles verschwunden.

In unserer Nachbarschaft ist der Mars also wirklich die beste Wahl.

SOLLTEN WIR UMZIEHEN?

Der Mars mag unsere beste Aussicht auf einen zweiten Heimatplaneten sein, aber er ist definitiv auch ein ernstzunehmendes Renovierungsprojekt. Den Mars bewohnbar zu machen, würde Milliarden und Abermilliarden von Euro kosten und dürfte viele Tausend Jahre dauern. Und das ist nur die *anfängliche* Schätzung. Baufirmen finden bekanntermaßen immer einen Weg, Ihnen mehr Posten in Rechnung zu stellen, sobald die Arbeiten einmal laufen.

Natürlich hängt alles davon ab, wie groß unsere Motivation für einen Umzug ist. Vielleicht müssen wir die Erde ja verlassen, weil uns ein riesiger Asteroid treffen wird. Oder wir ruinieren unser Klima so weit, dass die Erde in Zukunft sogar noch unwirtlicher werden wird als der Mars. Wenn der Anreiz stimmt, könnte der Bau von gigantischen Reihen aus Sonnenspiegeln und riesigen Sauerstofffabriken unsere beste Option sein. Und sehen Sie es doch mal so: die Marsoberfläche ist circa 145 Millionen Quadratkilometer groß. Wenn wir am Ende also viele Billionen Euro ausgeben, um den Mars bewohnbar zu machen, wäre das immer noch billiger, als Immobilien in der Schweiz zu kaufen.

KÖNNEN WIR EINEN WARP-ANTRIEB BAUEN?

Das Universum ist unbeschreiblich riesig und voller faszinierender Orte, die wir gern erforschen würden. Doch leider scheint das alles außerhalb unserer Reichweite zu liegen.

Wie wir in einem früheren Kapitel gelernt haben, würde es allein bis zum anderen Ende unserer Galaxis Hunderttausende Jahre dauern, selbst, wenn es uns gelänge, ein Raumschiff auf einen beträchtlichen Teil der Lichtgeschwindigkeit zu beschleunigen. Wir reden gar nicht erst davon, andere Galaxien zu besuchen (Millionen Jahre entfernt) oder gar den Rand des beobachtbaren Universums hinter uns zu lassen (Hunderte Milliarden Jahre entfernt).

Und das ist eine eindeutige Grenze. Nur wenige Regeln in den Gesetzen der Physik sind so feststehend und so unverrückbar wie die Tatsache, dass sich nichts schneller durch den Weltraum bewegen kann als mit Lichtgeschwindigkeit. Dieses Limit beruht auf unserem Verständnis von Einsteins Spezieller Relativitätstheorie, die man von vorn bis hinten getestet und überprüft und verifiziert hat (und von hinten bis vorn; wirklich, wir haben alles *versucht*).

Die einzige Möglichkeit, wie wir die entlegensten Ecken des Universums erreichen können, scheint zu sein, dass wir zu einem fahrenden Weltraumvolk werden, das über unzählige Generationen und viele Millionen oder Milliarden Jahre hinweg langsam von Planet zu Planet hüpft.

Und trotzdem hat es nicht den Anschein, dass das so sein sollte. Wir sind durch Filme und Bücher auf den Gedanken geeicht, dass das Universum für uns greifbar sein sollte. Dass man mit der richtigen Technologie riesige Weltraumimperien errichten oder ferne Galaxien erforschen kann. Man springt einfach in sein Raumschiff, drückt auf einen Knopf und *zoom* werden die Sterne vor einem zu Streifen und es wirbeln Licht und Energie um einen herum, während man in den „Hyperraum" hineingleitet, um dann plötzlich *boom* Millionen Lichtjahre entfernt anzukommen.

Alles, was man dazu braucht, ist … ein Warp-Antrieb.

Aber was ist ein Warp-Antrieb? Handelt es sich um etwas, das voll und ganz ins Reich der Fiktion gehört, oder ist es etwas, das echte

Physiker auch schon in Betracht gezogen haben? Ist es möglich, das Tempolimit des Universums zu überschreiten, jenes eine Limit, das Wissenschaftler so sehr wertschätzen? Lassen Sie uns auf den Knopf drücken, um zu sehen, ob wir uns zu einer Antwort durchwarpen können.

WIE AUS FIKTION WIRKLICHKEIT WIRD

Viele technologische Fortschritte scheinen sich folgendermaßen zu ereignen:

› Schritt #1: Science-Fiction-Autor denkt sich einen neuen Apparat aus, hält sich bei der Wissenschaft bedeckt.

› Schritt #2: Physiker findet heraus, wie der Apparat theoretisch umsetzbar wäre, hält sich bei der Konstruktionsweise bedeckt.

› Schritt #3: Ingenieur findet heraus, wie man den Apparat bauen könnte, hält sich bei den Kosten bedeckt.

› Schritt #4: Und so weiter, und so weiter, jetzt steckt das Ganze in Ihrem Smartphone.

Was Warp-Antriebe betrifft, haben Science-Fiction-Autoren beim ersten Schritt ganze Arbeit geleistet und sich portable Warp-Antriebe ausgedacht, die uns zu den Sternen bringen können. Jetzt ist es an der Zeit, dass die Physiker ihren Teil dazu beitragen.

Auf den ersten Blick würde man vielleicht denken, dass sie sich dagegen sträuben. Immerhin scheint ein Warp-Antrieb die eine Regel zu brechen, auf der sie recht hartnäckig beharren: irgendwo schneller hinzukommen als mit Lichtgeschwindigkeit. Für die Physik steht dieses Thema nicht zur Debatte. *Aber* wenn es eines gibt, das die meisten Teenager gelernt haben, dann das hier: Wenn dir die Antwort nicht gefällt, versuch's mit einer anderen Frage!

Wenn man etwa die Frage stellt „Können wir Raumschiffe bauen, die sich schneller als mit Lichtgeschwindigkeit durch den Weltraum bewegen können?", dann ist die Antwort ein klares „Nein". Wenn man stattdessen aber fragt „Können wir Raumschiffe bauen, die schneller an ferne Orte gelangen können, als das Licht für diese Reise benötigt?", dann dürfte man merken, wie sich der ein oder andere Physiker ein bisschen windet, bevor er schließlich ein „Vielleicht" zugibt. Und wie jeder Teenager weiß, heißt „vielleicht" nichts anderes als „Ich möchte gern ‚Nein' sagen, muss das aber erst mit deinem anderen Elternteil besprechen."

Der maßgebliche Unterschied zwischen beiden Fragen ist die Formulierung „durch den Weltraum bewegen". Wenn Sie das Kleingedruckte der Speziellen Relativitätstheorie lesen, werden Sie feststellen, dass das Tempolimit für Dinge gilt, die sich *durch* den Weltraum bewegen. Das bietet auf den ersten Blick nicht allzu viel Angriffsfläche, denn bewegt sich nicht alles durch den Raum? Die Antwortet lautet ja, aber das Schlupfloch besteht darin, dass der Raum … verformbar ist.

„Änderungen vorbehalten. Das Universum übernimmt keine Verantwortung für Schäden, die aus der unverantwortlichen Nutzung des Weltraums …"

Wer braucht schon einen Anwalt, wenn er einen Physiker hat!

Es gibt drei generelle Wege, bei denen wir die Möglichkeit sehen, dass ein Warp-Antrieb aus physikalischer Sicht machbar wäre:

› Ein Hyperraum-Warp-Antrieb
› Ein wurmlochbetriebener Warp-Antrieb
› Ein weltraumkrümmender Warp-Antrieb

Schauen wir uns jede dieser Ideen genauer an und auch, ob sie theoretisch einwandfrei oder sogar wahrscheinlich sind.

EIN HYPERRAUM- (ODER AUCH SUBRAUM-) WARP-ANTRIEB

In vielen Science-Fiction-Erzählungen sieht das Schlupfloch für das Funktionieren eines Warp-Antriebs so aus, unseren normalen Weltraum (in dem das Tempolimit des Universums gilt) zu verlassen und in irgendeine andere Art von Weltraum einzutreten. Vermutlich kann man sich in diesem Weltraum entweder schneller als mit Lichtgeschwindigkeit fortbewegen, oder er schafft es irgendwie, den Ort, an dem man sich befindet, mit dem Ort zu verbinden, an den man zu gelangen versucht. Sobald man eine gewisse Zeit lang in diesem Hyperraum unterwegs war, schlüpft man einfach wieder zurück in den normalen Weltraum.

Dieser Ansatz funktioniert in der Fiktion, weil er es möglich macht, dass sich die Figuren und die Handlung auf eine ganze Galaxie erstrecken, ohne dafür ein paar Tausend Jahre in einem Raumschiff rumzusitzen. Aber gibt es dafür auch eine Grundlage in der echten Physik? Existiert parallel zu unserem Universum eine andere Art von Weltraum, in dem wir irgendwie ein- und ausgehen können?

Eine verbreitete Vorstellung, die manchmal an dieses Konzept gehängt wird, ist die „zusätzlicher Dimensionen". Wir wissen, dass unser Raum Bewegungen in drei verschiedene Richtungen ermöglicht: Man kann sie x, y, und z nennen, aber das sind nur willkürliche Bezeichnungen. Manche Physiker vermuten, dass es weitere Möglichkeiten gibt, wie man sich bewegen könnte; zusätzliche Dimensionen des Weltraums. Man kann sich nur schwer ausmalen, wie das gehen oder wo man sie finden sollte, aber das Thema taucht oft in Verbindung mit der Stringtheorie und anderen kreativen Gravitationstheorien auf. Solchen Theorien zufolge sind diese zusätzlichen Dimensionen nicht wie unsere: Sie wickeln sich um sich selbst und haben andere Regeln dafür, wie sich Teilchen durch sie hindurchbewegen.

Das klingt sehr nach dem, was wir suchen, oder? Andere Bereiche des Raums mit neuen Gesetzmäßigkeiten. Doch leider ist das nicht ganz so hilfreich, wie es vielleicht scheint. Diese zusätzlichen Dimensionen wären – falls sie wirklich existieren – keine andere Art von Weltraum, der parallel zu unserem existieren würde. Sie sind nur eine Erweiterung unseres vorhandenen Weltraums. Sie bieten Ihnen nicht die Möglichkeit, den Weltraum, in dem Sie sich gerade befinden, zu verlassen, sondern Ihren Teilchen nur mehr Optionen, wie sie wackeln oder vibrieren können. Es ist, als würden Sie Ihrer Adresse eine

Zeile hinzufügen. Sie sagt zwar genauer, wo Sie sind, stellt dem Briefträger aber keine Abkürzung zur Verfügung, wie er Ihnen schneller Ihre Post bringen könnte.

Es gibt eine echte physikalische Theorie, die sehr viel Ähnlichkeit mit dieser Idee des Hyperraums hat: das Multiversum. Dabei handelt es sich um die Idee, dass es noch andere Universen da draußen geben könnte, und zwar entweder alternative Versionen von unserem (die durch Teilung bei Quantenereignissen entstanden sind) oder andere Weltrauminseln mit eigenen physikalischen Gesetzmäßigkeiten oder verschiedenen Ausgangsbedingungen.

Könnten uns andere Universen dabei helfen, durch unser eigenes Universum zu springen, falls es sie gibt? Nur, wenn sie kleiner wären oder höhere Höchstgeschwindigkeiten erlaubten als unseres und mit diesem irgendwie an diversen Punkten verbunden wären. Auf diese Weise könnte man möglicherweise in eines jener Universen reinspringen, eine kurze Strecke zurücklegen und dann an einem Punkt, der wirklich weit vom eigenen Startpunkt entfernt ist, wieder in unser Universum eintauchen. Und wer weiß, vielleicht sieht dieses andere Universum ja tatsächlich wie ein wirbelnder Tunnel aus Licht und Energie aus.

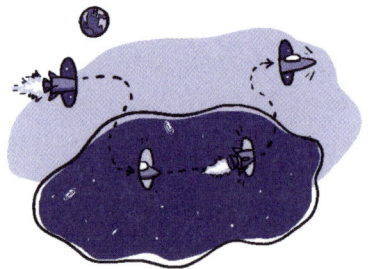

Doch leider ist das Multiversum noch immer eine extrem theoretische Idee. Wir haben keinen Grund zu glauben, dass es tatsächlich existiert, es sei denn, um damit ein paar merkwürdige Launen unseres eigenen Universums zu erklären. Und selbst wenn es wirklich andere Universen gibt, glauben Physiker, dass genau das, was sie so reizvoll macht – ihre anderslautenden physikalischen Gesetze oder alternativen Quantenvariationen – auch dazu führen dürfte, dass unser Universum unmöglich mit ihnen in Kontakt treten kann. Das Wahrscheinlichste ist also, dass wir uns nie mit den anderen Universen verbinden und nie zwischen ihnen hin- und herreisen werden.

WURMLOCHBETRIEBENE WARP-ANTRIEBE

Es gibt bizarre Winkel unseres Universums, in denen der Raum bis zur Unkenntlichkeit gekrümmt und verdreht ist. Die berühmtesten Angehörigen dieser mysteriösen Kategorie sind Schwarze Löcher. Sie stehen ganz sicher nicht auf der Liste der Orte, die wir Ihnen für einen Besuch empfehlen würden, weil man sie nur schwer überleben und unmöglich wieder von ihnen zurückkehren kann.

Es gibt allerdings eine seltsame theoretische Raumfalte, mit deren Hilfe Sie schneller als das Licht zu einem weit entfernten Stern reisen könnten: Wurmlöcher.

Wurmlöcher sind in der Science-Fiction allgegenwärtig. Autoren nutzen sie als Abkürzung zwischen entfernten Orten, um exotische Gebäude zu errichten, in denen jeder Raum auf einem anderen Planeten liegt, oder um Planeten untereinander zu einem galaktischen Imperium zu verbinden. Vor diesem Hintergrund könnte man sich ein Wurmloch als Basis für einen Warp-Antrieb vorstellen: Mit einem Knopfdruck öffnen und gehen Sie durch ein Wurmloch, das Sie zu einem anderen Ort im Weltraum bringt.

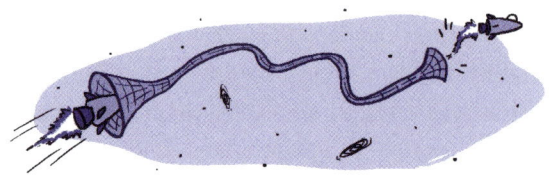

Auf den ersten Blick erscheinen Wurmlöcher völlig unmöglich. Würde das Ganze nicht als Überlichtgeschwindigkeitsreise gelten, was laut Physik ein absolutes No-Go ist? Es ist definitiv richtig, dass Reisen von A nach B durch die Lichtgeschwindigkeit begrenzt sind ... aber nur, wenn man den ganzen Raum zwischen diesen beiden Punkten durchquert.

Die Physik kann die Regeln zwar nicht brechen, doch wie sich herausstellt, lassen die Regeln selbst eine gewisse Krümmung des Raumes und ein paar eigenartige Verbindungen zu. Wenn Sie an den Weltraum denken, stellen Sie sich darunter wahrscheinlich eine flache Kulisse für das vor, was im Universum alles abgeht. Aber der Weltraum ist viel interessanter als das und kann allerlei spannende Formen haben und auf allerlei Arten verknüpft sein. In Wahrheit ist er nicht nur Hintergrund, sondern selber Teil des Geschehens, weil er auf die Materie und Energie in ihm drin reagiert. Materie und Energie sagen dem Weltraum, wie er sich krümmen soll, und der Weltraum sagt der Materie, wie sie sich zu bewegen hat. Wie ein kosmischer Tango.

In vollkommen leerem Zustand ist der Weltraum langweilig und schlicht. Wenn man aber einen dicken fetten Stern mittenrein packt, wird der Stern den Weltraum krümmen. Das bedeutet, dass er den Weltraum verformt und die Materie dazu bringt, ihm auf neuen, gewundenen Wegen zu folgen. Genau deshalb fliegen Photonen um massereiche Objekte eine Kurve, obwohl sie selbst gar keine Masse haben. Sie folgen einfach der Krümmung des verformten Raums. Die Physik sagt uns, dass der Weltraum in der Lage sein müsste, jede geschmeidig variierende Form anzunehmen. Und eine davon ist ein Wurmloch, eine merkwürdige Verformung des Weltraums, die zwei weit voneinander entfernte Punkte miteinander verbindet.

Wurmlöcher haben übrigens ein enges Verhältnis zu Schwarzen Löchern. Eine Möglichkeit, so ein Wurmloch zu erzeugen, ist, zwei Schwarze Löcher durch ihre Singularitäten miteinander zu verknüpfen – dabei handelt es sich um die Punkte unendlicher Dichte im Herzen jedes einzelnen Schwarzen Lochs. Wenn beide weit genug voneinander entfernt sind, kommt das Wurmloch einer Abkürzung durch den Weltraum gleich, stellt es eine Verbindung zwischen beiden Punkten her.

Diese Art von Wurmloch hilft uns aber überhaupt nicht weiter. Wieso? Selbst wenn Sie es schaffen würden, den Eintritt in das erste Schwarze Loch zu überleben (was, wie wir gesehen haben, an sich schon ein kniffliges Unterfangen ist), und ans andere Ende des Wurmlochs gelangten, wären Sie noch immer im Inneren des Schwarzen Lochs gefangen! Sie mögen schneller als das Licht in einen anderen Teil des Weltraums gereist sein, aber Sie werden jenen Punkt nie wieder verlassen.

Für einen Warp-Antrieb wäre die Art von Wurmloch nützlich, das Sie am anderen Ende wieder entkommen lässt. Die einzige Möglichkeit, das zu erreichen, ist ein Wurmloch zu erzeugen, das ein Schwarzes Loch mit einem Weißen Loch verbindet. Wie in einem früheren Kapitel erwähnt, sind Weiße Löcher theoretische Objekte, die von der Allgemeinen Relativitätstheorie vorhergesagt werden und das Gegenteil von Schwarzen Löchern sind. Aus einem Weißen Loch können Dinge entkommen, aber niemals in eines hineingeraten. Stellen Sie sich das Weiße Loch als Austrittspunkt des Wurmlochs vor.

Natürlich bringt es ein paar Probleme mit sich, so ein Wurmloch für einen Warp-Antrieb zu verwenden.

Ich hätte mir das Ganze vielleicht besser überlegen sollen

Würg!

Erstens funktioniert diese Verbindung nur in eine Richtung. Sie dürften es vielleicht hinkriegen, in das Schwarze Loch reinzufallen, das Wurmloch zu durchqueren und aus dem Weißen Loch wieder rauszukommen, aber Sie können es nicht umgekehrt machen. Wenn Sie allerdings einen Weg gefunden haben, wie man Wurmlöcher erzeugt und ihre Enden an unterschiedlichen Orten platziert, dann dürfte das für Sie kein Problem sein. Sie könnten sich einfach ein zweites für den Rückweg erzeugen.

Zweitens dürfte es schwierig sein, die ganze Erfahrung zu überleben. Der Eintritt in ein Schwarzes Loch ist kein Kinderspiel. Selbst wenn Sie sich dafür ein großes Schwarzes Loch aussuchen, um von seinen gravitativen Gezeitenkräften nicht in Stücke gerissen zu werden, müssten Sie trotzdem noch den Trip in seine Mitte überleben. Und wie zwängt man sich eigentlich durch eine Singularität?

Dafür hat die Physik eine coole Antwort parat: Suchen Sie sich ein rotierendes Schwarzes Loch aus. Wir bevorzugen diese Art von Schwarzen Löchern, weil ihr Zentrum kein winziger Punkt ist, sondern ein rotierender Ring. Warum ist das so? Weil alle Dinge, die dort hineinfallen, sich vorher wahrscheinlich in der Akkretionsscheibe im Kreis um das Schwarze Loch herum bewegt haben. Und jener

Drehimpuls kann bei ihrem Eintritt nicht einfach verschwinden. Genau deshalb hat ein Schwarzes Loch mit Drehimpuls einen Ring in seinem Zentrum! Und falls es mit einem Weißen Loch verbunden ist, könnten Sie im Prinzip durch diesen Ring hindurchgehen und im Weißen Loch landen.

Es ist zudem schwierig, ein Wurmloch offenzuhalten. Der Theorie zufolge neigen Wurmlöcher dazu, zu kollabieren. Man sagt, dass die ringförmige Singularität im Zentrum dazu tendiert, sich abzuschnüren, um zwei separate Schwarze Löcher mit zwei Singularitäten zu bilden. Und wenn das passiert, wollen Sie auf keinen Fall mittendrin sein.

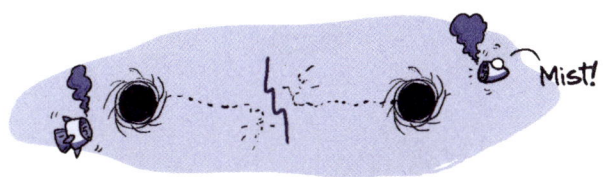

Das letzte Problem beim Einsatz von Wurmlöchern für einen Warp-Antrieb besteht darin, dass das alles bis jetzt sehr theoretisch ist. Niemand hat je einen Beweis dafür gesehen, dass sie wirklich existieren. All diese lustigen Ideen hängen davon ab, dass die Allgemeine Relativitätstheorie stimmt (und bislang hat sie jeden experimentellen Test bestanden). Wir wissen aber nicht, ob sie auch bei Extremszenarien wie im Zentrum von Schwarzen Löchern recht behält, wo die Quantenphysik nicht zu ignorieren ist.

Wir wissen zwar, dass es Schwarze Löcher tatsächlich gibt (wir haben sie schon gesehen), doch Wurmlöcher und Weiße Löcher sind zu diesem Zeitpunkt weiterhin nur eine Idee. Wir wissen nicht mal, wie man sie erzeugt. Bislang hat niemand das Rezept für die Herstellung eines Wurmlochs gefunden, geschweige denn, wie man festlegt, welche Punkte im Weltraum es miteinander verknüpft. Denken Sie mal drüber nach: Ihr Raumschiff müsste die Fähigkeit besitzen, eine ganz bestimmte Art von Schwarzem Loch zu erzeugen, das es dann irgendwie mit einem weit entfernten Weißen Loch verbindet.

Trotzdem – falls Sie auf ein Wurmloch stoßen oder herausfinden würden, wie man das Universum dazu bringt, eines auf Kommando herzustellen, dann könnten Sie es möglicherweise dazu benutzen, mit Warp-Geschwindigkeit ans andere Ende des Universums zu reisen.

WELTRAUMKRÜMMENDE WARP-ANTRIEBE

Gibt es also noch andere schlaue physikalische Schlupflöcher, die wir für die Erzeugung eines Warp-Antriebs nutzen können, wenn schon der Hyperraum nicht wirklich existiert und das Betreten von Wurmlöchern letztlich zu gefährlich ist? Wie sich herausstellt, lautet die Antwort ja.

Der Weltraum ist viel interessanter, als wir zunächst dachten. Er ist nicht „nichts", sondern ein Ding, das in der Lage ist zu wackeln (als Gravitationswellen), sich zu krümmen (was nichts anderes ist als Gravitation) und zu expandieren (wie wir im Fall von Dunkler Energie und der Expansion des Universums gesehen haben). Es scheint, dass der Weltraum als Reaktion auf die Masse und Energie um ihn herum gedehnt oder komprimiert werden kann.

Was wäre also, wenn wir nicht wie galaktische Anfänger *durch* 4,2 Lichtjahre des Weltraums reisen würden, sondern den Weltraum stattdessen zwischen hier und dem Ort, an den wir gelangen wollen, zusammendrücken könnten? Und was wäre, wenn wir gleichzeitig den Weltraum hinter uns ausdehnen würden?

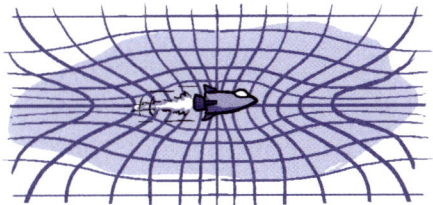

Die Idee besteht darin, die Menge des Weltraums, den man durchqueren muss, zu verringern. Man könnte den Weltraum vor sich zusammenquetschen, ihn durchqueren und dann den Weltraum hinter sich ausdehnen, damit er wieder normal wird. Die einzelnen Schritte würden zum Beispiel etwa so aussehen: Sie quetschen die 1000 Kilometer Weltraum vor Ihnen auf einen Zehntel Nanometer zusammen; Sie bewegen sich um diesen Zehntel Nanometer vorwärts; dann expandieren Sie den Weltraum hinter sich wieder auf seine ursprünglichen 1000 Kilometer. Das Endergebnis ist, dass Sie sich nur 0,1 Nanometer weit bewegt, dabei aber eigentlich 1000 Kilometer zurückgelegt haben. Wenn Sie das kontinuierlich hinbekämen, würde sich das Raumschiff in einer Art invertierten Warp-Blase aufhalten und Sie mit unglaublicher Geschwindigkeit vorwärtsbewegen. 4,2 Lichtjahre würden für Sie im Inneren der invertierten Blase zu 4,2 *Kilometern* werden, die Sie zurücklegen müssten. Und wenn Sie dort ankämen, würden Sie das Schiff aus der Blase herausholen und *zack*! wären Sie da!

Es ist ein bisschen, wie eines dieser Rollbänder im Flughafen zu nehmen statt wirklich zu laufen. Die Physik ist sehr streng bei der Frage, wie schnell man neben dem Rollband herlaufen kann, aber es gibt kein Tempolimit dafür, wie schnell sich das Band selbst bewegen darf. Genauso gibt es in der Physik kein Limit dafür, wie schnell sich der Weltraum ausdehnen oder zusammenziehen oder in Bezug auf sich selbst bewegen kann.

Doch wie *schrumpft* oder *expandiert* man den Raum? Und was heißt das überhaupt?

Es ist eigentlich nicht sonderlich kompliziert, den Raum schrumpfen oder sich krümmen zu lassen. Sie tun es genau jetzt. Und jedes Mal, wenn Sie an der Kuchentheke vorbeischauen und Gewicht zulegen, werden Sie besser darin. Alle Dinge, die Masse besitzen, verändern die Form des Raumes. Genau deshalb kreist die Erde um die Sonne: weil die enorme Masse der Sonne die Form des Weltraums wie eine Bowlingkugel auf einem Trampolin krümmt. Die Krümmung ist intrinsisch; sie verändert die relative Distanz zwischen verschiedenen Teilen der Raumzeit.

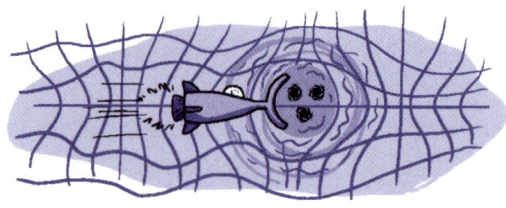

Physiker wissen, dass eine Warp-Blase die Gleichungen der Allgemeinen Relativitätstheorie erfüllt. Was sie leider nicht wissen, ist, wie man die Materie und Energie anordnen muss, um so eine Blase zu erzeugen. Es ist, als hätte man die Idee für einen komplizierten Kuchen, aber keine Ahnung, wie das Rezept dafür aussieht.

Der schwierigste Teil ist, dass die hintere Hälfte der Warp-Blase den Weltraum *expandieren* lassen muss. Wir wissen zwar, dass Masse und Energie den Weltraum komprimieren können, aber wie bringt man ihn dazu, zu expandieren? Der gesamte Weltraum im Universum ist gegenwärtig am Expandieren, so wie er es auch in den ersten Momenten nach dem Urknall rasant getan hat, und jene Expansion beschleunigt sich sogar. Wir sagen, es liege an der Dunklen Energie, was aber nicht heißt, dass wir überhaupt wüssten, was Dunkle Energie ist. Eigentlich ist es genau andersrum: „Dunkle Energie" ist lediglich die Bezeichnung, die wir verwenden, um die zunehmende Expansion des Universums zu beschreiben. Wir wissen eigentlich gar nicht, was sie auslöst.

Um den Weltraum künstlich expandieren zu lassen, haben Physiker einen weiteren verrückten Vorschlag gemacht: Wenn es möglich ist, den Raum mit positiver Masse schrumpfen zu lassen, kann man ihn dann vielleicht durch *negative Masse* expandieren lassen?

Negative Masse? Was soll das sein? Wie Sie bislang wissen, hat alles um Sie herum entweder keine Masse (Photonen) oder positive Masse (Sie selbst, Materie, Bananen). Aus diesem Grund sagen wir, dass die Gravitation eine ausschließlich anziehende Kraft ist. Im Gegensatz zum Magnetismus, der sowohl anziehen (Kühlschrankmagneten) als auch abstoßen kann (Magnetschwebebahnen), scheint es, dass die Schwerkraft nur anzieht – weil wir bisher nur positive Masse gesehen haben.

Ist negative Masse möglich? Sie ist theoretisch möglich, doch bis heute hat niemand irgendwelche Materie mit negativer Masse zu Gesicht bekommen. Es wäre richtig schräges Zeug mit einem eigenartigen Verhalten. Positive Masse zieht an. Wenn wir also einen Klecks davon neben einen Klecks aus negativer Masse geben würden, würde die negative Masse die positive abstoßen, während die positive Masse an der negativen ziehen würde. Das Ganze wird schnell ziemlich verwirrend, wie bei einer Teenie-Soap, bei der man nie weiß, wer eigentlich gerade hinter wem her ist.

Sei nicht so negativ! Ich bin positiv - ich liebe dich!

Angenommen also, wir finden einen Weg, wie man negative Masse erzeugt. Könnten wir so einen Warp-Antrieb dann eigentlich zum Laufen bringen? Leider gibt es auch hier wieder andere Beschränkungen. Den Weltraum expandieren und schrumpfen zu lassen, ist nicht gerade billig. Man braucht dazu Energie.

Ersten Schätzungen zufolge bräuchte man, um den Weltraum vor einem Warp-Antrieb zu krümmen, eine Menge an Materie oder Energie, die größer ist als alles Zeug im Universum zusammen. Das wird eindeutig nicht funktionieren. Ein paar kleine Änderungen an den Berechnungen brachten die Schätzung soweit herunter, dass eine der gesamten Masse des Planeten Jupiter entsprechende Energiemenge erforderlich wäre. So ein großer Treibstofftank würde es wahrscheinlich wirklich schwierig machen, Ihr Raumschiff längs einzuparken, wenn Sie bei der anderen Galaxie ankommen.

Es gab ein paar Stimmen, die das Ganze noch weiter auf ein vernünftiges Maß reduzieren wollten, zum Beispiel auf die zu der Masse von einer Tonne äquivalente Energiemenge. Aber bis jetzt gehört das alles noch in die „darüber-diskutieren-Physiker-in-der-Pause"-Kategorie wissenschaftlicher Forschung. Bisher hat noch niemand wirklich eine weltraumkomprimierende Maschine gebaut oder getestet, weshalb das Ganze für ziemlich lange Zeit Zukunftsmusik bleiben wird.

Wo wir gerade von negativen Massen reden ...

SYMPOSIUM DER WARP-ANTRIEBE

EINE GEKRÜMMTE ANTWORT

Wir würden so gern ein Schlupfloch finden, um das Tempolimit des Universums hinter uns zu lassen und die Sterne zu erobern. Aber leider scheint es, dass die Vorstellung eines Warp-Antriebs noch immer eindeutig ins Reich der fiktiven galaktischen Weltraumopern gehört. Wie immer ist es aber auch gut, sich daran zu erinnern, dass das Universum unvorhersehbar ist und sich der menschliche Fortschritt und Erfindungsreichtum weiter im Aufwind befindet. Vielleicht werden wir eines Tages die Details dazu entschlüsseln, wie man Schwarze und Weiße Löcher erzeugt und quer durch den Weltraum miteinander verknüpft. Und vielleicht werden wir eines Tages auf negative Masse und neue Wege der Energienutzung stoßen, um Apparate herzustellen, die es möglich machen, dass wir uns in eine Warp-Blase quetschen und zu anderen Galaxien davonzischen.

Stimmt, das sind eine Menge Eventualitäten. Aber vielleicht lässt Sie der andere Elternteil ja damit durchkommen, wenn Sie ihn fragen.

WANN WIRD DIE SONNE ERLÖSCHEN?

Unsere Sonnentage sind gezählt.

Aus einer Entfernung von rund 150 Millionen Kilometern erscheint uns die Sonne wie eine starke und verlässliche Präsenz. Sie geht jeden Tag unfehlbar auf und badet uns in einer gleichbleibenden Flut aus lebensspendenden Energiestrahlen. Doch Physiker sehen die Sonne mit ganz anderen Augen.

Für einen Physiker ist die Sonne eine unablässig explodierende Atombombe. Dieser turbulente Vorgang setzt riesige Mengen an Energie frei und wird allein durch die schiere Kraft der Sonnengravitation im Zaum gehalten. Denken Sie das nächste Mal, wenn Sie einen sonnigen Nachmittag genießen, daran, dass Sie Ihre Zehen im Licht einer Atomexplosion rösten. Physiker wissen aber auch, dass sich unter diesem unglaublich turbulenten Phänomen verschwörerische Mechanismen darauf vorbereiten, dem Ganzen ein Ende zu setzen, und eine innere Uhr unaufhaltsam gen Null tickt. Die Physik der Sonne offenbart, dass ihre Tage strahlend hellen Lichts irgendwann zu Ende gehen werden.

Geh in Deckung!

Wird das in absehbarer Zeit passieren, oder haben wir ein paar Milliarden Jahre Zeit, um uns darauf vorzubereiten? Lassen Sie uns herausfinden, wie viele Sonnentage genau uns noch bleiben.

DIE GEBURT EINES STERNS
(vor 5 Milliarden Jahren; Alter der Sonne: 0)

Um zu verstehen, wann und warum die Sonne am Ende sterben wird, müssen wir erstmal zu ihren Anfängen zurückkehren.

Die Geburt der Sonne war kein flammendes dramatisches Ereignis. Es gab nicht mal einen leisen Knall. Stattdessen kam es zu einer allmählichen Ansammlung von Gas und Staub. Das meiste Gas war guter alter Wasserstoff, welcher das häufigste Element im Universum ist, seit das Universum ein Universum ist. Es gab aber auch andere, schwerere Elemente: die Überbleibsel naher Sterne, die schon längst gelebt hatten und gestorben waren, als unsere Sonne auf den Plan trat.

Diese riesigen, im Kreis herumwirbelnden Wolken aus Gas und Staub wurden langsam durch die Gravitation zusammengezogen, welches die schwächste (und zugleich beharrlichste) Kraft im Universum ist. Doch die Partikel in diesen heißen Wirbelwolken bewegten sich zu schnell, um vollständig von der Schwerkraft zusammengehalten zu werden, und widersetzten sich der Bildung dichter Klumpen.

ZU HEISS ZUM VERKLUMPEN

Wissenschaftler sind sich nicht sicher, was am Ende tatsächlich die Entstehung unserer Sonne verursacht hat. Es könnte sein, dass Magnetfelder dabei halfen, die Teilchen einzufangen, und sie näher zusammenrücken ließen. Es könnte auch sein, dass ein äußeres Ereignis wie die Schockwelle einer nahen Supernova die Gasteilchen stärker zusammenpresste. Oder vielleicht war es einfach eine Frage der Zeit: Irgendwann kühlte sich die Gaswolke ab, woraufhin die langsameren Teilchen nach und nach zur Mitte hin stürzten.

Am Ende klumpte jedenfalls genügend Zeug zusammen, um eine unkontrollierbare Reaktion in Gang zu setzen. An einem Punkt sammelten sich Gas und Staub, was für mehr Gravitation sorgte, was noch mehr Gas und Staub anzog, was für mehr Gravitation sorgte, und so weiter. Zum Schluss hatten sich an einem Punkt genügend Gas und Staub versammelt, um den Grundstein für die Entstehung eines Sterns zu legen. Und dann wurde es erst so richtig hitzig.

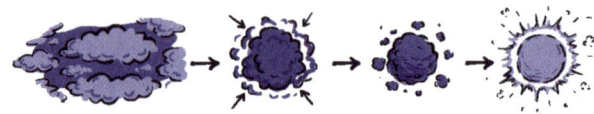

EIN STERN WIRD GEBOREN

DIE FUSION HÄLT DAGEGEN

(vor 4,9 Milliarden Jahren; Alter der Sonne: 0,1 Milliarden Jahre)

Nach etwa 100.000 Jahren war es der Schwerkraft gelungen, eine riesige Wolke zusammenzuziehen, die hauptsächlich aus Wasserstoff bestand. Zunächst wehrten sich die einzelnen Moleküle dagegen. Sie mögen es nämlich nicht, so eng zusammengepfercht zu sein, weil ihre positiv geladenen Protonen sich gegenseitig abstoßen. Zwei Protonen näher zusammenzubringen, ist so, als würde man versuchen, eine Katze in einen Eimer Wasser zu stecken: Man muss es wirklich wollen. Zum Glück gibt die Schwerkraft aber nie auf. Mit der Zeit drückte die enorme Masseansammlung die Protonen immer weiter zusammen, bis schließlich irgendwo ein Schalter umgelegt wurde.

Wenn Protonen eng genug zusammenkommen, überwinden sie ihre Abneigung und fangen an, sich gegenseitig *anzuziehen*. Das liegt daran, dass eine neue Kraft ins Spiel kommt: die starke Kernkraft. Sie ist vermutlich die einzige Sache in der Teilchenphysik, deren Name gut gewählt wurde, denn die starke Kraft ist … na ja, *stark*. Über große Entfernungen ist sie nicht besonders mächtig, aber auf kurze Distanz ist sie viel stärker als die elektrische Abstoßung, die die Protonen auseinanderhält. Sobald diese starke Kraft die Protonen zusammenbringt, geschieht etwas Unglaubliches: Fusion.

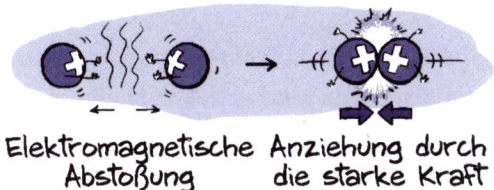

Elektromagnetische   Anziehung durch
      Abstoßung   die starke Kraft

Die Kerne der beiden Wasserstoffatome heften sich aneinander, um ein paar Zwischenschritte später ein neues Element zu bilden: Helium.

Viele Jahrhunderte lang hatten die Menschen versucht, ein Element in ein anderes zu verwandeln (in der Regel Blei in Gold), und waren so lange daran gescheitert, dass das ganze als „Alchemie" bekannte Unterfangen als Spinnerei abgetan wurde. Wie sich herausstellt, ist es absolut möglich, allerdings nur unter bestimmten Bedingungen – zum Beispiel, wenn man sich im Zentrum der Sonne aufhält.[1]

Das Erstaunliche an der Fusion von Wasserstoff zu Helium ist, dass sie eine Menge Energie freisetzt. Das dabei erzeugte Helium hat nämlich eine geringere Masse als die ursprünglichen Wasserstoffatome und die übrige Masse wird in Energie umgewandelt, die in Form von Neutrinos und Photonen davongetragen wird. Falls Sie jetzt verwirrt sind, wie beim Erzeugen einer Bindung Energie freiwerden kann, müssen Sie nur an den umgekehrten Fall denken: In der Regel *braucht* man Energie, um eine Bindung zu *zerstören*.

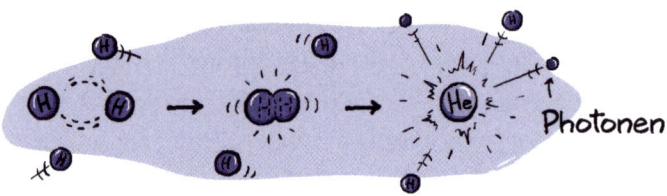

Dieser einfache Vorgang ist das, was das gesamte Universum erhellt. Weil im Inneren unzähliger Sterne Fusion stattfindet, müssen wir nicht in einer dunklen Leere leben. Und die Gravitation macht all das möglich, indem sie widerwillige Protonen so lange zusammendrückt, bis sie miteinander fusionieren. Doch jetzt kommt die Gegenreaktion.

---

1 Die Fusion findet nur statt, wenn es genügend Masse gibt, um die nötige Schwerkraft zum Zusammenquetschen der Protonen zu erzeugen. Hat man beispielsweise die Masse des Jupiters, kommt dabei nur ein Planet heraus. Hätte der Jupiter aber eine 100-mal größere Masse, würde in seinem Kern die Fusion einsetzen und er zu einem Roten Zwergstern werden.

Die durch die Fusionsreaktionen freigesetzte Energie breitet sich rasant aus, wodurch sie alles nach außen drückt und die Schwerkraft davon abhält, die Protonen weiter zusammenzuquetschen. Mit einem Mal haben wir zwei kosmische Kräfte vor uns, die ein episches Tauziehen miteinander veranstalten: Die Gravitation, die dafür kämpft, alles zusammenzudrücken, und die Fusion, die Energie freisetzt, welche die Gravitation zurückdrängt. Diese beiden Kräfte geraten in eine solare Pattsituation, die Milliarden Jahre anhält.

DAS LANGE UND GEMÄCHLICHE BRENNEN
(vor 4,9 Milliarden Jahren bis in 5 Milliarden Jahren; Alter der Sonne: 0,1 bis 10 Milliarden Jahre)

Für die nächsten zehn Milliarden Jahre gleicht die Sonne einem aktiven Kriegsgebiet zwischen zwei eindrucksvollen Mächten: der Gravitation und der Fusion. Die Gravitation, der ursprüngliche Protagonist dieses Dramas, quetscht und drückt weiterhin das ganze Material im Inneren des Sterns zusammen. Doch die durch die Fusion erzeugte Energie drückt alles nach draußen. In diesem prekären Gleichgewicht brennt und scheint und lebt der Stern für mehrere Milliarden Jahre weiter.

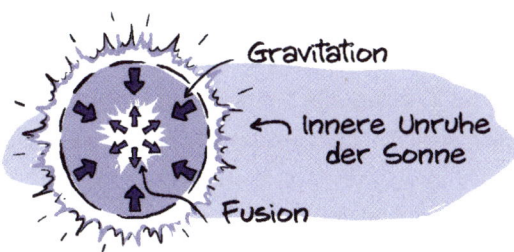

Und hier befinden wir uns gerade. Wenn Sie hoch zur Sonne schauen (bitte nicht direkt), sehen Sie eine riesige Kugel, die im selben Moment sowohl explodiert als auch kollabiert. Das Ausmaß dessen zu begreifen, was im Inneren der Sonne vor sich geht, fällt schwer. Außerhalb des Fusionskerns in ihrem Zentrum erstrecken sich über 550.000 Kilometer aus verschiedenen Schichten heißen, brodelnden Plasmas. Photonen, die vom Kern erzeugt wurden, springen in diesen Schichten umher, bis sich ihre Energie schließlich 50.000 Jahre später Bahn bricht und in den Weltraum entflieht. Ein paar davon schaffen es acht Minuten später hierher und bringen uns Sonnenschein.

Auf diese Weise hat die Sonne die letzten 4,9 Milliarden Jahre über gebrannt und wird es auch in den kommenden fünf Milliarden Jahren weiterhin tun. Das Gleichgewicht zwischen Schwerkraft und Fusion hält jedoch nicht ewig. Lautlos hat eine Uhr im Inneren des Sterns mit dem Countdown begonnen.

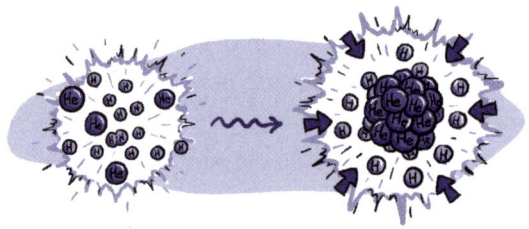

Die Schwerkraft ist schwach, aber unermüdlich, und wird bis in alle Ewigkeit weiter an dem ganzen Material im Inneren des Sterns ziehen. Die Fusion benötigt dagegen Sprit (Wasserstoff) und produziert Müll (Helium), was ihrer Ausdauer Grenzen setzt. Zunächst sammelt sich das Helium im Zentrum des Sterns, wo es langsam mehr wird und keinen weiter stört. Am Ende wird es den Stern jedoch nach und nach verändern.

Helium ist dichter als Wasserstoff, sodass der Kern schwerer wird. Dadurch erhöht sich der Gravitationsdruck auf den Wasserstoff, der sich jetzt überwiegend außerhalb des Kerns befindet. Das Resultat sind mehr Fusionsreaktionen in den äußeren Schichten, was die

Sonne heißer, heller und größer macht. Die Reaktionen nehmen nur langsam zu – die Sonne wird alle 100 Millionen Jahre um ein Prozent heller. Doch das summiert sich. In vier Milliarden Jahren wird die Sonne 40 Prozent heller sein als heute, was unsere Ozeane zum Kochen bringt.

Während die Fusion noch heißer brennt, wird die Sonne größer und größer. Auf den ersten Blick scheint es, dass die Fusion den Sieg davonträgt. Allerdings verbraucht sie ihren Sprit auch immer schneller, sodass sie am Ende trotzdem eine Bruchlandung hinlegen wird – genau wie ein Rockstar auf Sauftour.

ZUNEHMEN IM ALTER
(in fünf bis 6,4 Milliarden Jahren; Alter der Sonne:
10 bis 11,4 Milliarden Jahre)

Das Ringen zwischen Gravitation und Fusion dauert ein paar Milliarden Jahre, wobei die Fusion scheinbar die Oberhand gewinnt. Zehn Milliarden Jahre, nachdem sie begonnen hat, wird die Fusion so mächtig, dass sie tatsächlich einige Gebietsgewinne der Gravitation rückgängig macht und die äußeren Wasserstoffschichten der Sonne nach draußen drückt.

Zu jenem Zeitpunkt, circa fünf Milliarden Jahre in der Zukunft, wird die Sonne auf das 200-Fache ihrer aktuellen Größe anwachsen, wodurch sie sich all die inneren Planeten und um ein Haar auch die

Erde einverleibt. In diesem Stadium werden die fluffigen und im Vergleich zum Rest der Sonne kühleren äußeren Wasserstoffschichten den Großteil der Sonne ausmachen. Das Ganze ist aus irdischer Sicht trotzdem unerträglich heiß, sodass jegliches Leben irgendwo im inneren Sonnensystem grundsätzlich unmöglich sein wird.

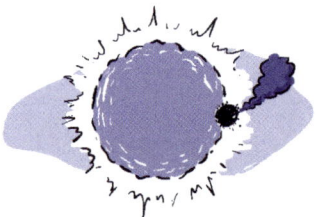

Diese dramatische Machtdemonstration ist der letzte große Auftritt der Fusion. Nachdem sie die Gravitation bereits an den Rand einer Niederlage gebracht hatte, übernimmt sich die Fusion und gerät ins Stocken. Bevor sie endgültig der Gravitation erliegt, hat sie aber noch ein letztes Ass im Ärmel.

EIN LETZTES ZUCKEN
(in 6,4 bis 6,5 Milliarden Jahren; Alter der Sonne: 11,4 bis 11,5 Milliarden Jahre)

Im Alter von 11,4 Milliarden Jahren (6,4 Milliarden Jahre in der Zukunft) wird die Sonne den gesamten Wasserstoff in ihrem Kern verbrannt haben, wodurch ihr der Treibstoff ausgeht, der ihr die Energie für den Kampf mit der Schwerkraft lieferte. Und während die Fusion in den Wasserstoffschichten außerhalb des Kerns weiterbrennen kann, gelingt es ihr in seinem Inneren nicht mehr, sich gegen den Gravitationsdruck zu stemmen.

Doch die Fusion ist noch nicht am Ende. Wenn die Schwerkraft den Heliumkern so stark komprimiert hat, dass die Atome zusammengequetscht werden, macht die Fusion das Gleiche wie vorher beim Wasserstoff. Blitzartig beginnt sie damit, Heliumatome miteinander zu schwereren Elementen zu verschmelzen, vor allem zu Kohlenstoff. Und dieser Blitz ist nicht nur bildlich zu verstehen, sondern wörtlich. Die Heliumfusion setzt, wenn sie entzündet wird, so viel Licht frei wie die *gesamte Galaxis*. Zum Glück findet das Ganze im Inneren der Sonne statt, sodass das Licht nicht die Kolonien der Menschheit auf den Monden des Jupiters verbrennt.

Der durch die Fusionsreaktion entstandene Kohlenstoff sammelt sich im Kern der Sonne an, was sie zu einem Dreischicht-Sandwich aus Kohlenstoff, Helium und Wasserstoff macht. In größeren Sternen setzt sich dieser Kreislauf in der Bildung schwererer Elemente fort.[2] Die Masse unserer Sonne reicht aber nicht aus, um Kohlenstoff zu fusionieren, sodass die Vorräte an Helium und Wasserstoff schließlich zur Neige gehen und die Sonne ganz einfach … verpufft.

Diese Phase der Heliumfusion beginnt mit einem Knall, aber sie dauert nicht sehr lange. Während die Sonne zehn Milliarden Jahre lang Wasserstoff verbrannt hat, wird das Heliumbrennen nur etwa 100 Millionen Jahre anhalten.

---

2 Bei massereichen Sternen wird der Druck in ihrem Kern so enorm, dass Kohlenstoff zu Sauerstoff fusioniert, welcher wiederum zu Neon werden kann und so weiter. Jeder dieser Schritte ist schneller als der vorherige, doch in den größten Sternen geht das Ganze bis zur Herstellung von Eisen weiter. Eisen kann auf natürliche Weise nicht fusioniert werden, weil es eher Energie aufnehmen als freisetzen würde, sodass es mit der Fusion an dieser Stelle vorbei ist.

DER JUPITER DREHT DURCH

(in 6,5 Milliarden Jahren; Alter der Sonne: 11,5 Milliarden Jahre)

Nachdem ihr ganzer Sprit verbraucht ist, gibt die Fusion den Geist auf. Die äußeren Hüllen der Sonne treiben davon und bilden einen Nebel, der die Rohstoffe für die künftige Bildung von Planeten liefert. Und während die Fusion zum Erliegen kommt, macht sich die Schwerkraft weiter am Kern zu schaffen, wobei sie die verbliebenen Elemente zu einem sehr heißen, dichten Klumpen vereint, der als „Weißer Zwerg" bezeichnet wird. Dieser kleinere Stern besitzt etwa halb so viel Masse wie die ursprüngliche Sonne, aber auf eine kleine Kugel, die etwa so groß ist wie die Erde, komprimiert.

Das Ganze bringt die äußeren Planeten, die die Expansion der Sonne überlebt haben, in eine gefährliche Lage. Weil die Sonne die Hälfte ihrer Masse eingebüßt hat, zieht sie nicht mehr so stark am Jupiter und den äußeren Planeten. Das veranlasst die Gasriesen dazu, ihre Umlaufbahnen auf etwa das Doppelte ihres früheren Abstands von der Sonne auszudehnen. Das klingt angesichts der hitzigen Eskapaden der Sonne zuvor nach einem cleveren Schachzug. Aber es führt auch dazu, dass jene Planeten anfälliger für das gravitative Zerren naher Sterne werden, die vorbeiziehen. In vielen Szenarien werden die Umlaufbahnen des Jupiters und Saturns viel chaotischer, wodurch sie die anderen verbliebenen Planeten (Neptun und Uranus) aus dem Sonnensystem werfen, bis nur noch sie selbst übrigbleiben. Und ganz zum Schluss wird nur einer von ihnen – vermutlich Jupiter – zurückbleiben; ein einzelner Gasriese, der den toten Kern unserer Sonne umkreist.

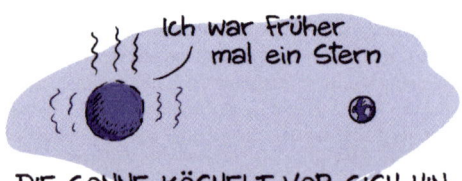

Ich war früher mal ein Stern

DIE SONNE KÖCHELT VOR SICH HIN

An diesem Punkt findet keine Fusion mehr statt, obwohl der Weiße Zwerg noch immer leuchtet. Dank seiner inneren Hitze glimmt er wie ein weißglühendes Stück Metall, das aus einem Schmiedeofen geholt wird, und wird das auch weiterhin für lange Zeit tun.

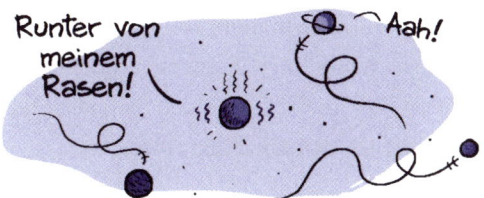

Und nun steckt die Sonne in einer Sackgasse. Die Temperatur ist nicht hoch genug, um eine Fusion in Gang zu setzen, und die Schwerkraft nicht stark genug, um die Atome noch mehr zusammenzuquetschen und sie in einen Neutronenstern oder ein Schwarzes Loch zu verwandeln.

DAS ENDE
(in ein paar Billionen Jahren)

Wie lange leuchtet ein Weißer Zwerg? Wir wissen es nicht wirklich, weil wir nie gesehen haben, wie einer schwächer wird. Physiker glauben, dass er womöglich Billionen von Jahren zum Abkühlen brauchen dürfte, bevor er schließlich zu einer dunklen und dichten Masse – einem sogenannten „Schwarzer Zwerg" – wird. Doch das Universum ist nicht alt genug, damit darin gerade jetzt irgendwo ein Schwarzer Zwerg vorkommen könnte.

Das bedeutet, dass unsere Sonne für lange Zeit, vielleicht sogar für viele Billionen Jahre, ein Weißer Zwerg sein könnte. Sie wäre zwar nicht so heiß und nicht so hell wie in ihrer Jugend. Aber sie könnte warm genug sein, um menschliches Leben zu ermöglichen, wenn wir unsere Interimskolonien auf dem Jupiter erstmal aufgegeben und uns in ihrer Nähe niedergelassen haben. Und vielleicht wird die Menschheit dann um die glühenden Reste jenes Weißen Zwergs herumsitzen und sich Geschichten darüber erzählen, wie das Leben in unseren Tagen war, als die Sonne noch brannte und die Menschen sie für selbstverständlich hielten. Wir werden daran zurückdenken, wie sie ohne Unterlass immerzu explodierte und es den Anschein hatte, als ob die Tage des Sonnenscheins niemals enden würden.

WARUM STELLEN WIR FRAGEN?

Das Beste haben wir uns natürlich für den Schluss aufgehoben.

Im Laufe der Jahre hat man uns eine Menge faszinierende Fragen gestellt. Die Bandbreite der Themen war dabei sehr groß – von vertrackten Nischenfragen („Wieso werden Photonen von der Gravitation abgelenkt, obwohl sie doch keine Masse haben?") bis hin zu tiefgründigen („Warum existiert das Universum überhaupt?"). In diesem Buch haben wir versucht, die am häufigsten gestellten Fragen zu beantworten – solche, die von unserer gemeinsamen Neugier im Hinblick auf das Universum zeugen und die Menschen offenbar am meisten beschäftigen.

Aber es gibt eine häufig gestellte Frage, die wir bis jetzt noch nicht beantwortet haben. Eigentlich ist es sogar die Frage, die uns am häufigsten erreicht. Wir haben sie uns bis zum Schluss aufgespart, weil wir glauben, dass sie unter allen Fragen zum Universum, die man uns für gewöhnlich stellt, die wichtigste ist. Sind Sie bereit? Hier ist sie:

Was hat das überhaupt zu bedeuten?

Okay, diese Frage hätten Sie vermutlich nicht erwartet. Vermutlich kommt sie Ihnen nicht einmal wie eine richtige Frage vor. Ihr Deutschlehrer am Gymnasium würde angesichts des Stils womöglich zusammenzucken, und dennoch taucht diese Frage häufig auf.

Das Interessante an „Was hat das überhaupt zu bedeuten?" ist, dass es nicht einmal die erste Frage ist, die uns die Leute stellen *möchten*. Normalerweise hängen sie sie an ihre eigentlichen Fragen dran. So schreiben sie uns zum Beispiel: „Hallo, Daniel und Jorge, ist das Universum wirklich 14 Milliarden Jahre alt? Und was hat das überhaupt zu bedeuten?", oder auch: „Sagt mal, woher kommt eigentlich die Energie für die Expansion des Universums? Kann sie wirklich aus dem Nichts entstehen? Und was hat das überhaupt zu bedeuten?"

Wir vermuten sogar, dass die meisten Menschen nicht einmal *erwartet* hatten, eine Frage wie „Was hat das überhaupt zu bedeuten?" zu stellen. Und doch steht sie da, aufs Geratewohl angehängt an die Frage, die wir ihnen ursprünglich beantworten sollten.

Auf den ersten Blick mag sie wie ein nachträglicher Einfall wirken oder wie ein zufälliger Einschub. Aber wir glauben, dass sie in Wahrheit der aufschlussreichste Teil der ganzen Frage ist. Sie spiegelt nämlich den wahren Grund dafür wider, dass sie ihre Frage überhaupt erst gestellt haben.

Wir glauben, dass es ungefähr so abläuft: In der Regel haben die Leute eine Ausgangsfrage, die sie neugierig macht. Sie kann sich um das Alter des Universums drehen oder um das Wesen von Materie und Energie in unserem Kosmos. Es kann etwas sein, das sie in unserem Podcast gehört oder irgendwo gelesen haben. Was auch immer es war, es hat die Zahnräder in ihren Köpfen in Gang gesetzt und sich schließlich in einer spezifischen Frage herauskristallisiert. Aber sobald diese Frage ihren Mund oder ihre Tippfinger verlassen hatte, kam ihnen vermutlich ein Gedanke: *Und was fange ich mit der Antwort an, wenn ich überhaupt eine bekomme?* Und wenn sie alle Konsequenzen bedenken, die eine Antwort mit sich bringen könnte, flüstert ihnen ein inneres Stimmchen ins Ohr: *Was hat das überhaupt zu bedeuten?*

Was bedeutet es, dass das Universum 14 Milliarden Jahre alt ist? Oder was bedeutet es, dass das Universum aus dem Nichts heraus expandiert?

Wie Sie sehen, reicht es nicht, die Antwort auf eine Frage zu kennen. Die Antwort könnte „Ja" oder „Nein" lauten oder „Das kommt von der Schwarzschildschen Selbstwechselwirkung der Higgs-Fluktuationen im Vakuum", aber auf all diese Details kommt es am Ende nicht an. Was zählt, ist letztlich der *Sinn* der Antworten – deren Bedeutung dafür, wie Sie Ihr Leben leben.

Vielleicht denken Sie jetzt, dass die Antwort auf die Frage „Wo kommt das Universum her?" nicht gerade Ihr Leben umwälzen würde. Aber selbst wenn diese Antwort nicht direkt Ihren Lebensalltag beeinflusst, kann Sie trotzdem etwas noch Wichtigeres verändern: den *Sinnzusammenhang* Ihres Lebens. Antworten auf grundlegende Fragen können Einfluss darauf nehmen, wie Sie sich selbst sehen und mit dem weiteren Universum in Kontakt treten. Als die Menschen beispielsweise herausfanden, dass die Erde nicht der Mittelpunkt des Kosmos ist, wurde ihnen klar, dass wir alle nur ein kleiner Bestandteil von etwas viel Größerem sind und sich unser Leben nicht auf der Hauptbühne des Universums abspielt. Genauso wäre es, wenn wir entdecken würden, dass das Universum vor intelligentem Leben nur so strotzt oder dass Intelligenz im Gegenteil etwas extrem Seltenes ist oder sogar, dass wir die einzigen denkenden Wesen im ganzen Universum sind. Das hätte dann großen Einfluss darauf, wie wir uns selbst sehen und für wie einzigartig wir uns halten.

Es ist diese Suche nach Sinn und Zusammenhang, die diesen Fragen ihre kosmische Kraft verleiht. Wir wollen die Antwort nicht nur *wissen*, wir wollen sie auch verstehen, denn dieses Verständnis hat einen Einfluss darauf, wie wir unser Dasein gestalten. Es kann uns von der Bühne, auf der wir zu leben glaubten, herunterholen und uns klar machen, dass wir die ganze Zeit auf einer völlig anderen getanzt haben.

Das Spannendste an Antworten auf wissenschaftliche Fragen ist, dass sie in unserer Reichweite liegen. Auf jede Frage in diesem Buch und überhaupt auf jede Wissenschaftsfrage, die man sich vorstellen kann, *gibt* es eine Antwort. Sie könnte verborgen, weit entfernt oder eine Nummer zu klein sein, als dass wir sie schon jetzt sehen könnten, aber die Antworten *existieren*.

Wir könnten eines Tages in der Lage sein, alle Fragen aus diesem Buch zu beantworten. Aber selbst dann müssten wir vielleicht unweigerlich jene Frage hinzufügen, die uns die Hörer stellen: *Und was hat das überhaupt zu bedeuten?*

Das ist die eine Frage, die wir in diesem Buch nicht beantworten können. Warum nicht? Weil die Antwort für jeden von uns anders ausfällt. Jeder Einzelne von uns kann und muss seinen eigenen Sinnzusammenhang definieren und seine eigene Bedeutung in diesem Universum finden. Wenn wir diese Fragen stellen, enthüllen wir damit, wer wir sind und weshalb wir nach Sinn suchen.

Was sind also *Ihre* häufig gestellten Fragen?

DANKSAGUNG

Eine weitere Frage, die uns häufig gestellt wird, lautet: „Wie findet Ihr die Zeit, ein Buch zu schreiben?". Die Antwort ist: mit ein bisschen Hilfe von vielen Leuten!

Wir sind unseren Freunden und Kollegen dankbar, die sich die frühen Versionen des Manuskripts durchgelesen haben: Flip Tanedo, Kev Abazajian, Jasper Halekas, Robin Blume-Kahout, Nir Goldman, Leo Stein, Claus Kiefer, Aaron Barth, Paul Robertson, Steven White, Bob McNees, Steve Chesley, James Kasting und Suelika Chial.

Ein besonderer Dank gilt unserer Lektorin Courtney Young für ihren anhaltenden Glauben und ihr Vertrauen in uns sowie für ihre unbeirrbare Führung. Und danke an Seth Fishman dafür, dass er immer den richtigen Ort für unsere Arbeit findet. Danke an das gesamte Team bei The Gernert Company, darunter Rebecca Gardner, Will Roberts, Ellen Goodson Coughtrey, Nora Gonzalez und Jack Gernert sowie an ihre internationalen Kollegen. Vielen Dank an alle Leute bei Riverhead Books, die ihre Zeit und ihr Talent zur Entstehung und Veröffentlichung dieses Buches beigetragen haben, darunter Jacqueline Shost, Ashley Sutton, Kasey Feather und May-Zhee Lim. Zudem sind wir Georgina Laycock dafür dankbar, dass sie uns die Idee für dieses Buch (und seinen Titel!) in den Kopf gesetzt hat, sowie dem ganzen Team bei John Murray.

Jorge dankt, wie immer, seiner Familie für ihre unablässige Unterstützung und Ermunterung.

Und am allermeisten sind wir unseren Lesern, Zuhörern und Fans dankbar, die unser Treiben über die Jahre verfolgt haben – und für ihre fantastischen Fragen.

REGISTER